JN194095

高リスク産業における意思決定

ストレス条件下で正しく判断できる組織をつくる

アンソニー・スパージン／デービッド・スタップルズ 著

内山 智曜／氏田 博士／村松 健／富永 研司／安藤 弘 訳

KAIBUNDO

DECISION-MAKING IN HIGH RISK ORGANIZATIONS
UNDER STRESS CONDITIONS
by ANTHONY J. SPURGIN AND DAVID W. STUPPLES

人は島ではない

人は自己完結している島ではない。

すべての人は大陸の一部分，大事な一部分である。

ひとかたまりの土くれが海に流されると，岬が流されたのと同じく，あらゆる
あなたの友やあなた自身が流されたのと同じく，大陸は小さくなる。

私は人とかかわりがあるから，あらゆる人の死は私にとって痛手となる。

だから，葬送の鐘が誰のために鳴っているのかたずねに人をやってはいけない。

それはあなたのために鳴っているのだから。

随想録 17 番
不測の事態に対する祈り
John Donne 1573–1631

目　次

訳者まえがき　xi

まえがき　xv

謝辞　xxi

著者について　xxiii

第 1 章　はじめに

1.1　本書の目的 1

1.2　本書の利用について 4

1.3　著者たちの哲学 5

第 2 章　背景

2.1　はじめに 9

2.2　技術の応用 9

　　2.2.1　潜水艦　10

　　2.2.2　航空機開発　11

　　2.2.3　コンピューター　13

　　2.2.4　計器　13

2.3　コメント 14

第 3 章　サイバネティック組織モデル

3.1　概要 17

3.2　制御器の設計と運用 19

3.3　制御器の応答 20

3.4　VSM システム 20

3.5　VSM におけるフィードバックの役割 22

3.6　運営の複雑さ 24

3.7　改良された VSM 表現 *24*

3.8　航空管制研究への VSM の応用 *28*

3.9　サウジアラビア空域の航空管制 *30*

3.10　ATM オペレーションの分析 *32*

3.11　人間信頼性評価 *36*

3.12　VSM と CAHR の結合 *37*

3.13　コメント *38*

3.14　要約 *39*

第 4 章　アシュビーの必要多様性の法則とその適用

4.1　はじめに *41*

4.2　システムを制御するための一般的なアプローチ *42*

4.3　アシュビーの必要多様性の法則の影響 *48*

4.4　アシュビーの必要多様性の法則の適用例 *49*

  4.4.1　フェルミのシカゴ・パイル 1 号（Chicago Pile-1：CP1）の
原子炉実験とキセノン　*49*

  4.4.2　福島事故の進展におけるマネジメントの意思決定の影響　*52*

  4.4.3　サン・オノフレ原子力発電所の蒸気発生器破損　*54*

4.5　適切な意思決定が行われる確率を上げる方法 *56*

4.6　結論 *56*

第 5 章　確率論的リスク評価

5.1　確率論的リスク評価の紹介 *59*

5.2　確率論的リスク評価の構造 *62*

5.3　確率論的リスク評価の適用事例 *63*

5.4　まとめ *65*

第 6 章　ラスムッセンの人間行動グループ

6.1　スキル・規則・知識ベースの行動の紹介 67

6.2　スキル・規則・知識ベースの行動の適用 70

6.3　コメント 72

第 7 章　様々な産業における事故のケーススタディ

7.1　事故分析の範囲 73

7.2　事故分析の方法 74

7.3　事故のリスト 76

7.4　原子力産業の事故 80

　　7.4.1　スリーマイル島 2 号機　*80*

　　7.4.2　チェルノブイリ　*90*

　　7.4.3　福島第一原子力発電所事故　*95*

7.5　化学産業の事故 108

　　7.5.1　ユニオンカーバイド社サビン（殺虫剤）プラント，
　　　　　　インド，ボパール，1984 年　*108*

7.6　石油・ガス産業 114

　　7.6.1　マコンド油田のディープウォーター・ホライズン掘削施設での
　　　　　　メキシコ湾原油流出事故　*114*

7.7　鉄道 125

　　7.7.1　はじめに　*125*

　　7.7.2　キングス・クロス駅地下鉄火災，1987 年 11 月 18 日　*126*

　　7.7.3　組織の分析　*127*

　　7.7.4　鉄道事故に関するコメント　*128*

7.8　NASA および航空輸送 128

　　7.8.1　NASA のチャレンジャー号事故，1986 年 1 月 28 日　*128*

　　7.8.2　カナリア諸島テネリフェ島滑走路事故，1977 年 3 月　*135*

7.9　安全関連の補足的な事象 140

　　7.9.1　原子力発電所の格納容器サンプの閉塞　*141*

　　7.9.2　ハンガリーの VVER における燃料洗浄事故　*143*

　　7.9.3　サン・オノフレ原子力発電所の蒸気発生器の交換　*144*

7.9.4　ノースイーストユーティリティズ社の管理変更の影響　*147*

第8章　一連の事故からの教訓

8.1　はじめに *153*

8.2　各事故から得られた教訓の一覧 *154*

8.2.1　スリーマイル島原子力発電所2号機事故　*155*

8.2.2　チェルノブイリ事故　*155*

8.2.3　福島事故　*156*

8.2.4　ボパール事故　*157*

8.2.5　BP社の石油製油所事故　*157*

8.2.6　マコンド油田のディープウォーター・ホライズン掘削施設の
石油流出事故　*158*

8.2.7　地下鉄を含む鉄道事故　*159*

8.2.8　NASAチャレンジャー号事故　*159*

8.2.9　テネリフェ航空機事故　*160*

8.2.10　格納容器サンプの閉塞　*161*

8.2.11　燃料洗浄事故　*161*

8.2.12　蒸気発生器の交換　*162*

8.2.13　ノースイーストユーティリティズ社の管理変更の影響　*162*

8.3　結論 *163*

第9章　産業の運営における規制の役割

9.1　はじめに *165*

9.2　規制プロセス *166*

9.3　NRC報告書のレビューから得られた教訓 *168*

9.3.1　報告書に関するコメント　*174*

9.4　コメント *175*

第10章　意思決定にかかわるツールの統合

10.1　はじめに *177*

10.2　個々のツールの役割と組み合わせ *181*

　　10.2.1　ビーアのサイバネティックモデル　*181*

　　10.2.2　アシュビーの必要多様性の法則　*183*

　　10.2.3　確率論的リスク評価手法　*183*

　　10.2.4　ラスムッセンの人間行動モデル　*184*

　　10.2.5　様々な産業における事故のケーススタディ　*185*

　　10.2.6　訓練手法と助言者の役割　*186*

　　10.2.7　プロセスのシミュレーションとその価値　*187*

　　10.2.8　まとめ　*187*

第 11 章　様々な運転に対するシミュレーションの利用

11.1　はじめに *195*

11.2　シミュレーター *196*

11.3　シミュレーション *199*

11.4　意思決定に対する将来的な利用 *201*

11.5　まとめ *203*

第 12 章　管理部門に対する訓練方法

12.1　はじめに *205*

12.2　教育 *206*

12.3　管理者に対する技術的なツール *208*

12.4　結論 *208*

第 13 章　安全への投資

13.1　はじめに *211*

13.2　株主価値のための経営 *212*

13.3　MSV の原則の概要 *213*

13.4　安全のために必要な投資のレベルを推計する手法としての

　　　J 値の適用 *216*

13.4.1 J 値の定式化　*217*

13.4.2 限界リスク乗数　*222*

13.4.3 J 値の応用　*226*

13.5　まとめ *230*

第 14 章　結論とコメント

14.1　はじめに *231*

14.2　分析の個別要素 *232*

14.3　結論 *234*

付録　リッコーヴァー提督の管理の原則

A.1　はじめに *237*

A.2　リッコーヴァー提督の原則 *238*

A.3　リッコーヴァー提督の原則の検討 *239*

A.4　結論 *240*

参考文献　*245*

略語一覧　*251*

索引　*253*

訳者まえがき

　あらゆる産業に事故はつきものである。本書『高リスク産業における意思決定』でいう高リスク産業とは，放射能放出のリスクを有する原子力発電所，大型旅客機などの墜落事故のリスクを伴う空港，大規模な海洋汚染のリスクを伴う海上石油掘削施設，大量の毒性物質を扱う化学工場などを指す。こうした施設は大規模かつ複雑であり，そこで発生する事故のリスクを的確に把握して安全対策を強化するためには，それなりの科学的な手法が必要である。

　そのような手法として，近年では確率論的リスク評価（PRA）やその一部としての人間信頼性解析（HRA）といった技術が取り入れられつつある。しかし，著者らは，福島第一原子力発電所の事故を受けて，これまで PRA や HRA でほとんど扱われてこなかった管理部門や経営者による意思決定がリスクを大きく左右するはずであるとの直感をもとに，それが産業システムに及ぼす影響を捉え，そしてその影響を減らすにはどうしたらいいかと，新旧の概念を何とか駆使して模索している。本書は，そのような概念を紹介し，高リスク産業の安全に関わる人に組織の意思決定の在り方を考えるためのヒントを与えようとする意欲的な書籍である。我が国の原子力発電などで取り入れられている「PRA」や「HRA」のほか，「過去の事故からの教訓の導出」に関する章を設けるとともに，これまでリスク評価で使われてこなかった複雑なシステムを扱うためにはそれなりの複雑なモデルが必要であるとする「必要多様性の法則」，組織の内外の情報を集め分析してフィードバックする機能の必要性を明らかにする「生存可能システムモデル」，安全性向上のための適切な投資のレベルを検討するための「J 値モデル」，安全確保への最終責任の意識などを含めて経営者が留意すべき教育／訓練の考え方を集めた「リッコーヴァー提督によるマネジメントの原則」などが紹介されている。

　ここで扱っているような難問にはなかなか答えが無く，残念ながら本書も体

系的な答えに行き着くには至っていない。事故のあとはとかく保守的になりがちであるが，これまで生じていなかった事故に対処するには新しい考えが必要であり，本書はその道を切り開こうと模索している。我々を勇気付けてくれる書籍である。

　著者らは，安全性のためには青天井で対策を講じればよいという安直な考えはとっていない。リスク低減と安全性向上対策の経済的負担は対立するものではないと考え，経済性を考慮した安全対策を講じることを奨めている。本書は，確率論的リスク評価を担当する人だけでなく，原子力発電所を設計あるいは運転する人，更には経営者にも読む価値があると思い，訳者一同は本書の翻訳に取り組んだ。読者にとって今後のための何らかのヒントを提供できることを願う。

　ここで，主著者アンソニー・スパージン氏について，触れておきたい。
　アンソニー・スパージン氏は1930年英国に生まれ，ロンドン大学シティ校を卒業後，航空産業界や原子力産業界で永らく制御系設計に携わるエンジニアとして過ごし，社会的な大事故の陰に人間の過誤が大きく影響していることを知った。原子炉のような複雑なシステムになればなるほど，人間信頼性評価の重要性が高まることに気付き，HRA モデルの検討とその普及に人生をかけた。同氏の著作"Human Reliability Analysis —Theory and Practice—"（邦題『人の間違いを評価する科学 —人間信頼性評価とは—』）は，プラント設計者，HRA 研究者としての広い経験が盛り込まれ，人間信頼性評価の考え方と実務の両面をカバーする数少ない貴重な解説書となっている。さらに，努力と情熱の人，アンソニー・スパージン氏は，共著者デービッド・スタップルズ教授とともに本書のもととなる論文"Safety and Economics of Nuclear and High Risk Organizations"を執筆し，83歳でロンドン大学シティ校より博士号を授与された。これは同大学の博士号取得の最高年齢記録であった。
　2019年2月12日，アンソニー・スパージン氏はご自宅で眠るように息を引き取られた。88歳であった。ちょうど翻訳が終わり校正作業にとりかかりつ

つあったときで，本書を手にしていただけなかったことが非常に残念に思われる。ただ，生前から本書の翻訳を喜んでくださっていたことを励みに，仕事を続けることができた。

　氏の多年にわたる友情に深く感謝し，心よりご冥福をお祈りいたします。

訳者一同

まえがき

　我々は，事故の発生とその事故に対峙する組織による運営の関係に興味を抱いてきた。事故の数と深刻さを低減するためになすべきことはもっと多く存在する可能性がある。ここで我々は，様々な国と産業で生じてきた事故の範囲に関する研究について確認してきた。この分野における我々の検討は，本書に反映されている。

　この世界は，事故—局所的なトラブルから，数千人の死者や影響を受ける国における経済的な圧力の発生に至るようなより世界的な規模の事故まで—によって強く影響を受ける。交通事故による一人の死者から，家々を破壊し数百の人々を死なせ，その地方を海水で水浸しにすることで人々のために食料生産する土地の能力を阻害し何年も飢餓や食料不足に至る可能性のある津波の到来によって影響を受ける国全体まで，事故には幅がある。

　全ての国が事故によって影響を受けること，そして個人個人に苦痛と金銭的苦境をもたらすこれらの事象を背負うことから我々は逃れられなさそうであることを，歴史は教えてくれる。

　我々は，組織の研究と，事故が組織に及ぼす影響の研究にかかわってきた。我々が事故を制御できず防ぐ能力がまったく無いという観点に立ったうえで，事故がランダムに生じる事象であると考えることは，望ましいことではない。異なる判断がなされた場合に，より良い検討が実施された場合に，そしてキーパーソンの姿勢が行動により生じそうな影響についてより明確に考えるような偏見のないものであった場合に，生じる事故の確率が顕著に低減しうるということが，より踏み込んだ事故の検討によって明らかになる。

　システムが複雑になれば，その管理者は単純なシステムに対するよりさらに準備しておく必要がある。システムとそれに関連する事故の検討における我々の背景から，我々はあらゆる種類の状況における事故の頻度が低減できること

を知るようになった。人には全ての人や全てのものを制御するほどの能力が不足しているため，全ての事故を完全になくすことはできないだろう。しかし人は，事故に至るような不注意の判断や行動の可能性を最小限にするような，指示や対応を可能にする手法や技術を開発することはできる。

この哲学は，事故に対する「通常の」アプローチ（Perrow, 1999）の慣例を無視したものである。ペロー（Perrow）のモデルは，スリーマイル島の事故シーケンスに非常に影響を受けているように見受けられる。彼が主張していたのは，人々が間違いを犯すときと同じく，大きな事故にも小さなきっかけがあり，失敗は組織の失敗である，ということである。この考えにおいて主要な点は，事故自体は回避不能であり，それを取り囲むように設計することはできない，ということである。我々は，事故の確率を低減するために組織を支援することは可能であると信じており，それを達成するためのプロセスをここに並べた。

我々が行った再分析では，事故に対する異なる視点を設けている（第7章参照）。様々な事故に関する我々の検討では，重要な判断に異なるやり方で取り組めば生じなかった可能性が高い事故の多くには，鍵となる事象が複数あることが示されている。事故分析の分野では，一方の判断が失敗に至るのに対し，もう一方が成功に至るような並列的な状況が複数ある。このことは，単一の失敗により事故に至ることが必然でないということを示す。望ましくない状況に関する意思決定者の認識は，より良い背景的な訓練を受けることで改善することができる。この訓練は，損害を伴う事故に発展する状況に至る確率を減らすことになるはずである。事故を回避することは，事故の進展による影響から回復を試みることより良い。事故の進展は，事故の根本的原因を覆い隠してしまい，組織が事故から回復するのを非常に困難にしてしまう。

一部の事故は，単純なタスクを実施する人々が，反復的な操作が変化なく永遠に続くものではない（線形外挿には限界がある）ことを理解しそこなうことで生じる。思い浮かぶひとつのケースは，1966年10月21日に生じた，学校の116名の子供と28名の大人が死亡したサウスウェールズのアバファン（Aberfan）における石炭ボタ山事故である。その地方の炭鉱は，学校の近くで

あっても採掘による捨石をとめどなく積み上げていた。積み上げられた捨石が崩落しうるという事実について，誰も考えが及ばなかった。しかし，ボタ山がそこにあったことと降雨によって，学校を覆う崩落が生じ，死者が生じる結果となった。状況について思慮が至れば，何が生じうるかその結果について誰かが懸念するはずである。ボタ山の特性を誰かが考えそこなうことは事故の要素のひとつであり，他のことと相まって，意思決定プロセスを改善しようとする我々を駆り立てる。（1966 年 10 月以降の）調査で「政府の石炭担当部局は知識が欠如しており，不適切な対応をとり，意思疎通に過失があったことが問題であった」とされ，政府の石炭担当部局に落ち度があることがわかった。この見解は石炭担当部局の責任を，生じうる事故にもっと責任を持つ種類の組織へと移すことが可能であることを我々に示している。

　状況と結果について考えるための単純な失敗のもうひとつの例は，2012 年10 月に来襲したハリケーンサンディの後のボストン地域における病院からの重病患者の緊急時避難である。この避難は，非常用待機電源の設置場所が良くなく，洪水に対する適切な防護が無い病院の地下であったために必要となった。あきらかに，電源を建屋の高い場所に設置するか，洪水に対して適切なダメージコントロールを備えておくことで，待機電源を防護しておくべきであった。報道は津波に対して防護されていなかった日本の原子力発電所に深い懸念を示しているが，我々は自分たちの都市の人々を助けるために単純な行動をとることを忘れている。

　あきらかに，我々は洪水を含む気象に対する防護課題を全体として検討する必要がある。津波は世界中で知られており，人々はそれに対する防護を必要としている。かなり定期的に，津波により多数の人々が命を失っている。典型的な例は 2004 年 12 月 26 日のアチェ津波であり，約 17 万名のインドネシアの人々が亡くなるか行方不明となっている（Aceh Tsunami, 2004 を参照されたい）。この数には，インドにおける地震起因の津波によるインドその他の地域の死者は含まれていない。

　英国の当局がテムズ川防壁（Thames Barrier, 1982 を参照されたい）をもっ

て，北海の暴風雨による高波と高潮の組み合わせからロンドンとその周辺地域を守ると決定したことは，我々を勇気づけてくれる。防壁の設計基準は 1000 年に 1 度の洪水の高さを超えるものとすべきである，とされた。英国の当局がそのような障壁を設ける行動を起こす判断をしたことは興味深い。防壁の特徴は，通常時は船舶の通過が可能となっており，1000 年に 1 度生じると想定されたような気象状況が予測されるとそれに応じてせり上がるようになっていることである。建設後，顕著ではあるが設計基準よりは低い潮位に対処するために，防壁の作動は何度かあった。

福島の津波の確率は概ね同じ値であったが，東京電力株式会社と日本政府は行動を起こす判断をしなかった。行動しなかったことで 2 万名の死者と 14 万戸の家屋の損傷／倒壊に至った。それは東京電力の過ちのみではなく，日本政府や地方自治体の過ちでもあったように見受けられる。福島原子力発電所の損失は，発電所の除染や公衆を損傷燃料から生じうる放射性物質から防護する将来的なコストや発電能力の損失と相まって，東京電力の企業体力に影響を及ぼした。この事故は，企業の崩壊に至りうるような判断のコストについてあらゆる管理部門に懸念を与える結果となった。さらに北にある女川と呼ばれる場所では近隣住民と原子力発電所の両方が，電力会社の副社長，平井弥之助氏の行動で守られたことは指摘しておくべきである。

これらの例は我々に，これらの種類の事象の確率を低減する手助けをしたいと思わせてきた。我々は，管理部門の意思決定がどれほど改善されうるか，その答えに近づくことでこのことが達成できると信じる。あきらかに，いままさに行われていることにはいくつかの欠点があるように思われる。事故の影響を緩和し，さらにその発生を妨げるのに役立つような行動をとることができる人々が心理的によく準備し訓練されているということを我々は理解できるはずなのに，事故を防ぐことができないという敗北主義的な考えが存在するように見受けられる。

著者らは，この目的を達成するために，いくつかの手法を一緒に取り入れる必要があると思う。トップの経営者の立場となる候補者は，適切なやり方で教

育される必要がある。彼らに対する訓練は，彼らの意思決定能力を試す状態に
さらされつづけるものである必要がある。提案する訓練プロセスは，リッコー
ヴァー提督の原則に基づくものであり，軍組織で採用され，海軍の潜水艦乗組
員，海兵隊員，その他の訓練に適用されたものである。加えて，さらに2つの
ツールを含めることを提案している。アシュビーの必要多様性の法則に関する
知見を用いることで，制御系を事故の多様性にあうよう変更すべきである（こ
れについては後で詳述する）。もうひとつは，人間の行動が事故の進展に対応
する人間の限界に対して及ぼす影響に関して訓練することである。デンマー
クの研究者ラスムッセン（Rasmussen）は，自身の研究でスキルベース，規則
ベース，知識ベースの行動と呼ばれる行動のカテゴリーを作成した。状況に対
する準備の程度によって人々は異なる対応をするため，もし与えられた状況が
求めることを十分に練習していたら，彼らはスキルベースの操作をするといえ
るし，それに応じて過誤も小さくなるだろう。したがって，事故に対する人々
の対応も，与えられた事故に対処する準備による。このトピックについては，
本書の後の章で議論する。

　我々は検討の初期に，事故に対し組織がどのように反応するかよく理解する
には，組織のサイバネティックモデルが必要である，と判断した。通常の組織
体制図は，このような動的な相互関係を示すものではない。通常の組織体制図
とは，誰が誰に答え，誰が代表取締役（Chief Executive officer：CEO）であり，
誰が制御室の運転員かを示した線図であるが，これは動的ではない。必要とさ
れたのは組織に関する異なるモデルであり，そのためにビーアのモデル（Beer,
1975）が選ばれ，これらの知見を与えてくれた。

　様々な事故の分析によって，リスクの高い組織における意思決定の向上に
とって得られることが2つある。ひとつは事故の分析を検討することで，様々
な産業で生じてきた事故には同じ要因が多く存在し，産業によってそれほど変
わらない，ということを示すことができる。もうひとつの得られることとは，
事故に至り組織が活動停止する結果となりうる行動を悪しくも選択する以上の
ことをしていない，と管理部門に主張することである。管理部門は利益を上げ

るだけではなく，公衆や作業者に悪い影響を及ぼす事故に至る軽率な行動の確率を減らすことにも関与する必要がある。第7章に見られるように，事故によって生じうるのはその地方の破壊，多数の死者の発生，失職，その企業体力の喪失である。

　適切な手法を適用することや訓練によって，もっと細やかに注意を払い，組織の安全性と経済性の両方を向上させるよう管理部門の背中を押すことができる。ハイマン・G・リッコーヴァー提督は，正しいやり方をもってすれば安全性と有効性という観点からそれを実現できることを米国海軍において示した。

謝　辞

　トニー（Tony）は彼の妻マーガレット・ジル・スパージン（Margaret Jill Spurgin）に対して，本書に取り組んでいた間の彼女の支援について感謝する。彼女の支援なしでは，日の目を見ることはかなわなかっただろう。

　デービッド（David）は，長年にわたって研究の世界へ没頭する彼に寛容であった彼の妻マグダ（Magda），息子オリバー（Oliver），娘クラウディア（Claudia），そして全ての彼の友人と同僚に対して感謝する。

　両著者はナタリア・ダニロヴァ（Natalia Danilova）博士に対して，リスクの高い組織における意思決定の世界，すなわち狭義の解釈を超えた分野にアシュビーの必要多様性の法則を適用するという優れた識見について感謝する。彼女の論文は「判断支援のための情報のウェブ規模の発見に対する検索理論と証拠分析の統合」であり，彼女の博士学位はシティ大学ロンドンから授与された。

　また，サレー・H・アル・ガムディ（Saleh H. Al-Ghamdi）博士に対しても，安全性，管理官の信頼性，サウジアラビアの商業航空における航空管制の組織的な構造に関する彼の博士学位論文から，一部の素材を著者らが利用することを認めてくれたことについて感謝する。彼の博士学位はシティ大学ロンドンから授与された。彼の論文は，「航空交通管制システムにおける人間行動と安全性に及ぼすその影響」である。

　編集者シンディ・カレリ（Cindy Carelli）に対しては，彼女の手助けと助言について深甚なる謝意を表す。

　ハイジ・スパージン（Heidi Spurgin）に対しては，本書の表紙のデザインについて深甚なる謝意を表す。

　原子力潜水艦の安全性の分野に対するハイマン・G・リッコーヴァー提督の貢献が思い起こされる。原子力潜水艦の安全性の重要な要素となるのは，訓練方法と選抜方法に基づいた乗組員の能力である。

　フォード（Dom D. Ford）中佐に対しては，アメリカ海兵隊の訓練方法に関する識見について感謝する。

著者について

アンソニー・スパージン（Anthony J. Spurgin）博士は，管理者による意思決定の向上によって様々な産業の安全性と経済性を改善させることに関心を寄せるエンジニアである。彼は，事故条件下における人間行動の確率を評価するための人間信頼性解析手法にも携わっている。彼は英国で教育を受け，航空工学において学士の学位を取得した。そのかなり後，彼はシティ大学ロンドンから工学と数学の博士  の学位を得た。大学卒業後，航空機工場で実習生となり，エンジニアとして，超音速機を含む数多くの航空機の空力弾性計算を行った。

その後，彼は原子力分野へ移り，ガス冷却炉（マグノックスおよび改良型ガス冷却発電炉（Advanced Gas-cooled Reactor：AGR））の発電所の制御系設計に従事し，設計プロセスを支援するために発電所のデジタルシミュレーションを開発した。一時期は英国の中央電力庁（Central Electricity Generating Board：CEGB）とともにガス火力発電所と石炭火力発電所の動特性とその制御系の検討に携わった。

スパージン博士は米国へと移り，そこでさらに働き，3ループPWR，その後は高温ガス冷却炉の制御系と保護系の主任設計者となった。彼は，蒸気発生器の挙動や冷却材喪失事故（Loss of Coolant Accident：LOCA）の実験を扱う様々な試験装置の設計に携わった。

その後，彼は人間信頼性評価に携わるようになった。彼は原子力発電所（Nuclear Power Plant：NPP）の安全性を向上させる手法や技術の開発に携わってきた。彼は，様々な国でこの分野における努力を支援し続け，原子力発電所の安全性を向上させる国際原子力機関（International Atomic Energy Agency：

IAEA）の努力を支援した。彼は『Human Reliability Assessment: Theory and Practice』（2009, Boca Raton, FL: CRC Press）（『人の間違いを評価する科学―人間信頼性評価とは―』，株式会社シー・エス・エー・ジャパン訳）という書籍を出版した。

デービッド・スタップルズ（David W. Stupples）博士は，レーダーシステムおよび電子戦に関する研究開発に注力している。英国のマルヴァーンにある英国信号レーダー機関（Royal Signals and Radar Establishment : RSRE）において，多年に渡って彼はこの分野の研  究に取り組み，続いて英国政府のための監視諜報システムの研究を行った。その後，彼は米国のヒューズ・エアクラフト社のために監視システムと衛星の開発に 3 年を費やした。彼の初期の経歴において，スタップルズ博士はレーダーおよび電子戦について英国空軍に雇われていた。彼は PA コンサルティンググループ社のシニアパートナーとなり，安全上重要なインフラの監視技術とリスク解析において，その会社のコンサルティング業務の責任者となった。

第1章 はじめに

1.1 本書の目的

　本書の目的は，リスクの高い産業へ適用される意思決定というトピックと，事故分析から得られた教訓をどのように適用できるのかについて議論することである。この仕事は，これらの種類の産業を管理する意思決定者を実際に選抜・訓練するのに必要な産業界全体の姿勢を改善しようと試みるものである。ここで使うやり方は，他の分野の管理部門の努力に対しても適用できる可能性があることに留意すべきである。「事故」という用語ですら，人々が対処しても避けられず発生しそれを防ぐ方法が無い，何か回避不能かつ制御不能なコンテキストを持つ。もちろん，これは正しくない。ランダムな事象は生じうるものであり，我々の立場はトラブルの影響を最小化する立場に誰かが居るべきである，というものである。ここでは，「備えよ常に」というボーイスカウトの言葉が適切である。もしある組織が備えるなら，ある事象の影響は低減できる。

　著者らは様々な産業に従事し，原子力発電所の設計，サイト選定，建設，運転における意思決定がその後の操業にどのように影響しうるかという検討に携わってきた。これらの行動に関する全ての意思決定は，リスクの高い産業の安全性と経済性に影響しうる。リスクの高い産業とは，事故がその組織に経済的な著しい影響を及ぼしうる，近隣の住民の安全性と健康に影響を及ぼしうる産業である。

　著者らは，高リスクの産業のプラント運転に関する安全性，設計，経済性の分野において広範囲にわたる経験を持つ。本書の目的は，その経験だけではな

く，原子力から鉄道まで様々な産業における一連の事故を検討して得られた知見を利用することにある。事故に関する我々の検討で鍵となったのは，事故前，事故時，事故後の管理者レベルと運転員レベルの両方での組織の対応の評価であった。それは観測されたものであり，ラスムッセン（Rasmussen）のスキルベース，規則ベース，知識ベースの行動（Rasmussen, 1997），組織のサイバネティックモデルに関するビーアの仕事（Beer, 1981）と組み合わせたアシュビーの必要多様性の法則（Ashby, 1956）といった様々な技術を統合した我々の手法を開発するのに役立った。

　我々の検討から，トップの経営者が組織の日々の運営の経済状態に追いまくられ，経営の手法において経営学修士を取得するといったように，この種類の問題を扱う訓練を受けてきたことが多いことが明らかになった。このやり方は，資本費用と経費，損益，生産性を確保する人員管理など，通常の運営を管理する非常に標準的なものであった。しかし，ランダムに起こる事故によって結果として生じる可能性のある大きな損失は，経営者の訓練には本気で組み込まれていないようであった。多くの経営者が確率の評価値が暗示することを本当に理解していなかった可能性がある。1000 回に 1 回という評価値は，その事象が明日起こりえないということは意味しない。経営者による多くの判断では，状況を現実的に見直すわけでもより良い専門知識を持つ人の助言を受け入れるわけでもなく，彼らの状況に対する「感触」に基づいて，生じうるリスクが暗示するものを無視しているようである。この典型的な例が，チャレンジャー号の事故である（第 7 章）。

　運営コストもしくはその組織の生き残りにすらかかわる，低い確率の事故による大きな経済的影響は，管理部門の評価において最も有力に考慮されるものではない。事故のリスクの評価において，そのような事象の確率が非常に低く評価され―1000 年に 1 回より低いといったように―そのため無視されることはよくあった。このことは良くない判断を招きうる。よく知られているように，確率がたとえ低くとも，その事象は翌日にでも起こりうる。たとえば，東日本大震災の津波は非常に確率が低いと考えられていたが，それを生じうるとして考

慮しそこなうことによる影響は大きかった（東京電力にとっても，政府にとっても，日本の人々にとっても）。その結果として，4 基の原子炉を失い，14 万軒の家屋が崩壊し，2 万名の死者を出した。さらに，津波が覆った土地は塩害の影響を受けた（その土地の生産性に影響を及ぼした）。福島の津波による事故に関する詳細な議論は第 7 章にある。

　全ての事故が，過酷な事故と人員や管理者が必要な行動をとるのに失敗することが同時に生じることで発生するわけではない。状況はありふれたものだが，人員が適切な行動をとるよう指示・訓練しそれを繰り返すことによってそのような状況に対し管理部門が準備するのに失敗することでその状況が改善されないことがある。福島事故の場合，管理部門はそのときの防潮堤よりも大きな津波が来る確率を知っていたが，防潮堤の高さを高くする行動をとらないことに決めた。なお，津波の損害を受ける人々を防護するのに失敗したと日本政府を責める人は誰もいなかった（McCurry, 2015）。高潮と嵐の同時発生に立ち向かうよう設計された防潮堤や堰き止め手段（Thames Barrier, 1982）をもちいることで，（津波による）洪水から守ることは可能である。女川原子力発電所の防潮堤は，原子力発電所と地域の人口の両方を守った（Maeda, 2011）。

　事故の検討において，我々は事故の制御・緩和の失敗における鍵となるものは，産業それぞれのプロセスをよりよく理解することだけではなく，管理部門を訓練・教育・経験させることにあるとわかった。有能な人からの助言で意思決定を支援しそこなっていることもあるように見受けられる。多くの事故の検討により，助言が受け入れられるのを妨げる文化的な問題が明らかになった。この文化的な問題は，ある社会に限られたものではない。この影響は，福島事故やチャレンジャー号事故といった多くの事故としてあらわになる。文化は異なるだろうが，結果は結局同じようである。

　事故の分析によって得られるものは非常に多いが，管理部門の意思決定プロセスを検討するには，管理部門から上級職を通して運転員に伝わる情報や指示により組織がどのように行動をとり運転するか，それを支配する人間制御系（すなわち管理部門）を理解することからはじめ，意思決定プロセスの全体に

ついて検討する必要がある。

　我々は，運転にどう管理部門が関与するか理解するために，人体に基づくビーアのサイバネティックモデルを用いた（Beer, 1979）。ビーアのサイバネティックモデルは，制御室の運転員に対する管理者の役割，管理者に対する情報の提供と助言，意思決定と計画，訓練と設備の保守などの組織的な側面を説明することができる仕組みを提供してくれる。

　我々の検討では，原子力規制委員会（Nuclear Regulatory Commission：NRC）のようなその産業の規制当局の役割と相まって，事故がどのように入力情報として管理部門の反応に影響するのか，その関係を示すためにビーアのモデルを作成した。なお，全ての規制当局が同じように振る舞うわけではなく，課される規則，規制，管理は同じではないが，それら全てが影響力を持つことは指摘しておくべきであろう。

1.2　本書の利用について

　本書の第一の目的は，リスクの高い組織の意思決定に関する課題について議論し，意思決定プロセスにおいて役立てるために用いることができるツールを紹介することである。望むのは，本書が事故の数と酷さを軽減するのに寄与できることである。明らかな危害を及ぼす事故の確率を低減するよう意思決定プロセスをどのように管理者が改善できるのか，についても議論している。本書は，事故に有効に対処する組織の能力を向上するために，管理プロセスに組み込む必要がある多くの手法について扱っている。事故は管理部門が容易に扱える単一の事象ではなく，様々な段階と様々な相互作用を持つ複雑な事象となる場合が多く，それが事故に対処することを困難にしており，事故の影響を収束または緩和するプラントの人員の最善の努力を打ち消しさえするほどである。

　たとえば，福島の原子力発電所を襲った地震は当初，適切かつ安全に対処されたが，地震により生じた巨大津波の来襲が，発電所の人員の最善の努力にもかかわらず原子炉の炉心損傷と放射性物質の放出に至る影響を生じさせた。

　本書では，リスクの高い組織の管理者とスタッフの訓練と教育において必須となるものを作ることができた。ここでとったやり方は，全ての管理部門の人員に対する訓練を管理部門の候補となる人員の選抜の早い段階で始めて，その組織の内部で彼らが昇進する間，包括的に続ける，というものである。このプロセスは軍隊の訓練プログラムを反映したものであり，対戦相手がこちらの戦術に対処するように急激に変わる環境に対処する際に継続的な改善を行うことが成功の肝となる。

　本書は，ビジネススクールでの一連の講義の基礎となりうるものである。ビジネススクールの課程は会計や組織など多くの課題に焦点をあてたものであるが，費用や在庫などを監視するツールが扱う範囲に技術の影響というものは無い。技術というものは，それと一緒にプロセスの有効性の向上によるリスクの増加ももたらしうる。設備の熱容量の減少は結果として外乱に対する反応時間の減少をもたらしうるものであり，このことは管理部門自身の訓練と彼らのスタッフの訓練の両方が必要であることを管理部門がさらに意識する必要があることを強調する。

　リスクの高い組織の操業の安全性において中心的な役割を果たすのは，確実にその組織や規制当局が定めた規則に従い，一般公衆に対する責任を果たしているかを監視する規制当局である。

1.3　著者たちの哲学

　人々は過ちを犯すが，事故に対処する際に管理部門によりなされるより良い意思決定によって，その結果は軽減または緩和されうる，というのが我々の哲学である。しかし，それには運転に携わる全ての人員による努力が求められる。何ができて何をすべきか把握する責任は，重要な判断をする管理の立場にいる人間が負うものである。それは判断をする力がある者である。部下たちはその状況を改善するために何が行われるのか見る立場にあるが，管理者は決定をする権限を与えられており，それが動かしがたい現実である。事故分析に

よって，他人の助言が採用されなかった多くの状況を目にすることができる。幅広い産業における事故を議論する目的は，この点を示すことにある。

　自分たちの産業では事故は起こりえない，自分たちは非常に注意深く，自分たちの産業の運転員は生じる事故に対して非常によく訓練されている，という意見を持つ人に出くわすことがある。その後目立った事故が起こって，運転員には訓練がもっと必要だったスリーマイル島（Three Mile Island：TMI）事故や設備の重要な部分が故障したメキシコ湾の原油流出事故のように，非難は正しい行動をとるはずの運転員の失敗へと転嫁される。ときとして，馬鹿げた行動だと人々のあざけりを受けながら防潮堤を築くことで大きな事故が避けられた東北電力の女川原子力発電所のような事例もある。一方では，その行動をとらないという賢い人間の失敗で，のちに過酷な原子力事故の当事者となった東京電力の福島原子力発電所のような事例もある。

　我々は自身に尋ねる。どうやって我々は集団として，事故の影響を最小限にするためにいまやっていることを改善するのだろうか，と。あきらかに，検知し行動をとるという観点では技術は向上してきた。プラントの状態に関する情報もまた改善されてきた。緊急時に対処する運転員の能力の訓練は，原子力産業では部分的には TMI-2 号機事故のおかげで，訓練そのものの改善やプラントシミュレーターの利用により改善されてきた。この経験に他の産業が学んできたかは定かではない。

　原子力発電所の運転員に対する訓練のやり方は，全体として改善されてきたし，それが続いている。しかし，このやり方，すなわち原子力という科学におけるシミュレーターの利用，手順書の作成，情報表示，継続的な訓練は，それを最も必要としている人間，すなわち意思決定者には適用されていないように見受けられる。意思決定者を様々な産業の過去の事故の詳細とその影響に触れさせることは，事故に対して準備する姿勢，特に自身の産業がすでに扱ってきた事故とは特徴の異なる事故に対して準備する姿勢を左右する最も必要なことである。

　原子力産業は，公衆の安全性と運転の経済性を両立する有効な対応をする

よう少しずつ発展してきた。このことは，この産業が過去の業績や経験に寄りかかっていい，という意味ではない。記憶や知識が薄れるのはあまりに早い，「自由の代償は，たゆまぬ警戒心である（The price of liberty is ever-present vigilance）」という言葉を思い出すと良い。同じ原則は安全性と経済性にも通じる。

　管理者の意思決定能力を向上させる我々のやり方は，管理者がよりよく準備することで事故の発生確率を低減させ，事故の影響からの回復を促進できるという考えに基づくものである。管理者の行動を改善することは，リスクにさらされており，リスクを低減するために何ができるかを認識させ，組織の力学によって事故前，事故時，事故後の活動として考慮すべきことが決まるということについて理解を深める，より良い訓練プロセスによって達成可能である。

　管理する立場にある個人が準備する場合，（海軍および海兵隊の）軍人の訓練を参考にすることができる。たとえば，運転員が事態に備えるために，シミュレーターを利用することに価値があることがわかる。管理部門の場合には，だんだん困難さを増すようなシナリオにさらされることにより，意思決定を向上させることに力点が置かれるはずである。そして軍事訓練は小規模な作戦から大規模な作戦まで，戦場条件のシミュレーションを利用していることがわかる。ここでは緊急時のプラント条件のように，目的は判断し行動する個人に備えさせることである。個人の能力を向上させるために，テストシナリオは困難さと複雑さを徐々に増す。さらに，これらの状況に対処する個人の能力が向上すると，その成果を対象とする指標に基づいて，管理者の選抜を行うことができる。

　リスクが高い運転を管理する事業全体を改善するには，ツールとプロセスが必要である。我々はこのようなツールや手法が数多く存在することを確認してきた。すでに述べたように，あきらかに運転技術における訓練とはそのひとつであり，どのように運転を実施するか，様々な事故シナリオのシミュレーションと組織の力学を理解することもそのひとつであり，行動を実施し助言を提供するという観点での支援スタッフの役割を理解することもそのひとつである。

加えて，事故にさらされたときに人間が行動する側面というものも理解する必要がある。意思決定者が事故時においてプロセスの力学は徐々に進展するものであることを理解し，この事故の進展をより良く制御する方法を理解することもとても必要である。それを実効的なものにするために，これらの手法や技術の全てを理解し組み合わせて用いる必要がある。

以下の章では，以下の手法と後述するプロセスについて詳細に扱っている。

第 3 章 ：サイバネティック組織モデル―ビーアの生存可能システムモデル

第 4 章 ：アシュビーの必要多様性の法則とその適用

第 5 章 ：確率論的リスク評価

第 6 章 ：ラスムッセンの人間行動グループ

第 7 章 ：様々な産業における事故のケーススタディ

第 8 章 ：一連の事故からの教訓

第 9 章 ：産業の運営における規制の役割

第 10 章：意思決定にかかわるツールの統合

第 11 章：様々な運転に対するシミュレーションの利用

第 12 章：管理部門に対する訓練方法

第 13 章：安全への投資

ストレス下におけるリスクの高い産業の意思決定を向上させるために著者らがとったやり方の基本は，前述のツールと手法を統合することに加えて，事故のケーススタディから学んだ教訓を考慮することである。ケーススタディは，事故がある産業や組織にのみ該当するものではない，ということを示してくれる。また管理部門に対しては，より訓練され組織化された方法により事故に対する管理という課題に取り組む必要性を示してくれる。

第2章　背景

2.1　はじめに

　本書は，組織，管理，事故，リスクの高いプラントの運転の経済性と安全性に及ぼす技術の影響について扱ったものである。技術の変化や管理部門の意思決定が組織に及ぼす影響を考えるための基礎として，最近数年間に起こった事柄について検討しておくことも有益である。我々は，過去の技術上の変化とそれが物事の状況に与えた影響を忘れてしまいがちである。

　第二次世界大戦の直前から今日までの間に技術は大きく進歩した。その技術の進歩はとてつもないものであり，政府，一般公衆，産業に影響を及ぼした。注目すべきことのひとつは，管理部門が進歩をどのように捉え，物資の生産や役務の提供をより効率的に行うためにその進歩をどう利用したか，である。たとえば防衛のために，政府と軍需産業は，技術の進歩を利用することに関与もしてきた。具体的な技術進歩の一例として挙げられるのは，（部隊移動などの）地上での活動の案内・監視のために宇宙衛星を用いることである。この技術は，場所を把握する技術としてすでに一般に転用されている。

2.2　技術の応用

　技術の応用にはこれまで多くの進歩があった。そのような応用について詳しく全てを述べるつもりはないが，進歩とその応用についていくらか読者に思い出してもらおうとは思う。知ってのとおり進歩には欠点を伴う場合がある。それが人間世界の常である。

2.2.1　潜水艦

　第二次世界大戦の末期以降に生じた技術的変化の影響を示すために，興味深い技術変化の事例を紹介しよう。この変化は，潜水艦の世界で生じ，世界に多大な影響を及ぼしたものである。これは技術的変化の一例であり，これほどではなくても，多数の技術変化が同様の大きい影響を与えている。

　潜水艦はアメリカの南北戦争の時代からあり，当時のそれは基本的に短時間潜水する水上船であった。潜水する理由は，水上船を沈める目的で見つからぬように接近することを可能にすることにあった。より良いバッテリーやシュノーケルもしくは吸排気管を利用するなど多くの技術が潜水艦の性能を向上させるために投入されたが，それらはほんの小さな変化だった。一方で相手国は，自国船に損傷を与えられる前に潜水艦を検知し破壊することができるように，音波検知器を開発した。

　潜水艦を原子炉で動かすという提案は，潜水艦の役割を完全に考え直させることとなった。まず第一に，真の潜水艦を開発することが可能になった。もう水上船を改造したものではなく，それはその船体の形状が物語っている。いまや潜水艦は数時間ではなく何ヶ月も続けて潜水可能なのである。第二の進化は，地上の基地を攻撃する弾道ミサイルを発射する機能を持たせるよう潜水艦の目的そのものを変えたことである。次に挙げられるのは，弾道ミサイル潜水艦（ブーマー（boomer）と呼ばれる）を守るために設計された攻撃型潜水艦（敵の攻撃型潜水艦を攻撃する）であるが，それらは空母その他の艦隊を沈めるという従来の仕事もまだこなすことができる。

　ここで見られることとは，水上船まがいのものから真の潜水艦へと技術が革新したことによる最初の衝撃である。ただし，この新たな潜水艦にはいくつかの隠れた重要な技術的意味がある。まず，潜水艦は運用可能な程度に安全でなければならない。そして潜水艦を稼働させる設備と，さらに重要な人間の両方の信頼性が高くなくてはならない。これらの面における正味の成果こそが，この分野に変化をもたらしたものである。この分野全体の主導者とされる人物が

ハイマン・G・リッコーヴァー提督（Admiral Hyman G. Rickover）であった。潜水艦の動力源として原子炉を導入しただけではなく，確実に潜水艦を稼働させるのに必要なことを全て指揮したことは，何と素晴らしい業績だろうか。彼は信頼性の高い設備を開発するよう産業界を後押ししただけでなく，自らも技術開発を行った。

　ここまで述べてきた目的は，海軍の分野で何年にもわたって技術が変化してきたことを示すことだが，それはこの分野だけのことではない。どのように技術が変化してきて，設備の物理的な変化に何が隠れているのかだけではなく，人々や社会がそれらの変化にどのように歩み寄るかについても考える必要がある。それらの変化はあきらかに，経済性および安全性に関する課題をどのように扱うかにも影響を及ぼしうる。数学的な問題を解く方法もまた，計算尺から高速スーパーコンピューターを用いるように進歩してきた。数学的な問題を解くのに「機械」を利用するためには，人間側の積極的な関与も促す必要がある。それらを利用できるよう人々を訓練し，運転にそれを取り入れる必要がある。

　あらゆる組織において重要なのは管理部門であり，その選抜と訓練に注意を払う必要がある。

2.2.2　航空機開発

　航空機が長年にわたって変わってきたことは，誰でも知っている。変わったのは，機体の素材と推進システムの両方である。機体は木材（絹のシートで覆われた翼桁，肋材，胴体）から，同じ役割を果たすアルミニウム構造材となり，さらにポリウレタンに包まれた炭素繊維やそれに相当するものとなった。機体と翼の強度はいまや，鉄筋で補強されたコンクリートで作られた近代的な建物に相当する。もちろん航空機の性能は重さによって支配されるから，重量はかなり違う。

　さらに近代では，ある航空機が商業的に成功するか否かは多くの要因に依存するが，その中核は設計者のアイデアと，開発の進歩を彼らがどれだけ早く見

抜けるかである。ジェットエンジンの開発は，軍用機と旅客機の双方にとって重要であった。速度においてジェットエンジンが一歩先んじていることは早くから知られていたが，それを採用したのは軍であった。民間のジェットエンジン開発はそれより遅く，当初はプロップジェット*1 が採用され，それが一般的になった。プロップジェットの限界は，その先端速度が音速以下でなければならないプロペラにあった。純粋なジェットエンジンによりフライトをもっと早くすることができるとわかり，製造業者がジェットエンジンの燃料効率を改善したことで，純粋なジェットエンジンが支配的となった。この変化の理由は，一機あたりのフライト数を増やすことができるから，すなわちコストの問題であった。

　市場の規模もひとつの要素である。SAAB*2 のような小国の製造業者は，その航空機の品質の高さにもかかわらず，政府の支援があってさえも，不利である。このことにより，米国は軍用機の分野で優位に立ち，旅客機の分野でも大きい勢力を持つこととなった。旅客機の分野ではボーイング社とエアバス社がいまも競争状態にあるが，デ・ハビランド社，ホーカー社，ヴィッカース社，アブロ社などはどこに行ったのだろう？　もちろんロシアと中国は別で，彼らの政府は自身の市場を管理できる。中国はボーイング社と設計データを交換する同意書を取り交わしており，いまはボーイング機を購入しているが，最後には自国で航空機を生産するだろう。

　全ての技術が順調な道のりを経たわけではない。ロールスロイス社のターボファンジェットエンジンでは当初ファンに炭素繊維強化ポリマー製ブレードを使おうとしたがそれがひどい結果を招くことが確認され，より重いチタン製ブレードのファンに交換しなければならなかった。あとになってより良い軽量のブレードが開発されたのに。この決定は，経験の少ないプロジェクトマネージャーによってなされた。管理部門のつたない決定は，組織を弱い立場に置く

---

*1 ジェットエンジンの排気タービンで駆動されるプロペラ付きエンジン。
*2 スウェーデンの航空機・軍需品メーカー。

ことになり，この場合はロールスロイス社の航空機ビジネスを活動停止に追い込みうるものであった。

2.2.3　コンピューター

この分野での進歩は右往左往した面はあるが，コンピューターの製造，ソフトウエア，幅広い利用といった分野で進歩があった。コンピューターの利用は，全ての産業や組織そして生活全般に影響を与えてきた。携帯電話，パーソナルコンピューター，人間関係の商業化（Facebook 等）など，ビジネスをどのように実施・管理するかから，どのように世に送り出すかまでの変化は非常に広範囲にわたり，全ての分野を網羅するのはほとんど不可能である。

コンピューター分野は，シミュレーターの開発，産業の運営のシミュレーション，理解しておくべき病気の原因となる遺伝子分析能力などを可能にした。産業のプロセスはもっと有効に管理・監視できるようになるだろう。加えて，組織で生じる費用が評価できるようになり，費用管理における弱点も見つけられるようになるだろう。

2.2.4　計器

これは，コンピューター技術の多くの面で，技術開発に欠かすことのできない開発分野のひとつである。計器とはセンサー（目と耳）であり，プロセスにかかわる情報を集積することを可能にする。患者の心拍を分析するためにコンピューターを利用するには，圧力・温度・酸素センサーは必須である。コンピューターは何を制御し，何の情報を表示するかなどを決めるにあたり，入力値を必要とする。閉ループシステムの場合，プロセス／システムの要求を達成するためにアクチュエーターがどんな動作をする必要があるかは，センサーが発信する信号によって決まり，コンピューターによって処理される。センサーの精度と反応性は，そのプロセスの安全性と経済性にとって決定的である。

2.3 コメント

技術の急速な発展は，特に随分前の時代に訓練を受けた管理者にとって，困難をもたらしうる。このことは，特に電子工学，計算機の応用，ソフトウエアといった変化のペースが急な分野にあてはまる。このような条件下では，管理者はこれらの進歩によって影響を受ける分野において自身が判断を下すのに役立つ関連するトピックについて追加で訓練を受けるために多分学校に戻る羽目になるはずである。

古い産業であっても，技術発展による影響を受けつつある。設計プロセスは変わりつつあり，部品は様々な国で製造されており，最後に「本国」で組み立てられる。このような作業方法の例としては，ボーイングとエアバスが挙げられる。このような変化は，信頼性の高いデータの受け渡し，適切なコミュニケーション，ソフトウエアや数学的ツールといった高度な技術的プロセスに強く依存している。加えて，これらの手法は，設計者，製造者，様々な管理部門の間を相互に空間的につなぐ表示端末を通して共同作業をすることを必要とする。それは，広範囲にわたるコンピュータープログラムを作成・試験し，その助けを借りることでようやく実施可能となる。その運営は，管理者が認識・見直し・管理しなければならない高度に知的な問題をもたらす。もしそれらのツールが全体としてどのように働くか知識を持たず，その設計について理解していないと，経営上の判断を随時適切に行うことは不可能なように思える。費用とマンパワーに配慮する古い管理手法にはいまや技術に対する配慮と，技術的に有能な人員を募集し維持する能力が加わり，それ無しでは今後組織は成功しないだろう。

技術に対して適応することは，管理者にとってこれまでひとつの試験であった。それは同様にスタッフにとっても試験であり，彼らの訓練にもなる。かつて製造業の世界は，穿孔，旋盤，溶接といった単純な機械的な作業が支配していた。そのような仕事はいまもあるが，多くの産業の運営にはいまやコンピューター技術に対する深い理解が求められる。ここで疑問なのは，いまの教

育システムはこの新たな世界に対して学生を訓練することが可能なのか，である。

　だから教育の世界は，この新たな世界に対応しなければならない。また同じことはいまや教育者も兼ねなければならない管理者にもあてはまる。教育課程を技術発展が含まれるよう改善する必要があり，単に学生にプログラミングの訓練をさせるだけでは不十分である。学生が卒業するそのときまでに，変化があまりに早く生じるがために，コンピューターの世界は手法が改善され変わってしまう。学生はコンピューターがどのように働くかその基礎について理解する必要がある。人工知能や関連するツールのようなコンピューターの原則を，概念として教える必要がある。これは進歩に関するひとつの予測である。もちろん誰も進歩とは何かを完全に定義することなどできない。これまで生じた進歩のうち，その当時完全に直感的に予測されていたものなどない。

　著者らは両名とも技術の様々な分野で仕事をしており，この経験に基づいて，様々な産業分野における進歩を見定め，技術がどのようにして産業と組織に大きな変化をもたらしたかを分析できる。本書では，それらの進歩のうちいくつかに注目し，それらが管理者の意思決定能力にどのように影響したかを明らかにする。

第3章 サイバネティック組織モデル
ビーアの生存可能システムモデル

3.1 概要

　本章では，ビーア（Beer）によって開発された生存可能システムモデル（Viable Systems Model：VSM）の概要を紹介し，それを適用することでマネジメントシステムの診断をより適切に行えることを示す。マネジメントシステムの構造を階層図で表示する方法では，そこに示された各業務が実際にどのように機能するのかを理解することができない。VSM は，組織のマネジメントの働きを理解するためのサイバネティックス（Cybernetics，人工頭脳学）に基づく方法である。VSM のキーワードは，"viable"（個体としての生存を維持する能力を持つこと）である。組織の様々な部分の役割について考えてみればすぐにわかることだが，ある部分は意思決定を担い，別の部分は業務計画を立て，さらに別の部分はその計画を実行する。各部分の間には，業務の進捗報告や業務担当者への活動の促進または抑制の指示などを伝える情報伝達のチャンネルが存在する。ビーアは，この関係は人間や動物の身体が活動・応答する精密な仕組みと似ていることに気づいた。つまり，動物の動き方を理解するための原理と同じ原理が人間の組織の診断にも有効だということである。

　この章では，単純なコントローラー（制御器）の働きを理解するために，制御システムの概念とともに，プロセスの制御に用いられているフィードバック信号およびフィードフォワード信号の意味について説明する。また，サイバネティックスの詳細を理解するには飛躍が必要なので，それを助けるために，制

御に関するいくつかの概念についても紹介する。近年の技術を見ると益々多くの計算機がサイバネティックスと似た使い方をされるようになってきたことがわかる。自動車エンジンの制御はその一例である。自動車メーカーは，公衆のニーズに応えて，大気汚染を抑制し，窒素酸化ガスの排出を防ぎ，同時に燃料の経済性と馬力を高めることができるように，各部分が互いに連携する複雑な自動車制御方式を設計してきた。これは，サイバネティックス的な働きをする制御器の開発により実現された。

　サイバネティックスは動物やビジネスシステムに見られる統制または制御システムに関する学問である。サイバネティックスは，制御系の理論と密接に関連している。サイバネティックスは物理的なシステムにも社会的なシステムにも同じように適用できる。ここで，外国の例であるが，サウジアラビアでVSM を航空管制に適用した例（Al-Ghamdi, 2010）を紹介する。VSM は，スパージンにより，彼の学位論文（Spurgin, 2013b）における事故の分析の一部として，多くの組織や事故の分析に適用されている。さらに，彼は，米国の平均的な原子力発電事業者に適用するとともに，東京電力の福島での津波による事故に対応する発電所組織に適用している。

　VSM は，サイバネティックスから導かれた様々なアイデアの上に成り立っている。VSM は，組織の行動を理解するために，組織を診断し理解するためのより良い方法として提案された。その考え方は，製造業，食品配送（Walker, 1991），ソフトウエア開発（Herring および Kaplan, 2001）などに適用されてきた。さらに，ビーア（Beer, 1981）は，1970〜1973 年にアジェンデ大統領の下でチリの政府業務に VSM を適用している。これらの例から，VSM は様々なマネジメントの組織と運営組織の診断に広く活用できる手法であることがわかる。

3.2　制御器の設計と運用

　VSM の実際の運用の形は，自動制御器と極めてよく似ている。組織の稼働状況の情報は，プラントの伝達器からの信号と極めて似た形で取り扱われる。制御器は信号を受け取り，制御対象システムを動作させるための信号をアクチュエーターへ送る。組織のマネジメントは，スタッフから生産状況に関する信号を受け取り，それを評価し，市場や顧客のニーズとバランスするように生産量を変更するよう命令を送る。

　生産量が市場／公衆のニーズに合致しているか見るためには，市場のニーズをある程度の期間監視する必要がある。マネージャーは，必要に応じ担当者に生産量をさらに変更するよう指示を出す。もちろんこうした変化は，市場においてそれぞれの製品に対する需要が変わることによっても起こる。図 3.1 は，設定点の変化やプロセスシステムの変化に対応する単純な制御器である。これは，製品を変更したり，公衆の購買動向の変化に対応している会社と同じである。

　制御システムには，次の要素が含まれている。（a）制御ルール（または，アルゴリズム Fn ［制御偏差（error）］）を内蔵した制御器，（b）プロセスに制御作用を与えて変化を起こさせるアクチュエーター，（c）プロセスの変化を検知す

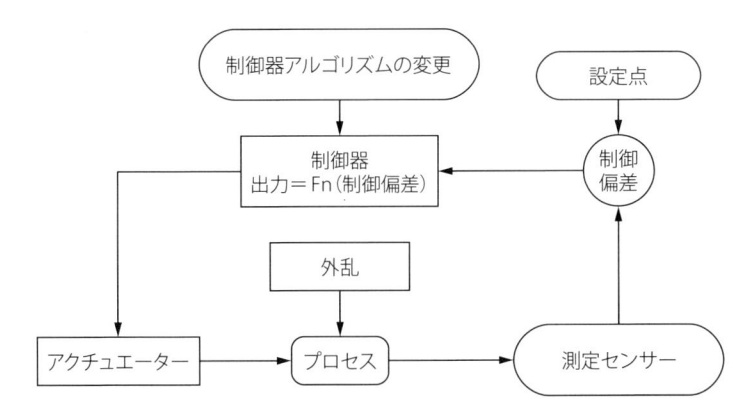

図 3.1　単純な 1 ループ制御器とプロセス

るセンサー，および（d）プロセスに要求されている状態を示す入力設定点。センサーからは，フィードバック信号が発出され，要求されている設定値と比較される。2つの信号の差により，現在の状態と要求された状態の制御偏差（error）が求められる。制御器は，制御ルールに従って動作し，誤差をゼロにするようにプロセスを変化させ，その結果現在の状態が要求された状態に一致するようにさせる。

3.3　制御器の応答

　図 3.1 は，アルゴリズムを調整する機能を持つ制御器をモデル化する方法を示している。制御器のアリゴリズムを変更できるようにする方法は一通りではない。ひとつは，プロセスの変化に応じて自動的に変化させる方法であり，たとえばプラントが高出力のときと低出力のときに異なる設定値を持つようにすればよい。航空機の場合，空気力学的制御法を用いれば，高度またはマッハ数によって設定値を変化させることができる。この方法によって制御がより適切になり，航空機は刻々と変わる状況の下で，より安定に飛行できる。

　図 3.1 のシステムでは，アクチュエーターは弁に接続することになろう。弁が動作するとプロセスが応答し，プラントの状態は，設定値の変更により要求されたプラント状態の方向に変化していく。また，プラントが何らかの外乱を受けた場合，制御器はプラント状態を要求された状態に戻すように働く。

3.4　VSM システム

　標準的な制御器の働きを説明したので，続いて VSM の説明に入る。図 3.2 はシステムに対する簡易的な VSM モデルである。ここには，組織の方針と最高レベルの指針を定める中央の管理部門（マネジメント）の主体がある。また，業務レベルでの様々な活動を指揮する統制／制御部門（課長クラス）がある。さらに，原子力発電所の運転から靴作りやタイヤ製造などの実際の業務活

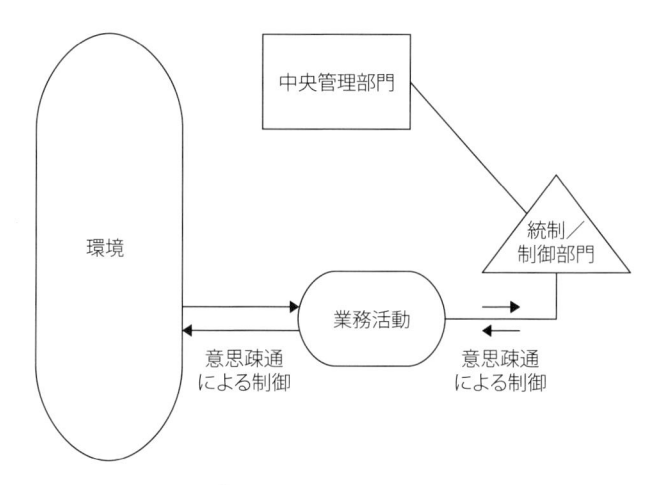

図3.2　VSM アプローチの主要な要素を描いた基本概念図

動がある。環境は，公衆，物理的な環境，政府などを表している。このなかで
はフィードバックが発生し，対応によってプラントや組織が変化することも
ある。たとえば，靴製造業の場合では，大衆の好みが黒い靴から赤い靴に変化
し，これに対応して黒と赤の靴の生産比率を変化させていくことになる。

　図3.2 の統制部門は，図 3.1 の制御器と同様の働きをする。その設定点は，
靴製造会社の最高経営者が決定する月間の靴製造数に相当する。統制部門で
は，制御器のアルゴリズムに相当する多数のルールに従っており，ルールは非
常に複雑なことがある。たとえば靴の色の種類，寸法，材料の選定などが定め
られている。ここに紹介した VSM モデルは靴製造業の単純化されたモデルを
表している。

　シンプルな VSM モデルを使用して，組織の様々な重要な部分，つまり管理
部門，組織を運営するための制御ルール，業務部門，および環境（組織の行動
と関連する公共およびその他の組織）の関係を調べることができる。VSM モ
デルは，フィードバック信号およびフィードフォワード信号の両方に着目す
る。フィードバック信号およびフィードフォワード信号は，様々なユニットを
結びつけ，全体として機能させる働きを持つ。VSM モデルは動的な側面を表

現できるので，組織図にはできない組織体としての表現が可能になる。組織が正常に機能するためには，全ての部門とその間のコミュニケーションが一体となって働かなければならない。第 7 章では，いくつかの組織を分析し，組織内の障害がどのように事故につながり，ときには組織の崩壊に至るかを示す。

3.5　VSM におけるフィードバックの役割

　図 3.2 は，ある会社の単純化した表現として見ることができるが，任意の組織を表すためのビルディングブロックと考えることもできる。要するに，管理ブロックは，組織のコストおよび安全性の実績の最適化，組織の他の部分から報告される情報への対応，運用ルールの設定，資源の割り当てなど，トップマネジメントが実行する上位機能を表している。制御器の機能は，製造物を管理し，トップマネジメントからの指示を実行するローカル管理機能（監督者）に相当する。業務ブロックは，その組織の本来の業務を実行するものであり，そして，その組織の製品は，公衆や環境に影響を及ぼす。

　前述のように，組織の全てのレベルで前向きと後ろ向きのフィードバックが発生する。システムの状況をサイバネティックな観点で見るときに常に問題となることとして，信号（情報または制御）の品質と頻度がある。組織の各業務部門は，受信者にとって情報が過多または不足とならないないよう配慮する必要があるので，何らかのフィルタリングが必要となる。たとえば，情報の品質に欠陥があれば，経営陣は不適切な決定を下す可能性がある。同様に，トップマネジメントは，組織へのリスクを最小限に抑えたり，環境に悪影響を与えないために，良い判断を下さねばならない。要するに，組織のそれぞれの部門は，リスクのある状況に対応しつつ，同時に経済的であり続けるために，効率的かつ安全に運営されなければならないということである。

　VSM の概念を用いて議論するときには，規制（レギュラトリー）という用語は制御器のことであり，米国原子力規制委員会（NRC）や類似の団体の規制機能に関連する規制者（レギュレーター）という用語と混同してはならない。

政府組織の議論では，レギュレーターという用語は，組織が法的制約のなかにあることを保証するために組織の行動を規制する人という法律上の意味で使用される。

　VSM は，環境のなかで，外部の世界とその変動を反映しつつ動いていく。システムは，図 3.2 に示す情報チャネルおよび制御チャネルを介して，環境の変化を感知し，それに対応する。次いで，この情報は規制部門に伝えられ，さらに経営部門にフィードバックされる。情報チャネルと制御チャネルは，運営の健全性を分析するためにも使用される。規制部門はこの情報を検討し，対応が必要か，または運営ルールの変更のために経営陣に通知せねばならないような情報であるかを判断する。対応する制御措置が，規制部門の権限内のことであれば，プラント運転部門にメッセージを送信するだけの措置となる。一方，経営部門の関与が必要な場合は，情報が経営者に送信され，ルール変更の指示が出される。もちろん，経営者はルールを変更する前により多くの情報を要求することもある。

　製造組織では，ルールの変更は，環境（社会）の要求に合わせて，特定の種類の靴の生産を増やすことであるかもしれない。環境からの情報は，計画している生産量の需要があるか否かの予測に用いられる。靴のデザインが組織の市場シェアを低下させるようなものであれば，行動のプロセスはより複雑になり，経営が関与する必要が生じる。経営者は何らかの方法で靴のデザインを変更するなど，どのような措置を講じるべきかを分析する必要がある。

　VSM の概念を用いて検討することは，サイバネティックス的に検討することであり，通常は階層的なアプローチでもある。その運営の中心は経営部門であり，それは暗黙に規制機能を含んでいる。これは経営の意思決定と規制が，経営陣によって行われることを意味している。VSM アプローチでは，経営者がルールを決定し，レギュレーターは運営部門と環境から得られる情報を使用してプロセスを制御する。業務部門は，生産工程の製造，組み立て，運転を行う。企業の各部門は，環境（クライアント）のニーズを満たすように全体として働くこととなる。この概念は，個別の部門での活動が適切になされることに

より，一層高度に統合化されたシステムとなるということである。

3.6 運営の複雑さ

　組織の目的は，社会のニーズに応えつつ，利益を上げることである。もちろん，社会が要求するものとは，よく見ればすぐにわかることであるが，多くの靴を供給すること以上のものを含んでいる。一人一人の人は組織が生産する靴に満足するかもしれないが，靴の製造に関連する公衆の要求を代弁するような組織が存在しており，図 3.2 の単純化された図に示された環境は，暗黙のうちに，そのような外力の全体を表現しているのである。

　このため，システムは一層複雑なものとならざるを得ない。これらの外部組織との関係をその構造に組み込む必要があるためである。しかし，有機的プロセスという基本的な概念は依然として維持されており，環境，業務実施，規制，経営のなかに，他の要素を適宜織り込んでいけばよい。要素の間で情報が伝達され，それへの対応が適切な制御方法で示される必要がある。組織の目的および目標を達成するための各部分の重要性は変わらない。個別部門におけるニーズまたは要求事項の達成の失敗・成功は，企業全体の失敗・成功につながる可能性がある。

3.7 改良された VSM 表現

　VSM によるシステムの表現は，高いレベルで行うことも低いレベルで行うことも可能である。たとえば，靴，衣類，ハンドバッグなどの異なる製品を製造する数多くの工場で構成されている場合，組織全体の健全性を検討するときには，全工場を束ねて考える必要がある。同様に，靴製造に関する運営だけについて詳細に表現することも可能である。図 3.2 では，全体としての工場群における各工場は，組織の一部分として描かれている。複数の工場の場合，個々の工場と同数の VSM ブロックを設ける。これらのサブユニットは全て，シニ

アマネージャーのコントロール／指揮下に置かれるが，各ユニットは自立的に制御されることも多い。トップマネジメントの機能に加えて，全体および個々のサブユニットの全体的な経営目標を満たすという観点から，サブユニット間のバランスを確保するための機能を設ける場合もある。

　サブユニット内には，メンテナンス，財務，人的資源，材料購入などを扱うサブファンクションが置かれていることもある。これらのサブユニットはそれぞれ，自律的に制御されるユニットとして機能するが，主たる組織のなか以外では独立の組織として存在することはできない。これらの組織，ユニット，サブユニットが機能するためには，タイムリーかつ効率的で正確なコミュニケーションが必須である。最高経営陣は，最善の決定を下すために信頼できる情報を受け取る必要がある。情報のスピードは十分に高くなければならず，情報を簡潔，正確，明瞭なものとするようなフィルタリングがなされる。同様に，組織内の全ての構成員に対して，彼らに影響を与える決定とその実施方法が通知される必要がある。

　大部分の組織は閉じた系として動作しているが，市場の変化に応じて対応することも必要であり，自社の製品の品質や量を変更することで対応できるように準備している。また，未加工品や加工品の調達状況の変化や財務上の変化に対応することも必要となる。人体と同様に，制御のレベルは環境の変化に依存する。このため，人体の一部の器官は自律的な制御の下で働き，他の器官にはより高いレベルの制御が必要とされる。良好で効果的なコミュニケーションがない場合，経営幹部が介入して業務を効率的に稼働させる必要が生じる。各部門が外部からの統制なしで効率的に機能する場合，組織ははるかに効果的なものとなる。

　このような検討により，これらの側面をカバーできる改良型の VSM モデルが開発された。これを図 3.3 に示す。生産ユニット間で，経営上の安定性を測る何らかの尺度が必要であることが認識された。このためには，組織を連携させる必要がある。組織の本部以外では，各オペレーションをより一層協調させる規制当局が必要でした。あきらかに，管理者と職員によるある程度の受け入

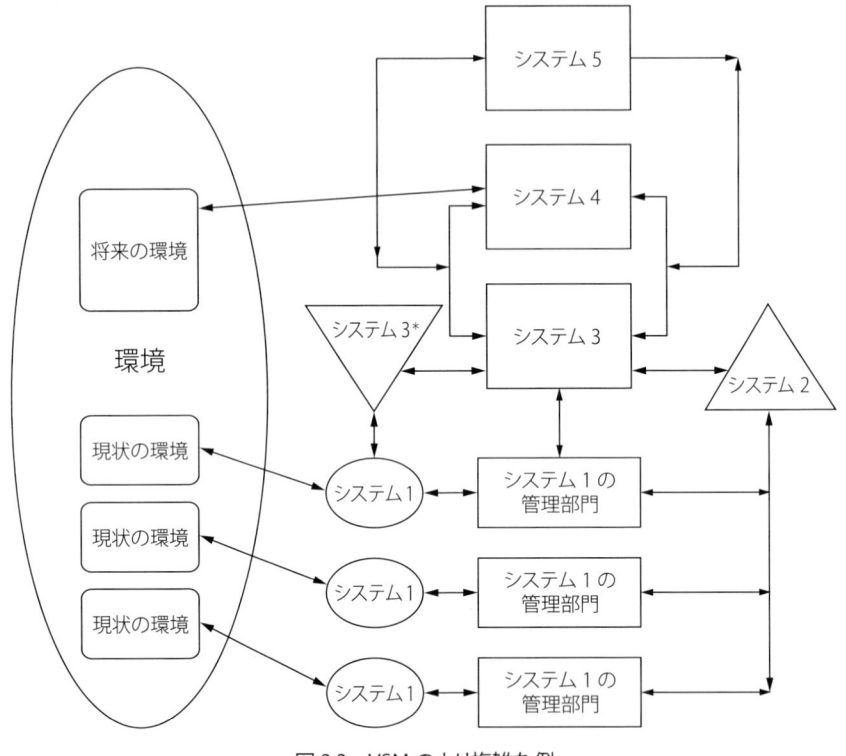

図 3.3　VSM のより複雑な例

　れは，それらを効果的にするためにこれらの管理措置を伴わなければならない。安定化組織は経営陣とコミュニケーションをとり，必要に応じてそれを理解し，それに従うようにしなければならない。図 3.3 は，一連の関連組織におけるこれらのプロセスを図式的に示している。図は上級経営層と下位組織との関係を示している。他の組織への接続は，わかりやすくするために省略されている。各活動は，組織全体の目的に向けたタスクを実行する複数のサブ活動で構成されている。

　図に示されている様々なボックス，制御と計装を表す線，およびその他のデバイスの意味について以下に説明する。VSM は次の 6 つのプロセスとそれらを結ぶ通信チャネルで構成されている（図 3.3 参照）。ビーアの論文では，こ

れらのプロセスをシステムまたは S と呼んでいる。

システム 1 ：業務運営または実装の単位であり，組織が顧客／ユーザー
　　　　　　　が望むものを作り出す場所である。商品，車，電気などが生
　　　　　　　産される場所である。システム 1 の管理者は，作業を直接
　　　　　　　管理する部門内の管理者または監督者であることに注意され
　　　　　　　たい。

システム 2 ：生産と制御／経営の間の調整活動である。

システム 3 ：管理および制御の部門であり，生産部門（システム 1）に必要
　　　　　　　な事項を通知し，その活動を監視する。

システム 3*：監査機能であり，システム 1 とシステム 2 が効果的に機能し
　　　　　　　ているかどうかを両者と独立の立場からチェックする。

システム 4 ：外部環境を見て，製品が受け入れられうるかを分析するとと
　　　　　　　もに，市場変化の可能性を検討し，市場／環境の変化の熟慮
　　　　　　　された予測を提供する。

システム 5 ：組織の現在と将来の方向性をバランスさせつつ，経営方針を
　　　　　　　定めるグループである。

　VSM の概念は，全体として，環境の変化に柔軟に対応する組織の能力を表
現することを目指している。環境においては，たとえば生産工程に問題が発生
することがある。硬直的な設計の経営体制では，変化に迅速に対応できない。
ビーアが指摘しているもうひとつの概念は，より低いレベル（ここではシステ
ム 1 のレベル）に，相当な責任を委譲することである。実際に行動する部門に
近いほど，対応や回復が速くなる可能性がある。これは，自信を持って必要な
行動をとれるほど十分な権限を，下位のレベルに委譲したかによる。必要な能
力があきらかにシステム 1 の能力の外にある場合もある。その場合，最高経
営陣であるシステム 3 の関与が必要である。システム 1 の業務部門が応答で
きるならば，それは良いことである。しかし，プロセス自体や業務を支配する
ルールを変更しなければならない場合は，経営陣が関与する必要がある。予算

の変更や基本的な会社の方針の変更が必要な場合もある。これらの決定には多くの時間がかかることがある。政府が関与する行為には長い時間がかかる。その一例は，2011 年 3 月の福島での津波誘発原子力事故に対する日本政府の対応である。

3.8　航空管制研究への VSM の応用

　この研究はアル・ガムディ（Al-Ghamdi）（2010）の学位論文の課題であった。アル・ガムディ博士はスタップルズ（Stupples）博士の学生であった。これはビーアの VSM を非原子力分野の組織に適用した例として選定している。VSM は高リスク産業（high risk organization：HRO）にのみ有用であると考えている人もいるが，どのような組織にも適用可能である。アル・ガムディによるサウジアラビアの航空管制（Air Traffic Control：ATC）の活動に関する調査研究は，サウジアラビア ATC の運営の信頼性を検証し，どのような改善が可能かを提言することを目的として実施された。これは，組織の信頼性と人間の信頼性の両方を扱う混合問題であった。組織の側面については，VSM アプローチを用い，人間の信頼性にかかわる問題については，ストラエター（Straeter, 2000）により提案された人間信頼性に関する連関性分析手法（Connectionism Assessment of Human Reliability method：CAHR method）が用いられた。この研究をここで詳細に検討する目的は，VSM が実際の研究でどのように適用されるかを検討することである。ATC の運用は，人間の信頼性およびそれがどのように運用の安全に影響を与えるかにかかわる問題を示してくれるので，この研究においては原子力発電所とその他の施設における安全性の研究の類似性について検討を行っている。管制官が正しく機能しない場合，乗客，航空会社のスタッフ，地上の人々の生命にかかわる事故につながる可能性がある。

　彼の研究の特筆すべき利点は，VSM（Beer, 1979）と CAHR（Straeter, 2000）を選択する前に，他の組織に関する分析方法および様々な人間信頼性評価（Human Reliability Assessment：HRA）手法を検討したことである。レビューされた

組織に対するアプローチのひとつは，システム理論的事故モデル（Systems Theoretic Accident Model and Processes：STAMP）（Leveson, 2004）であり，アル・ガムディはビーアの手法と CAHR を併用することにした。ビーアとレベソン（Leveson）の両方がサイバネティックスを基に手法を構築しており，ともにアシュビー（Ashby, 1956）に言及していることは興味深い。レベソンの研究は，スパージン（Spurgin, 2013b）によっても検討されている。スパージンの研究では，レベソンの STAMP 手法とそれを拡張して彼女の著書（2011a）で紹介されたシステム理論的プロセス分析（Systems Theoretic Process Analysis：STPA）について検討している。レベソン教授の専門は，本書の著者と非常によく似ており制御および航空工学である。彼女はまた，サイバネティックスが組織の全体的な特性を表現するために役立つと考えており，さらにコンピューターが組織のコントロールにおいてますます重要な役割を果たすと考えている。我々の注目点は，人およびコンピューターの活用を，人間による意思決定に結びつけることである。

　STAMP 手法は，サイバネティックス的な見方のなかに，人間信頼性および社会的影響因子を組み入れたものと考えられるが，アル・ガムディによるサウジアラビアの ATC に関する分析においては，VSM と CAHR の組み合わせが，これらの側面をより適切にカバーしていた。検討された HRA アプローチの一部に関するレビューを後でリストアップする。この調査で使用したソフトウエア Viplan（Espejo, 1989, 1993）のアプローチは，サウジアラビアにおいて発生した事象を分析する際に分析手法が持つべき要件を満足する上で，定式化がなされているという意味で相応しい手法だった。これは，VSM および CAHR と相性のいいアプローチのひとつといえる。

　前述のように，Viplan のアプローチはサウジアラビア空域の ATC の分析を系統立てて行うための手段として使用された。本書では，このアプローチの詳細には触れないが，そのプロセスのステップを下に示す。

- 組織（サウジアラビア ATC）の成り立ちを明確にする。

- 組織活動の構造をモデル化する。
- 複雑な構造を分解して示す：構造の様々な階層を明確にする。
- 組織内の様々な階層で行われる自立的な制御をモデル化する。
- 組織構造内において：規制（制御）メカニズム（適応および連携に関する因子）の設計を分析し診断する。

　問題を解決するための多くのアプローチでは，統合的に考える前に，個別のステップに分解して理解する必要があり，そのためにシステム分析の手法が必要とされる。たとえば，確率論的リスク評価（PRA）の一部として HRA を実施する場合，その必要性を満たす，多段階のプロセスである系統的人間行動信頼性評価手順（Systematic Human Action Reliability Procedure：SHARP）（Hannaman and Spurgin, 1984）と呼ばれる方法がある。VSM と CAHR を選択した場合，アル・ガムディは，Viplan と CAHR によるシステム分析手順を，ATC の研究の一部として併用した。

3.9　サウジアラビア空域の航空管制

　ここで紹介する適用を理解するには，ATC の仕組みを理解する必要がある。航空機の離陸から航空空間を経て目的地に着陸する過程は，誘導に従って行われる。飛行は，与えられた経路（空間上の航路）に沿うよう運転され，移動方向に応じて異なる高度に保持される。このアプローチの目的は，個々の航空機の移動の自由度を制御することにより安全性を高めることである。したがって，航空機が同じ一般的な空域で移動している場合は，高度または距離によって航空機を互いに隔離することで安全性が確保される。このように，パイロットがルールに従えば，航空機が互いに衝突することはあり得ない。この考え方は，ハイウェイシステムと実質的に同等である。しかしながら航空機のもつ能力は様々であることに配慮する必要がある。近距離を低速で移動する航空機は，高速の大陸間の旅客機と同じ高度では運航させてはならない。たとえば，

コンコルドは近距離の通勤用路線をはるかに上回る 5 万 5000〜6 万フィートの高さで運航している。

　さらに空を旅する航空機が，着陸準備から着陸に至りさらに地上を走行する間の支援を行うために地上管制施設がある。空においては，飛行機はレーダーによって追尾され，ひとつの地上ステーションの空域から別の地上ステーションの空域に移動する際に，その情報が伝達される。航空機と様々な地上局との接触は，それぞれ毎に異なる周波数を用いて維持される。このため，パイロットは，ひとつの地上局から別の地上局に飛行する際に通信チャネルの周波数を変更する。管制官も同様にして管制担当を引き継いでいる。

　航空機が管制官から提案された滑走路に近づくにつれて，制御は空域制御センター（Area Control Center：ACC）からアプローチ制御センター（Approach control center：APP）へ移り，最後に管制塔（Tower：TWR）に引き渡される。図 3.4 は，空から地上までの航空管制の全ての側面を示している。このプロセスでは，ある管制官から別の管制官に航空機を手渡すので，パイロットと管制官の間では常に接触がある。もちろん，これは連続的なものではなく，必要な場合にのみ行われる。したがって，航空機は，遠方の空域から地上の空域への飛行，着陸，地上の走行を通じて追跡される。ACC は 1 万 6000 フィート以上のパイロットとの接触をカバーし，APP は 4000〜1 万 6000 フィートの間，TWR は地上での走行を含めて 4000 フィートから地上までの間をカバーする。

　最上位の層は運航支援部門であり，航空機が外国の空域から到着する時点から外国の空域へ去るまでの間の支援を行う。彼らはまた，サウジアラビア空域内の飛行機を監視している。この種のプロセスは世界中で行われている。航空機はレーダーで監視され，その情報は，前述のように必要に応じて地上の施設に伝達される。パイロットは，事前に飛行経路を登録しなければならず，気象のために変更を加えたい場合は，管制官の確認と同意を得なければならない。これは，航空機が他の航空機の飛行経路に侵入することを確実に防止するためである。

　VSM の構造は，対象とするシステムを様々な経営および制御の領域に分割

した場合の各領域の分析にも対応でき，さらに，これらの様々な領域で注目する各種の活動が，パイロットとやり取りする管制官の信頼性に影響を与えることを考えれば，様々な経営および制御の領域に分解して検討することが有益である。この研究の著者は，各操作を HRA に影響を与える因子に関連づけている。たとえば，管制官の熟練度，管制官が用いる操作手順やディスプレイなどのツールである。彼は，さらに，過誤がもたらす影響，その回復可能性，備えられている安全警報，および同種の過誤によって発生した事故の件数を考慮している。

3.10　ATM オペレーションの分析

VSM プロセスでは，様々なレベルで組織を診断し，経営と運用の両側面の関係を分析する。Viplan（Espejo, 1989, 1993）の分析ツールとしての価値は，アル・ガムディが航空交通の運営システムが，様々なレベルにおいて，どのように VSM の表現形式に対応づけられるかを理解する助けとなったことである。これは，パイロットと管制官の間の相互作用を明確にするとともに，管制官に対する時間の制約が与えるプレッシャーを理解するのに役立った。これらの因子は，人的過誤確率（Human Error Probability：HEP）および行動形成因子（Performance Shaping Factor：PSF）の重要度に影響する。

アル・ガムディは，Viplan ツールを用いて，サウジアラビアの航空交通マネジメント（Air Traffic Management：ATM），航空交通局（Air Traffic Sector：ATS），ジッダ地区ユニット，および ACC，APP，TWR の各レベルの活動を調査した。図 3.4 は，サウジアラビアの ATC システムを構成する要素間のネットワークを示している。見てわかるように，ネットワークには他のセクター，すなわちジッダ以外の空港が含まれているが，下位の要素についてはジッダの場合だけを示している。他の空港の構成も同様である。

図 3.4 に示された ATM とサウジアラビアの航空関連組織に対して作成された VSM を図 3.5 に示す。それは，ジッダの地区運航責任者，運航計画の責任

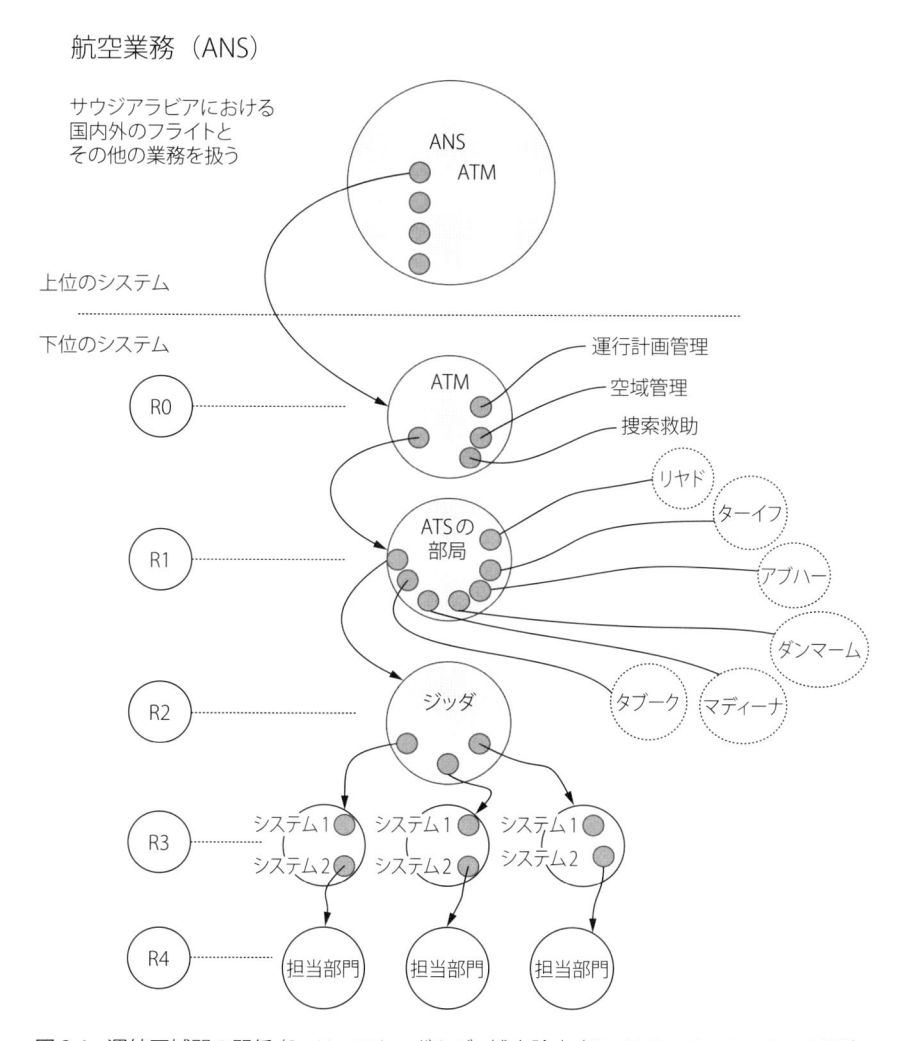

航空業務（ANS）

サウジアラビアにおける
国内外のフライトと
その他の業務を扱う

ANS
ATM

上位のシステム

下位のシステム

R0
ATM

運行計画管理
空域管理
捜索救助

R1
ATSの
部局

リヤド
ターイフ
アブハー
ダンマーム
タブーク
マディーナ

R2
ジッダ

R3
システム1　システム1　システム1
システム2　システム2　システム2

R4
担当部門　担当部門　担当部門

図 3.4　運航区域間の関係（S・H・アル・ガムディ博士論文（City University, London, 2010）より引用）

者，およびジッダにおいて日々の業務を担当する責任者の関係を示している。これらの機能は，ATC の商業上の機能よりも広いものである。この研究では，商業上の ATC の機能に加えて，ATC の運用の信頼性における管制官とパイ

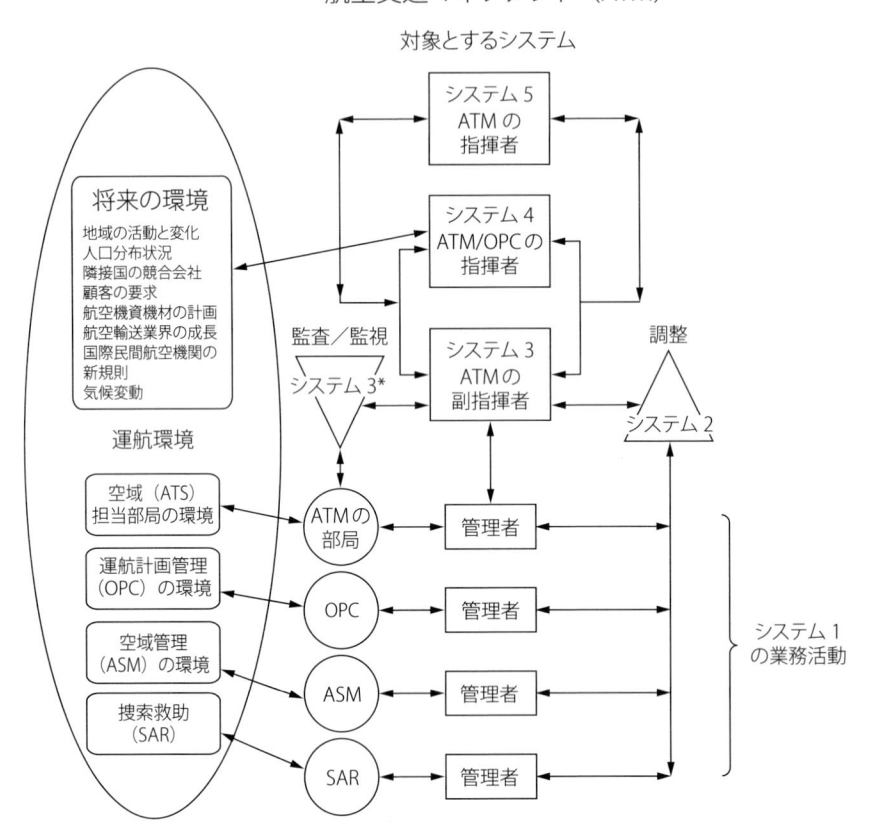

航空交通マネジメント（ATM）

対象とするシステム

図3.5　航空管制の仕組み（S・H・アル・ガムディ博士論文（City University, London, 2010）より引用）

ロットの役割に注目している。図 3.5 には，ACC，APP，TWR の各機能に対応して管理者がいることがわかる。図 3.4 に示す各レベルに対して，そのレベルの特性を反映した VSM を構築できる。各 VSM は構造が似ているが，異なる機能がいくつかある。たとえば，ATS のユニットを表す VSM には，各空港（ジッダ, リヤドなど）に対応する 7 つのシステム 1 要素がある。図 3.6 は，図 3.4 に示す要素に対応する一連の VSM に対応する記号を示している。この図で

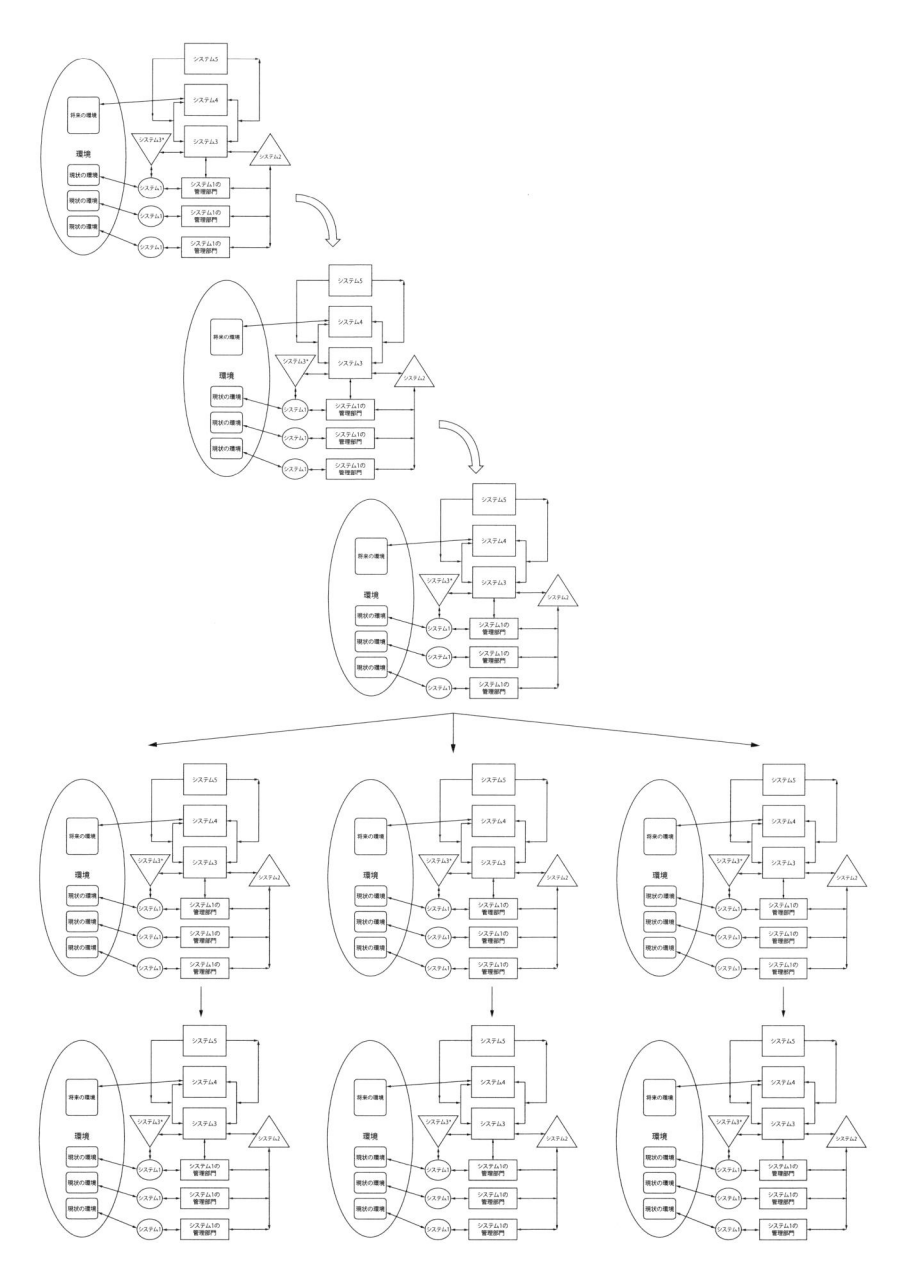

図 3.6　さまざまな操作段階に関する VSM ダイアグラム

は，残念ながら実際の記号ではなく，各要素に同じ記号が用いられているが，配列のイメージは正しいものである。

3.11　人間信頼性評価

　サウジアラビアの空域の安全は，航空管制の組織だけでなく，パイロットや彼らの動きを理解し調整する管制官の信頼性にも依存している。アル・ガムディが行った VSM の開発は，組織の側面をカバーするとともに，ATM 組織内の様々な階層の管制官，当直長，経営者が果たす任務をカバーしている。

　安全性と制御に関する研究においては，管制機能を実行するスタッフの人間信頼性評価（Human Reliability Assessment：HRA）が重要な部分となっている。そのためアル・ガムディは，多数の HRA の手法やテクニックの評価を行い，オリバー・ストラエター（Oliver Straeter）（Straeter, 2000）による CAHRアプローチを選択した。

　CAHR 法は，ドイツの原子力発電所の NPP データ収集研究に基づいて開発された手法だが，Eurocontrol（欧州航空管制システム）の ATC 研究にも適用されている。CAHR には，PSF の扱いに関していくつかの興味深い点がある。ストラエターは，各 PSF に貢献度の重み付けを与えるとともに，タスクに対して想定される難易度に応じた重み付けを与えている。PSF の概念は，HRAの創始時（Swain and Guttman, 1983）から存在するものであり，まず基本人的過誤確率（Basic Human Error Probability：Basic HEP）を設定したうえで，基本 HEP で想定した人間による操作と現在の評価対象とする HEP との条件の違いを考慮して基本 HEP を修正する方法である。多数の HRA 研究がこのアプローチを使用してきた。ストラエターは，これに加えて，管制官が担うタスクの難しさを反映するために，ラッシュ（Rasch, 1980）により提案された補正項を用いている。これにより，より容易なタスクは，より難しい診断を含むタスクよりも高い成功確率を与えることになる。彼はまた，注目するシナリオに応じて，PSF の影響による重要度を修正する方法も用いている。多数の HRA ア

プローチが人間信頼性の数値に関連して PSF を修正する手法を用いているが，ラッシュによる修正項を使用しているのはストラエターのみのようである。

　ストラエターは，事象を分析する際にプログラム化された方法を使用している。これは，事象に含まれる過誤を収集するためだけでなく，得られた過誤に対してどの PSF を使用すべきかを決定するためにも役立っている。ストラエターが用いたツールのキーとなる要素は次の 3 点である。

- 構造化されたデータ収集のためのフレームワーク
- 定性的分析の方法
- 定量的分析の方法

　この研究で ATC の管制官に関する HRA を実施する際に，CAHR は，コンピューター上の助言者として役立ったとされている（Trucco, Leva and Straeter, 2006）。アル・ガムディによれば，人間の失敗の過誤タイプと原因を評価するために，サウジアラビアにおける航空分野の 42 件の事象が参照されたとされている。これらの事象の分析結果によれば，合計 309 件の過誤が含まれており，このうち管制官によるものは 262 件，パイロットによるものは 47 件であった。

3.12　VSM と CAHR の結合

　VSM は，経営者と管制官，および彼らと飛行機やパイロットが離陸から着陸までの空路を移動する間に行う連携の仕組みを示している。事象が発生したときには，その分析が行われる。ここで分析に用いられた手法が CAHR である。

　この分析の目的は，当事者が犯した誤りを理解し，学習により過誤率および異常事象の数を低減する方法を学ぶことである。図 3.7 は，空域管理（Air Space Management : ASM）プロセスに対する VSM モデルと，事象報告書およびそれを分析し推奨事項を導出する手法である CAHR の間の関係を示してい

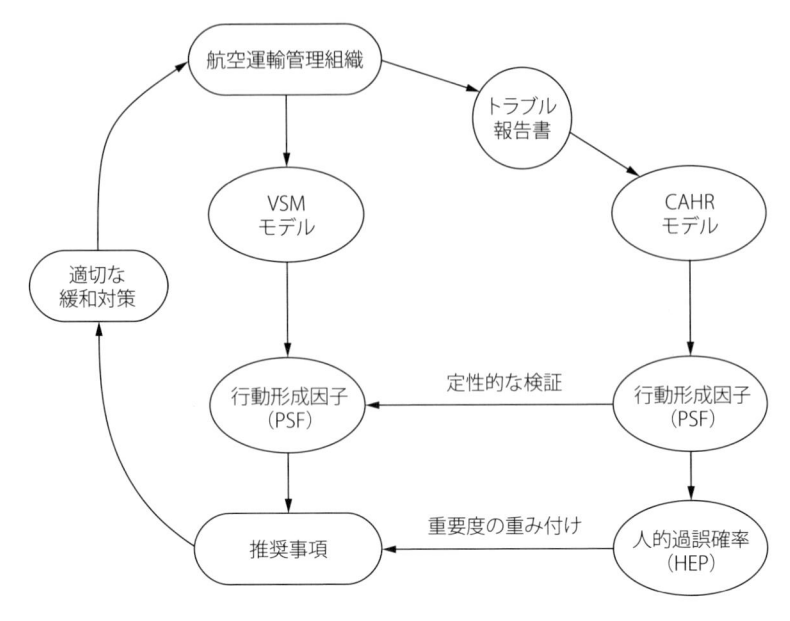

図 3.7　CAHR と VSM を統合して活用する枠組み

る。これは，継続的な試行による改善プロセスであって，マン・マシン・インターフェイス，トレーニング，手順などの改善を含み，当然ながら，管制官の作業負荷を分散するために管制官の数を増やすことも含まれている。

3.13　コメント

　サウジアラビア空域の ATC に関する研究は，VSM の応用の良い例であり，また，VSM の利用者への示唆として，Viplan のような体系的なプロセスを併用することで VSM の適用を補助することが有効であるとしている。この研究で採用された HRA を用いるアプローチは，定性的な手法に加えて，様々な事故の分析に用いられた手法を加味できるという意味で，VSM の適用のための良い選択である。HRA 手法は，多くの場合定量的アプローチに重点を置いている。HEP の算出のための詳細な分析とその利用方法について様々な疑問を

提起することができるが，本書でこの研究を紹介する目的は，その議論をすることではなく，VSM および HRA の適用全体としての有効性である。

　この研究では，現在の管制官のグループの信頼性に関する研究に基づいて，資格を持つ航空管制官の数を増やす必要性に関するいくつかの提案を行っている。この研究で用いた PSF は，欧州における ATC の一部としてストラエターが行った研究で使用されたものである（Straeter, 2000）。この PSF は，人間–機械系の側面と教育訓練の側面をカバーしており，世界で標準的に用いられている手法に非常に近いものであった。このため，関係者はこの結果を用いて直ちに，管制官およびそのサポートスタッフの数を増やすことにより，管制官の作業負荷を改善させることができた。これは，アル・ガムディの論文に，得られた知見として記載されている。

3.14　要約

　アル・ガムディが行ったサウジアラビアの航空の研究の主眼は，サウジアラビア空域の航空管制における管制活動の信頼性を検証し，管制活動全体の信頼性を向上させる方法を提案することであり，その目的は達成された。この研究では，サイバネティックスに基づくシステムアプローチである VSM を活用した。サイバネティックスの概念は，制御および制御理論に関連して開発されたものである。ここでは，制御の基本について，単純な 1 ループの制御器を導入して，それがどのように機能するかを示すことにより，説明した。後の章では，本章で展開し説明した知識を基に，VSM の NPP 安全の分野への応用について述べることとする。

　本章の目的は，VSM を概説するとともに，その現実問題への適用方法を示すことであった。このため，次の 2 点を説明した。（1）VSM およびその制御システムの概念との関係，および（2）原子力以外の分野における現実の問題に対して，VSM と HRA を組み合わせて適用した分析例である。原子力以外の分野でも安全が課題となることを示しておく必要があったためである。本書

は全体を通じて，安全性は原子力に関する活動にのみ関連しているわけではなく，経営活動が事故の発生や不適切な事故対応の原因となり得ることを示そうとしている。このことは，非原子力分野でも原子力分野と同様に容易に起こりうることである。事実，原子力以外の事故のいくつかは，原子力発電所で発生した事故よりも大きな影響を及ぼしている。TMI-2 号機，チェルノブイリ，福島のような原子力事故は，多くの人の記憶に残っているが，テネリフェの事故（583 人が麻痺し，61 人が負傷した多重衝突）や 2000 人から 20 万人が死亡または負傷したボパールの肥料工場の事故は覚えているだろうか？ また，福島事故の際の津波では約 2 万人が死亡し，14 万の家屋が破壊されたのに対し，プラントでの死亡者は 2 名だったことも事実である。もちろん，これは問題の全てではない。原子力発電所が損傷しており，原子炉炉心は長期にわたるクリーンアップを必要としている。クリーンアップの問題は，TMI-2 号機，チェルノブイリ，ボパール（化学薬品：メチルイソシアネート（MIC））にもあてはまる。

　事故は望ましくない結果をもたらす。公衆と従事者が犠牲となり，工場が破壊され，環境が影響を受け，建物が破壊され，企業が倒産する。アル・ガムディの研究の目的は，安全性と効率性を如何にして高めることができるかを示すことであった。改善には，より多くの人員と，より良い訓練が必要である。

　私たちの事故調査によると，経営幹部の教育訓練の改善により大きい効果が得られることが明らかになっている。アル・ガムディは，他にも改善課題がありうることを示している。彼の提言が活かされるには，組織内の上級管理職が対応することが重要である。つまり，安全および経済性を向上させるための責任の大部分はトップマネジャーにあるということが基本的なポイントである。

第4章　アシュビーの必要多様性の法則とその適用

4.1　はじめに

　本書は，リスクが高い分野の，特に事故でストレスが大きいときの組織を扱っている。組織とビジネスは，業務システム，一連の制御系，生産システム，その生産システムの機能を維持する一連の保守業務に分けることができる。組織の動的モデルとしてここで用いているものについては，第3章のビーアのサイバネティックモデルを参照されたい。

　業務システムや生産システムは，物を生産したり組織や社会を支援したりするものである。ただし，組織の活動は，正しく運用されていることが確認できるように管理すべきである。つまり，必要な製品やサービスを生産できるよう安定していなければならない。ここでいう「安定」とは，大きく激しい変動がないまま，システムが制御下で運用され，それに必要な行動に反応することである。

　アシュビーのアプローチは，手動操作も含む制御器や制御系と，制御されるプロセスとの関係を扱うものである。彼の研究は，制御器がシステムに合っていないことが制御する対象のシステム挙動に影響することや，その複雑なシステム全体がおかしな挙動をしてしまう場合の原因を我々が理解するのに有効な知見を与えてくれる。

　彼の研究の基本となっているのは，制御器の多様性と，制御される対象のシ

ステムの多様性と，それらが組み合わせられた結果としての安定性である。制御器は，制御される対象のシステムと比べて，十分な数の「状態」を持たねばならない。それは，安定性を確保するために必要な数の「状態」である。アシュビーは，このプロセスが彼の「必要多様性の法則」で扱われており，つまり制御器の多様性とシステムの多様性は見合うものにすべき，と言っている。

どの制御器や制御機能を選ぶかは，その制御器を選ぶときにそのシステムを観察する人の視点による。もしそのシステムに対する視点が正しければ，選んだ制御器は望まれたとおりに運転をするだろうし，システムは安定するだろう。しかし視点が正しくなければ，そのシステムは安定しないだろう。

4.2　システムを制御するための一般的なアプローチ

アシュビーの必要多様性の法則を理解することは，効率的に運転できるようにいかに制御系を設計するかを理解することである。ただし，サイバネティックスに関するアシュビーの本（Ashby, 1956）では，システムと制御に関し限定的な視点しか提供できていない。それはその本が1950年代後半のそれほど複雑ではない機械や電気の制御器を扱っているからである。ある程度システムは複雑ではあったが，システムを分析するのに使えるツールがその当時は限られていた。

コンピューターが出現する以前には，計算尺や紙と鉛筆や電卓があり，立派な加算器もあったが，複雑な問題を解決する現代の方法に比べると限界があった。それは，社会に知性の限界があったという意味ではない。このことは，アシュビーの他，ジョン・フォン・ノイマン，クロード・シャノン，アレクサンドル・リャプノフなどの人々がいたことからも示されている。それはコンピューターが広く利用される以前の世界であり，最適なプラント建設には変数に対するタイトな制御が必要とされ，それには双方向的な制御器の設計が必要とされた。コンピューターが発展するにつれ，アシュビーの必要多様性の法則の必要性は増してきている。1950年ごろの技術の世界とその後の産業で生じた解析

手法の変化は，複雑なシステムを分析する方法に対して，コンピューター技術が及ぼした影響を示すものである。

　アシュビーの必要多様性の法則を全体的に適用した例としては，一重のループの制御系という単純な世界（図 4.1 参照）から，高度に複雑な産業システムの多重制御システムの複雑な世界（図 4.2 参照）へと移行したことが挙げられる。一重のループの制御系は基本的な制御系であり，そのプロセスの状態を表現するのに単一のセンサーが用いられている。外乱の影響を補正するときに，あるいは運転員が測定する変数の設定点を変更するときに，制御器はアクチュエーターに補正信号を送る。プロセスの状態が変わった場合には，それに応じて自動あるいは手動で制御器の設定を変更することができる。このような制御器の設計は発電プラントで見られるものであり，発電プラントではプロセスの挙動が出力レベルの関数となっている。同様の補正は，飛行機の高度補正にも見られる。

　図 4.2 は原子力発電所とそれに関与する組織を模式的に示したものであり，図 4.1 に示す一重のループの制御系とは対照的である。図 4.2 のなかに示した制御系は，原子力発電所の自動制御と原子炉保護系である。後者の原子炉保護系は，原子炉や発電所に損害を及ぼしうる外乱が発生したときに自動的に原子

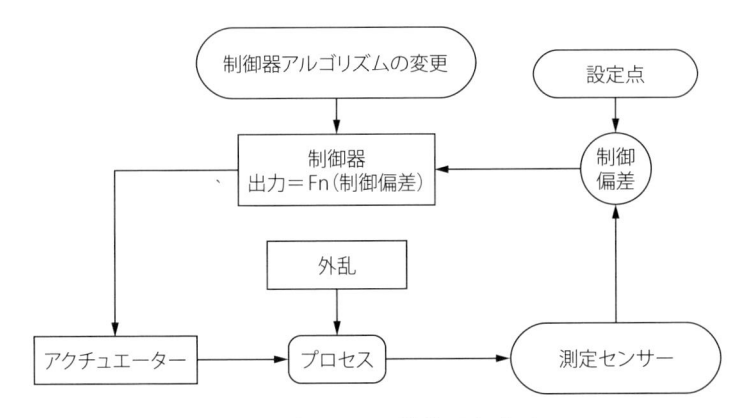

図 4.1　単純な 1 ループ制御器とプロセス

44

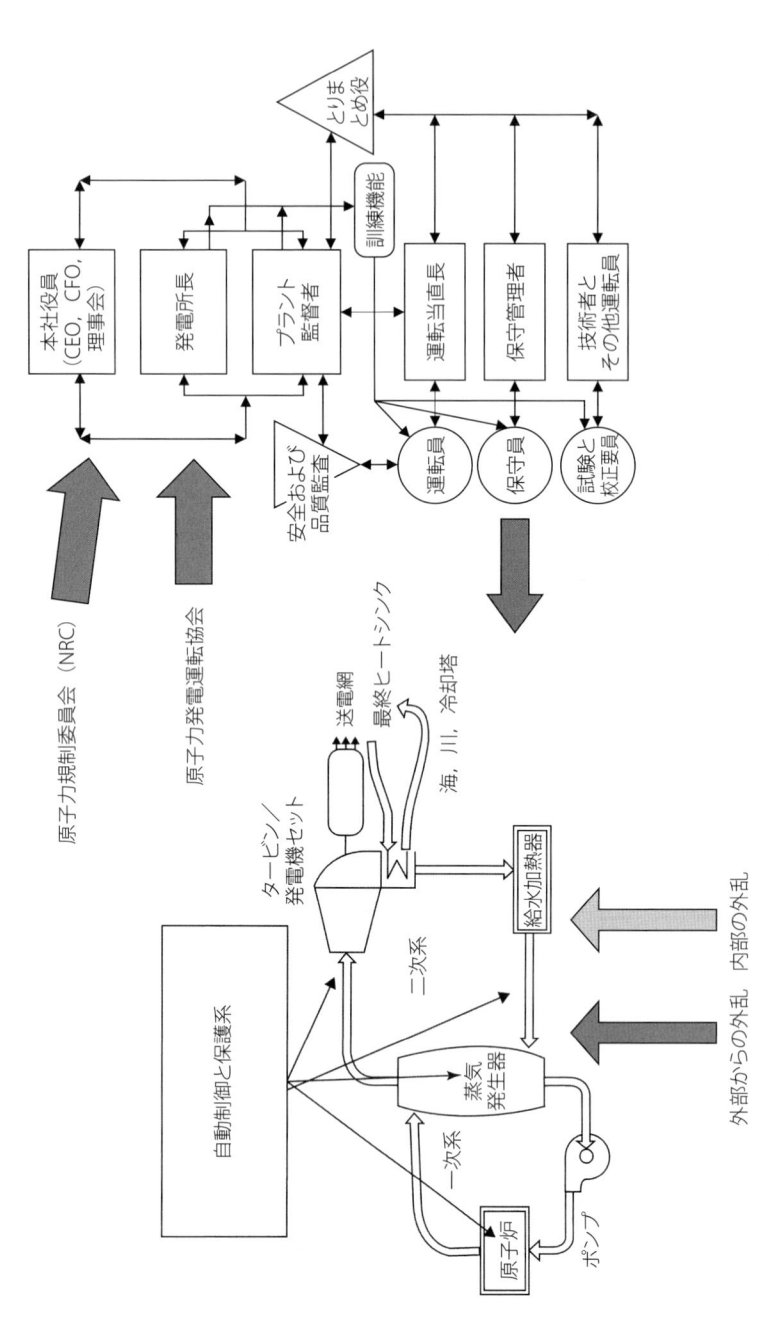

図 4.2 複雑な組織制御とそのプロセス

炉を安全な状態に移行させる役目を持つ。

　図 4.2 には，組織に関するビーア（Beer）のサイバネティックモデルに基づいて，原子力発電所の構成が示されている（第 3 章参照）。原子力発電所の制御は，自動制御系と，管理部門の指示および制御室の人員の操作による手動制御に分けられる。発電所の管理と制御は，規則に従い訓練と教育を受けた制御室の人員を介して実施されるものである。

　図 4.2 に示すように，発電所に影響を及ぼす外乱は 2 つのグループに分類できる。それは地震のような外部からの外乱と，蒸気管破断のような内部の外乱である。外乱は発電所の挙動にランダムかつ予測できない影響を及ぼすことが多い。つまり通常の運転状態に比べて，事故は必要となる多様性を変えてしまう。事故の進展による影響を効果的に収束・緩和させるために，組織による行動や制御器による動作には，この多様性の変化を含めねばならない。第 7 章では，数多くの事故とそれらの事故と闘おうとする組織の役割について検討されている。ときとして事故は単純な事象であるが，福島事故（2011）のときの津波と地震のように，事故の起因事象が単純でない場合もある。

　図 4.2 にはその組織の振る舞いに影響を与える外部の組織として，規制当局である原子力規制委員会（Nuclear Regulatory Commission：NRC）と，米国の産業界の出資による評価・支援グループである原子力発電運転協会（Institute of Nuclear Power Operations：INPO）が示されている。これらの組織は，潜在的な事故の原因を同定し，原子力発電所の運転性能を向上させ，事故の発生確率と影響を軽減するのに有効な役割を果たす。他の国で NRC と INPO に相当するのは，その地域の規制当局と世界原子力発電事業者協会（World Association for Nuclear Operators：WANO）である。

　本書では，原子力発電所で使われているような種類の制御系を扱う。ただしアシュビーの必要多様性の法則は，その種類のものだけに限定されるものではない。実際にナタリア・ダニロバ（Natalia Danilova）は，「サーチ理論」について研究するためにインターネット（WWW，ワールドワイドウェブ）をデータ源としてアシュビーの法則を適用し，調査に基づく意思決定を支援するに

はどんな情報が必要か，それを判断するためのエビデンスについて分析した（Danilova, 2014）。このとき，必要な情報を意思決定者に示すためには，ワールドワイドウェブに含まれるデータを適切に定義せねばならず，サーチを実施するための基準を適切に選ばねばならない。このプロセスはいうほど簡単ではない。データのなかに存在する不確実さを考慮することもあり，ときにはある意思決定に必要な情報をその意思決定者自身が明確に思い描いていないこともある。この点にまつわる課題についてダニロバは調査し，質の高い情報を得るプロセスを分析し，その情報を収集するための手法を見つけた。

　この研究では，人はよく同じものを探すことになる。人はある複雑系を眺めて，その複雑系における本質的な情報を得たうえで正しい判断ができるだろうか？　人は，意思決定者の役割やシステムに対するその人の視点の関係を，経験や訓練や助言という外部情報から理解しようとする。このことは，利用可能なプラント状態を表現したデータを意思決定者が利用することだけには限らない（もちろんそれは重要ではあるが）。システムを制御するにはシステムの「必要多様性」を理解する必要があることを，アシュビーは述べている。システムに対する理解は管理者にとって十分ではなく，その管理者の経歴によって強く影響される。事故が生じている間には事故時のダメージによってプラントやシステムが変わってしまうため，「必要多様性」が変化してしまうことを管理者は知っておく必要がある。

　制御系の世界について考えるとき，プラントの全ての構成要素，すなわちプラントそのもの，制御器，それらの間の相互作用について検討せねばならない。このことは，機械と人との組み合わせで構成されたシステムの制御を考えるときに特にあてはまる。たとえば自動制御では，設計者の考えと分析に基づいて，制御器の設計を選ぶことができる。制御器の設計を決める前には，システム（プラント）と制御器の組み合わせを試すこともできる。しかし制御の仕組みに人間が組み込まれた場合には，コストやリスクその他の判断による影響を，たとえばシステム（プラント）の挙動に対する経験や知識というレベルに至るまで，考慮することが必要とされる。場合によっては意思決定者が現場の

運転管理者であることもあり，そんなときにはその人の考え方でとられる行動が決まってしまう。

　このように，デマンドに反応するあるシステムや単純な制御器ではなく，我々にはもっと複雑なプロセスがあり，そのプロセスによる反応は，制御器として働く人間の特性や，システムに対するその人の分析や，事故を含む様々な運転条件の多様性などによって決まってしまう。

　我々が直面している，特別に考える必要のあること，それは意思決定者の特性とシステムの特性，そしてそれらの間の関係である。意思決定者の特性は，システムに対するその人の視点を形づくるものであり，システムに影響を与える変化や外乱に対してどんな行動をとるかを決めてしまう。つまり，将来の事故のリスクの認識など多くの理由で外乱への反応が事前に決まってしまっていることがある。そのように将来の事象の確率に基づいて意思決定者が行動をとったりとらなかったりする事例が見受けられ，そのうちいくつかは後ほど述べる。その典型例としては，日本の福島と女川の原子力発電所の両方を襲った津波以前に，管理部門がとった行動の相違がある。

　また，意思決定者の特性だけではなく，どのように大規模なシステムを分析するか，その方法にも配慮する必要がある。アシュビーの法則を小さなシステムに対して適用するのは難しいかもしれないが，大規模なシステムを扱うのはさらに複雑である。大規模なシステムを分析する方法は色々あるが，そのひとつとしてシステムの階層を減らすかシステムを簡略化し，そして後で現実を表現するようにシステムを元に戻す方法がある。問題は，システムの本質的な特性を失わずにどのようにそれを実現するか，である。

　大規模なシステムの一例として発電プラントのモデル化を対象とした場合，ひとつのアプローチは振動数の大きい寄与因子の寄与分を減らすことであった。これは，高次の固有値と固有ベクトルを排除することにより，システムの線形行列モデルを減らすことで実現する。その影響により，プラントの応答は正確に見られるようになるが，残念ながらこのような寄与分を取り除くことによりシステムの安定性の評価が正しくなくなってしまう。たとえば，通常期待

されるように，制御器のゲインの上昇は不安定性には直結しない。たとえ制御器のゲインが高く設定されていても，簡略化したシステムに期待される応答は常に安定なものとなってしまう。

　システムモデルの規模を減らす目的は，大規模なシステムを取り扱う余裕を増やすためであったが，アシュビーの必要多様性の法則から要求される正確なシステムの挙動の予測を維持するためでもあった。しかしこれは容易なことではない。上記のケースでは，制御器の応答を正確に表現するために振動数の大きい構成要素が明らかに必要である。プラントの現実的な応答を予測するには，それらの構成要素による影響を必要に応じてシステムの数学的なモデルに含めなければならない。このような問題に対しては，アナログコンピューターあるいはハイブリッドコンピューターが適切であり，このような影響を検討するのに利用されていた。しかし，デジタルコンピューターの出現でこれらの機械は徐々に消えていってしまった。デジタルコンピューターは確かに比較的安価に解決策を提示できるが，様々な構成要素とそれらの有限要素的な表現にまつわる固有値の範囲が原因となり，一部の大規模なプラントの問題を解くには問題が生じてしまう（Eyeions, Seyfferth, and Spurgin, 1961）。

4.3　アシュビーの必要多様性の法則の影響

　アシュビーの法則で重要なのは，システムの制御の有効性を判断することであり，そのようにして人はシステムの動特性を理解する必要がある。制御の仕組みによる決定はシステムが必要とすることに合っていなければならないため，システムの動特性を理解しそこなうと，やがてはある種の失敗に至る。つまり，アシュビーの法則が崩れることになる。後ほど，法則の要求に合わない失敗例を示す。

　すでに述べたように，制御される対象のシステムに対する制御系の設計者の視点が，そのプロセスの有効性を支配してしまう。システムに対する意思決定者や設計者による理解は，そのシステムの多様性を支配してしまうため，その

制御系の有効性も支配する。もちろん単純な工学システムであれば，システム
の多様性を決定するために，原理に基づいて数学モデルを作成することができ
る。しかし複雑なシステムではその実現は困難である。

　ビーア（1979）は，プロセスの有効な制御ができないように管理者がシステム
を変えてしまうことで，システムの多様性を「破壊してしまう」と指摘して
いる。システムの挙動の理解不足，またはシステムがどのように反応するか推
測する考え方の不足，つまり間違いのために，この破壊は発生してしまう。こ
のようなことは，政治やビジネスの世界で何度も見ることができる。政治的な
リーダーや管理者はある解決策を望むが，与えられた実際のシステムの動特性
がそれを妨げて，その解決策が実現されないことはよくある。

4.4　アシュビーの必要多様性の法則の適用例

　アシュビーの法則の力を示すために，様々な分野から異なる環境を扱った多
様性のある例を選んだ。それらの例とは，実験物理学の分野や，プラント機器
の設計や，原子力事故の原因などである。

4.4.1　フェルミのシカゴ・パイル 1 号（Chicago Pile-1：CP1）の 原子炉実験とキセノン

　この例は，核分裂プロセスの動特性を完全に考慮できないことが，核分裂プ
ロセスの安定な制御を達成する実験において潜在的な失敗を生じさせる可能性
があることを示している。図 4.3 には，中性子がウラン 235（^{235}U）の原子核
に衝突する影響を図式的に示している。結果として，^{235}U の原子核が分裂し
2〜3 個の中性子といわゆる核分裂生成物（Fission Products：FP）を出す。そ
の中性子の生成は，連鎖的なプロセスに至りうるものであり，つまり CP1 の
内部のような適切な条件下であれば中性子の数を増やすことができる。

　核分裂生成物のうちのひとつ，つまりキセノンは大きな吸収断面積を持つた
めに，「パイル」を停止させる，つまり中性子の密度を減少させる，という結論

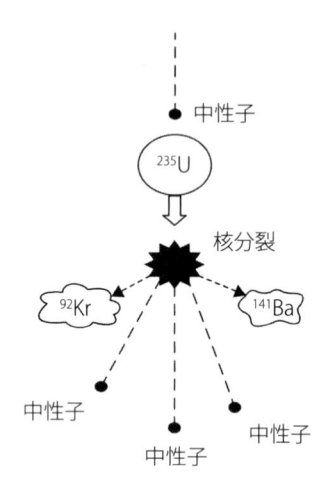

図 4.3　核分裂の説明図

にフェルミが至ることができたのは，彼の非凡な才能による（atomicarchive.com の Enrico Fermi の項を参照されたい）。

　シカゴ大学で実施された原子炉実験をひとことでいうならば，この実験は中性子の数を増殖させるに至る核反応を継続的に続けることが理論的に可能であることを，この実験の実施者たちに理解させた。問題は実際にどのようにそれを実現するかであった。そこで，黒鉛のブロックとウランを積み上げて原子炉を作ることにした。中性子が流れるきっかけとして中性子源を用いたうえで，中性子数が増加するか減少するかを観測した。

　その後少しずつ黒鉛のブロックとウランを追加してパイル（原子炉）のサイズを大きくした。なお，集合体が予期せず臨界に達する（中性子数が増加する）ことがないように，パイルに挿入できるような制御棒（中性子吸収材）も備えていた。

　パイルの内部の中性子の収支を理解するのに，原子炉物理を全体にわたって把握する必要はない。しかし，このパイルの実験の実施者たちがどのようなことを考えていたのか理解する必要はある。彼らは次の式に注目していた。

dn/dt（中性子数の時間変化）＝生成する中性子数

　　　　　　　　　　　　　　－漏洩による中性子の損失数

　　　　　　　　　　　　　　－吸収による中性子の損失数　　　　　式（4.1）

　ここでの中性子の吸収は，炉心の燃料や黒鉛のなかにある制御材（カドミウム）や他の混入物などの加えられた「ポイズン（吸収材）」として，つまり臨界を左右するパイルの特性に対して影響を及ぼすポイズン効果として，単純に考えられていた。中性子の生成と損失がバランスすると，炉心は臨界と呼ばれる状態になる。もちろんそのバランスを保つことは，あらゆる中性子密度（出力レベル）で達成できる。ただしあるパイルの規模に至るまでは，炉心の臨界は達成できず，つまり（中性子源による）中性子レベルの変動は減衰してしまう。

　この減衰の割合はパイルの規模が大きくなると小さくなり，ウランと黒鉛のパイルの有効性が増した。それは中性子密度の時間変化が正になるまで続いた。そしてその正になった瞬間にポイズン効果を加えて中性子密度を安定させるために，制御棒を挿入した。このようにして，実験の実施者たちの理解と，原子炉の挙動が一致をみることになった。

　しかし，いったんそのような安定状態に到達したあと，中性子密度は最初ゆっくりと減少し始め，安定状態となるように制御棒が引き抜かれた。やがて制御棒が完全に引き抜かれてしまっても，中性子密度は低下し続けた。このようにして，実際の挙動が，原子炉のプロセスに関する実験の実施者たちのモデルと一致しなくなってしまった。

　以上の説明は，あるプロセスに対する観察者の視点と実際のそのプロセスの多様性との関係についての論点を例として示したものである。多様性に関する限り，観察者の視点とプロセスが一致するまで，そのプロセスの制御は悪影響を受けることになる。

　この場合はフェルミが，核分裂のプロセスによって生じる崩壊による生成物の影響まで考慮した完全な中性子プロセスについて，視点を確立した。ウランの核分裂では，多くの中性子（＞2）だけでなく，その後キセノン135（^{135}Xe）

へと崩壊するヨウ素 135（^{135}I）も生成される。このキセノンこそが，断面積が非常に大きい（中性子捕獲の確率が高い）とフェルミが判断した元素である。

　フェルミは，キセノンが中性子密度の挙動に及ぼす影響と，キセノンの中性子吸収材としての効果を補う必要性を悟った。フェルミは，当初の核分裂プロセスを修正し，このプロセスに対して現実的な多様性を知るようになった。したがって，パイルの規模を大きくし，かつ制御棒の動作でキセノンの影響を制御することによって，このプロセスをさらに有効に制御し，中性子密度の安定性を確保できるようになった。つまり，一方のポイズンの生成をもう一方の除去によってバランスさせられるようになった。

　実際のところ，制御したいシステムの多様性を正しく認識できず，そのことによる影響を予測できなかったという失敗から立ち直ることができない場合はある。挙動に対する理解がこのように不足していることを埋め合わせるために，あるプロセスの状態に対する設計者の視点の限界を超えた場所（すなわちそのプロセスの多様性）に辿り着こうとして，複雑系のシミュレーションを構築することがある。なお，そのプロセスのシミュレーションを構築するには，その多様性を全て含める必要がある。しかし実際のシミュレーションでは，小さな単位の多様性を捉えてそれを集めることで，全体のプラントのシミュレーションだとしてしまうほうが簡単である。

4.4.2　福島事故の進展におけるマネジメントの意思決定の影響

　2011 年 3 月に日本で生じた津波を起因とした福島事故は，複数の原子力発電所に影響を及ぼし，近年の事故として最悪のものであった。発電所を運営していたのは，東京電力株式会社（Tokyo Electric Power Co.：TEPCO）であった。事故の影響を受けたのは沸騰水型炉（Boiling Water Reactor：BWR）であり，米国ではゼネラル・エレクトリック社が，日本では GE のライセンスの下で東芝と日立が設計した炉型である。

　第一の問題は，地震を起因とする津波の可能性に対処する東京電力の管理部

門の失敗にある。それにより，津波が防潮堤を越え，原子炉エリアに溢水をもたらし，そのために緊急電源（非常用ディーゼル発電機）やスイッチギアが働かず，主要な電気保護や制御回路の計装制御が止まる事態となった。

　それとは別だが従属関係にある失敗としては，巨大な津波に対して発電所の人員が対処する場合に，人員が何をすべきでそのための機器として何が必要かを計画しそこなっていた，ということがある。事故の詳細は第7章で扱っており，東京電力の管理部門が事故に対して準備していなかったという事実以外はここでは繰り返さない。

　アシュビーの必要多様性の法則の適用に関してここでいっておくべきポイントは，あるシステムの多様性にはその多様性を変えてしまう潜在的な外部の影響の可能性を考慮すべきである，ということである。制御の正しい方法が役割を果たす前に，外部の影響も含めてシステムを眺めて，それを観察者または意思決定者が考慮しなければならなかった。東京電力の例では，実際に生じたような大規模な津波の発生は起こらないだろうと管理部門が判断していたように思えるうえ，45フィート（13.7 m）の津波が発生する可能性を検討することを心理的に拒絶することを選んだように思える。そのようにして，生じうる影響について検討できるのに軽視してしまった。

　このことは我々にビーア（Beer, 1975）の言葉を思い起こさせてくれる。それはつまり，ある与えられたときに必要とされるシステムの多様性を管理者が壊してしまうことはよくある，という事実である。原子炉を停止させると巨大な防潮堤を作るまでの収入を失うことになるうえ，それを建設するには多大な費用を要してしまうため，東京電力は大規模な津波の可能性を認めたがらなかった。そして，彼らの費用に対する懸念は，巨大津波の可能性に関する助言と，生じうる大きな損失と，原子炉の炉心損傷が及ぼしうる周辺住民の安全性への影響にも，打ち勝ってしまった。

　これは，管理部門が巨大津波によるリスクを受け入れたくないがために，その事象について予測されている低い確率こそが不快な判断を避ける根拠になる，と考えてしまったケースである。津波による影響は単なる電源喪失以外に

も数多く起こりうることから，巨大津波によるプラントへの影響を表面的にしか評価しないと，全体的な結果を理解しそこなってしまう可能性がある。津波は，発電所の人員の行動により発電所を回復させる多様な方策を実際に破壊してしまった。過酷事故状況下におけるプラントの特性は意思決定者に理解されていなかった。このことは，事故後の状況下においてさえも，確率の解釈だけではなく，アシュビーの法則を知ることの必要性を強調している。

4.4.3　サン・オノフレ原子力発電所の蒸気発生器破損

もうひとつのアシュビーの必要多様性の法則の適用例として，南カリフォルニアのサン・オノフレ原子力発電所の古い蒸気発生器の交換における判断がある。ここでのアシュビーの法則の影響は，蒸気発生器の性能と修理したことによる性能への影響を管理部門が知らなかったところにある（Joksimovich and Spurgin, 2014）。

原子力発電所の蒸気発生器の寿命は約 20 年であり，プラントの寿命として期待される 30〜40 年より短い。このため，新しい蒸気発生器へと交換する計画を立てる必要がある。そしてこれは世界中の様々なプラントにおいて成功裏に実施されている。一般的に新しい蒸気発生器は元のものより寿命が長い。

蒸気発生器の寿命は，腐食，応力割れ，振動による細管の破損など，様々な仕組みにより決まる。それらの仕組みは長年の間，電力研究所（Electric Power Research Institute：EPRI）をはじめとした様々な機関により研究されてきた。研究の結果，流体による細管の振動を含む全ての影響を軽減する手法は進展してきた。流体による細管の振動は，細管の磨耗とその後の放射性物質の放出へとつながる可能性があり，つまり安全性の問題になる。

サン・オノフレ原子力発電所の所有者は，交換する蒸気発生器の製作者として日本の会社である三菱重工業株式会社を選んだ。しかし，それらの蒸気発生器はそのプラントの設計者であるコンバスチョン・エンジニアリング社による元々の設計を踏襲したものではなかった。元々のものに比べて交換する蒸気発

生器は内部構造がかなり異なり，その性能と寿命にはある程度懸念があったはずである。

　蒸気発生器の交換は，3年足らず続いた。関係者たちでどのような意思決定がなされてこのような事態に至ったかは，内部の議論の過程が公開されていないので不明であり，今後もそのままだろう。結局のところ，サザンカリフォルニアエジソン（SCE）社の経営者に決定が委ねられたに違いない。蒸気発生器の交換の製造業者の選択も，蒸気発生器の設計変更も，その設計者の選択も，承認したのは彼らである。

　管理部門の意思決定の有効性に対する意見をまとめる前に，いくつか観察してわかったことがある。蒸気発生器の寿命に強く影響する様々な課題についてよく理解する必要が管理部門にあったのは明らかなはずだ。その能力が無かったために，蒸気発生器の設計の仕様を作成するのを手伝う有能な助言者を意思決定者は持つべきであった。結果から判断するに，これらの条件は満たされていなかったように思える。

　著者らが入手できた唯一の情報は，SCE社と三菱重工が共同で作成した論文しかない。その論文は，非常に重要な課題である運転時の細管の振動ではなく，品質管理に注目したものだった。同じく驚かされるのは，特にSCE社はEPRIの研究内容にアクセスできる立場にあったにもかかわらず，SCE社と三菱重工の共同設計グループは助言を求めようとしなかったことである。

　このことは，どうアシュビーの必要多様性の法則と関係するだろうか？　システムを観察する立場としての意思決定者の役割についてはすでに述べたが，多様性（のある状況）に対する観察者の視点が間違っている場合には，何が必要なのかを知る観察者の能力が著しく減じる。そうすると，必要に応じて働く制御器や制御手順を設計することなど不可能である。蒸気発生器の場合には，振動の制御は受動的なものである。あらゆる運転状態において細管の振動を制限するために，抑制棒を用いた設計がされている。

　この例は，アシュビーの必要多様性の法則のもうひとつの適用例である。鍵となるのは，システムの観察者の視点とシステムの現実との関係である。ビー

アは，管理者によるシステムの多様性の破壊について述べている。多様性の破壊は，無知，稚拙な助言，（空理空論による）慎重すぎる判断などがもととなって行動することまたは行動しないことにより生じる。

4.5 　適切な意思決定が行われる確率を上げる方法

これまで見てきた複数の事例から，意思決定をする対象のシステムに対する意思決定者の理解を向上させる必要性のあることが理解できる。また，意思決定のプロセスとその支援が改善されたとしても，ときには良くない意思決定がなされることもあるだろう。目的とするのは，意思決定のプロセスを改善し，間違いの確率を下げることである。

このための一般的な方法は，どのように意思決定を行うか，そのなかの何かを変えねばならないとまずは認識することである。向上させるべき意思決定者の能力は，訓練，教育，能力のある支援スタッフの選抜にかかっている。アシュビーの必要多様性の法則を理解し，その法則を様々な種類のシステムがかかわる状況を評価するために適用した事例を理解することは，訓練プロセスの一部とすべきである。

4.6 　結論

以上の議論から，アシュビーの必要多様性の法則とその適用事例を理解することは，特にリスクが高い状況において管理部門が良い意思決定をするために，非常に重要で本質的な要素であることがわかるだろう。システムに対する理解について限界を決めておく必要があるばかりでなく，そのシステムの状態／多様性とそれらがどう相互に作用するか，それを正しく認識する観察者や意思決定者の能力に限界があることも知っておかねばならない。人間を含んだシステムは，数学的に厳密に定義し境界を定められる機械的・電気的システムに比べてはるかに扱いが難しいことは指摘しておくべきであろう。このこと

は，意思決定者は有能で経験豊かな人々から助言を受ける必要があることを示しているが，良い助言を受けたとしてもできるのは事故の確率を減らすことだけである。

適切な意思決定をする管理部門の能力は，数多くのものごとに依存する。そのうちいくつかは管理者個人の領分の範囲内であり，そのようなものとしては訓練，経験，知識などが挙げられる。また，その管理者は，自身が選んだ他人からの助言にも頼らねばならない。外乱や内乱に相当する事象の確率を知ることも必要であり，そのために管理者はそれらの事象を扱って得られるリスクと利益をよく知っていなければならない。大規模で複雑なシステムでは，管理者がシステムの状態について明確なイメージを得られないという，不確実さにまつわる新たな問題が持ち上がるだろう（Danilova, 2014）。

運転におけるリスクを適切に評価しないと，組織が消滅するに至る可能性がある。この例が第7章に示す福島の津波に対する東京電力の管理者による意思決定であり，東京電力はほとんど潰れかけた。システムについて何を理解しておく必要があるか，その観点でアシュビーの必要多様性の法則とそれが暗示することを管理者は知っておかねばならない。もちろん事故というものはシステムの挙動に対する管理者の認識を大きく変えてしまう可能性がある。それに対抗するには，特に組織運営やプラント構成に強く影響する場合には，管理者は事故とその進展の可能性に注意を向けておく必要がある。福島事故では，余震と津波による損害による影響が，最初の津波から復旧しようとする発電所の管理者と人員の努力を打ち砕いた（第7章参照）。

第5章 : 確率論的リスク評価

5.1 確率論的リスク評価の紹介

　安全性や経済性の分野に関する管理部門の運営は，様々な技術的手法や手順を利用することで改善できることを提案してきた。そのようなツールのなかに，確率論的リスク評価（Probabilistic Risk Assessments : PRA）もしくは確率論的安全性評価（Probabilistic Safety Assessments : PSA）がある。本章では，PRA とは何か，それがよりどころとしているのは何か，そして管理部門を支援するための支援システムの一部として管理部門はそれをどう利用するか，について簡単に示す。運転に影響しうるリスクと運転について評価される確率に基づいて判断を下す際に，PRA は助けとなりうる（たとえば Frank, 2008 を参照されたい）。PRA は，有効に用いられたときに価値のあるツールとなりうるものである。ただし PRA そのものは，たとえば設備と人間の失敗確率や事故の起因事象（Initiating Event : IE）の発生確率の評価値を正当化するものは何かなどを検討する必要があり，制約無しに使えるものではない。

　PRA 手法は，原子力の運転リスクをよりよく理解し，そして何に注目すべきでどのようなリスクが小さくなりうるのかそのための対応を描き出すのに用いる手法として，米国の NRC によって始められた。この手法は，欠陥によってロケット発射やミッションの失敗にどのように至りうるのかを NASA が検討するのに用いられたフォールトツリー手法から成長して生まれた。フォールトツリー手法は設備の故障に注目していたように思われる。ただし，保守活動における人的過誤も，設備の信頼性という課題と一緒にフォールトツリーのロ

ジックに取り入れることができる。このようなことは，設備の信頼性の値に全てをひとまとめにするよりも，PRAにおいてシステム設備の故障と人的過誤を別々に分離することで可能になる。どの手法を用いるかは，設備の失敗の根本的な原因についてその組織がとっていた記録による。

　NRCのグループはラスムッセン教授（Massachusetts Institute of Technology：MIT）とS. Levin氏（NRC）の指導のもと，イベントツリーという概念に基づいてPRA手法を開発した（WASH 1400, 1975）。これは，一連の事象による結果を生じさせるような設備の故障，人的過誤，起因事象を論理的につなげる手法である。

　周囲の環境からくる事象がプラントをある損傷状態に至らしめる可能性があるが，もし発電所の人員が事故の進展を止める行動をとるのに失敗するのと同時に設備の故障が生じたならば，その状況はよりひどくなりうることは，想像できる。基本的なイベントツリーは，起因事象（IE），システムの機械的・電気的な故障（Mechanical/Electrical：ME），そして緩和系の運転に失敗し望ましくない結果（炉心損傷や放射性物質の放出）に至る人的過誤（Human Error：HE）からなる。PRAの検討を実施する解析者は，それぞれの要素に対して確率を評価して，どのような事故が生じるか全体的な確率の値を計算するためにそれらを結合する。

　ひとつのイベントツリーでは，様々な事象や関連する人間の行動／システムの故障を伴う多数の分岐を扱うことができる。あきらかに，図5.1に示すツリーは設備故障（配管破断）と人的過誤により生じる起因事象を展開したものである。起因事象としてはたとえば小口径の破断が生じることによる冷却材喪失事故（Small Break Loss of Coolant Accident：SBLOCA）のようなものがあり，それはいわば腐食作用による配管の破断であり，その発生は（配管の超音波検査のような）人間の行動によって検知・防止されるべきものである。この図では，異なる種類の人間の行動が同定されている。人間信頼性評価に関するさらなる情報については，著者による別の書籍（Spurgin, 2009）を参照されたい。

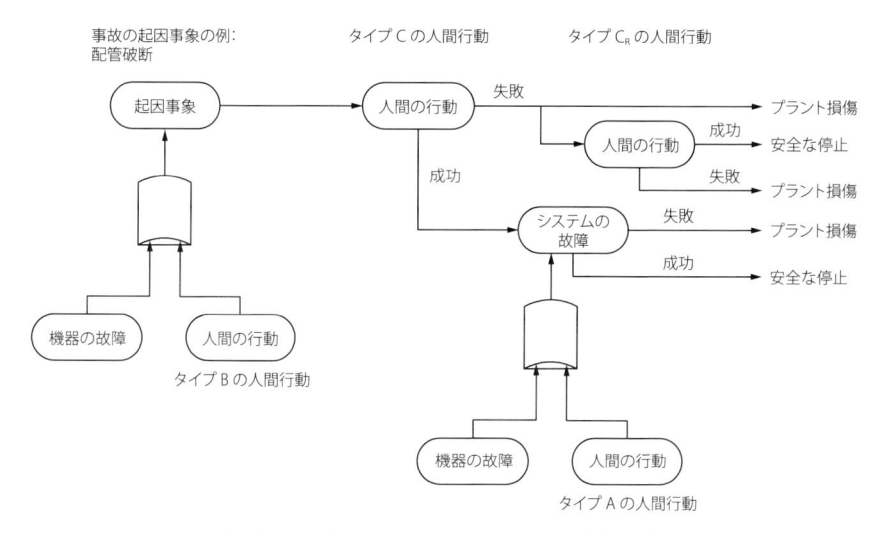

図 5.1　PRA のロジックツリーにおける人的事象

　定期的な検査プログラムを備えることはプラントの管理部門の責任であり，原子力発電所だけではなくあらゆる高リスク産業（high risk organization：HRO）のプラントの安全かつ経済的な運転を確かなものにするために，管理部門は技術的な能力を備えるか，技術的な助言者を持つことを指摘しておくべきであろう。英国のフリックスボロー事故は化学プラントが関与したケースであり，英国での調査により管理者が化学エンジニアであり事故の発生を防ぐための機械工学の知識が欠けていたことがわかった。管理者が技術的に全能であるなどと想定すべきではない。

　また「応急措置」運転の際には，特別な配慮をする必要があることも指摘しておくべきであろう。生じうる問題の例としては，1974 年 6 月にフリックスボローにあったナイプロ社の化学プラントで生じた事故（Flixborough, 1974）で配管の設置に失敗したことが挙げられる。8 インチ（20.3 cm）口径と 20 インチ（50.8 cm）口径の配管に対して異なる対応をしたことが爆発の原因となり，28 名の死者と 36 名の負傷者，その他多くの損害が発生した。

　ひとつの PRA 全体には，多くの異なる起因事象が含まれる。最近の EPRI

の報告書（Sursock and Lewis, 2015）では，リスク情報に基づく意思決定のためのリスクの集合を検討していた。NRC は自身の評価において，原子力発電所の安全性を確かめる手法の一部として他の手法と一緒に PRA を用いている。PRA に関する限り，NRC は安全評価を PRA に限定していない（PRA に関する NRC のファクト・シートを参照されたい）。この手法は，運転中のプラントについて「リスク情報に基づく安全性評価」と彼らが呼ぶ手法の一部分である。

5.2　確率論的リスク評価の構造

　前節では，単一の事象が描かれている。ただし PRA 全体のなかでは，数多くの原因となる事象が考慮され，そのため数多くの起因事象，たとえば強風，溢水（内部溢水と外部溢水），津波を伴う／伴わない地震，外部電源喪失，ディーゼル電源喪失などを考慮することになるだろう。これらの事象の全ては，多様な機械的な機器，ほう酸ポンプのような原子炉の反応度を停止するために設計されたシステム，原子炉を冷却し炉心から除熱するためのシステム，蒸気発生器やその他の機器，そしてもちろん対応する人的過誤が考慮される。

　PRA 全体の論理構造は，すでに述べたとおりイベントツリーで結合された様々な論理構造からなっている。ひとつの設備系統のモデルはひとつのフォールトツリーにまとめられ，そのなかには設備の故障と人的事象（保守作業）が表現されている。モデルの詳細は解析者や事業者または組織によって異なる。モデルの複雑さの程度は，その組織が保持してきた記録に基づくデータがどれだけ利用できるかによって異なる。設備の故障データを手に入れるのは非常にたやすく，人的過誤のデータを収集し評価するのは非常に難しい（Spurgin, 2009 を参照されたい）。

　定格出力時，低出力時，停止時など様々な場合の運転の安全性について検討することは組織にとって普通のことである。一般に，高い出力レベルでは物事は早く発生する可能性が高いが，その他の条件下では，たとえば監視の人員が少なくなるなど異なる問題が生じうる。もちろん第 7 章（7.9 節）で扱ってい

るようにパクシュやバーセベックで生じたような，検討すべき通常とは異なる
条件もあるだろう。

5.3　確率論的リスク評価の適用事例

　出力レベルが異なる条件のようないくつかの適用事例については，すでに述
べてきた。PRA を使う目的のうちのひとつは，一般公衆が懸念する範囲につ
いて，そのプラントの安全性に関する現状が許容可能なものかどうか，規制当
局を納得させることである。各組織は，プラントの状態とプラントがいまどの
ように運転されているかについて，PRA と「最終安全評価報告書（FSAR）」に
したがって確認しなければならない。ノースイーストユーティリティズ（NU）
社の状況は，第 7 章に示されているように，ときには法令が遵守されず，その
状況を変えるためにたとえば NU 社の原子力発電所の停止を命じる（7.9.4 項
参照）といった思い切った行動を NRC がとる結果となることがあることを示
している。

　PSA のツールとしての価値は，たとえばプラントを停止させる前に安全系
の系統を保守作業のために除外するなど，運転時の変更によりそのプラントの
安全性がどれほど影響を受けるか管理部門が認識するのを助けることである。
普通は，それを実施する基本原則について前もって NRC と合意しておく。プ
ラントの運転に対するいわゆる技術仕様書（保安規定）が，それを担当するこ
とになる。

　他の組織は原子力分野のようには規制されないだろうが，制御系や保護系を
改良することによる安全上や経済上の影響を評価するために，PRA を同じよ
うに使うことはできる。組織が設備を設計と異なる形で使った場合には，その
結果は変わりうるものである。心に思い浮かぶのは，1988 年 7 月 7 日に発生
したパイパーアルファの石油掘削リグ事故である（詳しくは Spurgin, 2009 の
8.8 節を参照されたい）。掘削リグは基本的に石油を想定して設計されていた
のに，石油とは異なりガスは爆発に至りうるものであり容易に火災に至りやす

いにもかかわらず石油からガスの掘削へと切り替えられたうえ，運転員の安全防護は当直の都合に引きずられたものであった。改めてPRAを実施することで，変化の影響と，作業者の防護のためにその組織が何かを設置すべきであったことがわかる。もうひとつの課題は，ガス爆発に対してポンプを起動したときに掘削リグで作業するダイバーを保護するのを忘れていたことであり，運転を実施していた組織に安全性に関する認識が欠如していたことの現れである。

　原子力産業の技術はかなりよく理解されているが，変化は生じうるものであり，そのことは管理部門にも知識としてまたは訓練により理解されるべきである。ときには，福島事故がそうであったように，環境影響をよく理解も検討もせずにそのような影響を過小評価することがある。

　このことは，PRAの利用にまつわる問題のうちのひとつを指し示している。それは，もし確率が非常に低ければ今後数年はその事象が生じないだろう，と多くの人々が信じるということである。福島事故のケースに見られるように，この規模の津波は，西暦843年以降は起こっておらず，似たような津波について評価された確率は，約1000年に1度と考えられていた。それゆえ，このような津波はすぐには起こらないだろうと考えられていた。これが間違いだった。それは実際に起こり，東京電力はこの大きさの津波に対処する準備をまったくしていなかった。彼らの失敗により，適切な大きさの防潮堤を設けずに，プラント設備に溢水が生じたときの影響に対してすばやく対応できない結果となった。

　PRAは運転について詳しいことを決めるのに用いられ，それには確率が関与する。ある与えられた状況のリスクを評価することにより，PRAは我々に様々な事象によって異なるリスクの多様性について相対的な情報を与えてくれる。そのリスクが考慮する価値があるものかどうか判断するのは管理部門である。管理部門はリスクと利益を比べて評価しなければならない。ここでの問題のひとつは，関係する確率を掛け合わせた，結果の組み合わせとしてのリスクの評価である。もしその確率が非常に低くてその影響が非常に大きいものであるなら，そのリスクは我慢のできるものに思えるかもしれない。ところがひと

つの会社にとっては，もし実際に事故が起こった場合にその事故の影響による費用が非常に嵩むものなら，その会社は倒産して廃業することになる（東京電力は福島事故後，この状況に近かったはずである）。

5.4　まとめ

　PRA は，そのプラントの安全面に関する状態について，管理部門と NRC に情報を提供する価値のあるツールである。そのプラントで実施される運転は，そのプラントの安全上の特徴を変えうるものであり，その運転について評価されるリスクを変えうるものである。管理部門はその変化に対応し，出力を減らすなどといった行動をとらなければならない。管理部門やスタッフがとる行動やとらなかった行動により PRA は変わりうる。PRA の一部は，「安全系の運転失敗によりリスクの増加が生じた」であったり，「プラントの保安規定で扱われている制限の範囲内にプラントの運転を維持するために制御室の運転員が行動をとるべきである」といったような助言を運転スタッフに与えるべく自動化されてきた。

　すでに述べたとおり，PRA の結果は何が起こるかを予言するものではなく，複数の事象の相対的なリスクを評価するものである。PRA のなかで与えられている事象のリスクが低く翌日にも起こるように見えることもありうる。一方，もし事故の影響が小さいために評価されたリスクが低いなら，事故は単に不快なものにしか見えない。しかし，もしリスクは低くてもその影響が大きいなら，その事象がどれほど生じやすいと管理者が考えるかにより，そのものごとは決まる。

　著者らは福島原子力発電所と女川原子力発電所で何が生じたか，管理者の選択について比較した。地震はどちらでも同じく生じ，地震動は女川のほうが多少大きかった。結果として生じた津波は両方の発電所に影響を及ぼしたが，原子力発電所に対する顕著な損傷を防ぐべく十分高い防潮堤を備えるよう女川の管理者は判断していたことから，女川では準備がなされていた。東京電力の管

理者は十分な高さの防潮堤を備えるという判断をせず，その結果が原子力発電所の破壊であった。この事故については，第7章である程度詳しく議論されている。

　NASAのチャレンジャー号事故は，打ち上げシャトルと固体燃料ロケット，特にそれらに備えられている一連のOリングに悪影響を及ぼす低温の影響についてのエンジニアの助言に反して，NASAの管理者が打ち上げを判断したという観点で，類似したケースである。この事故についても，事故の進展に対して管理者の判断が及ぼす影響についての他の例と一緒に，第7章で扱っている。

　保守的な判断は，のちにそれが良かったとわかるような結果をもたらす。打ち上げを延期にすることによる損失はなんだったのか？　より良い防潮堤を備えるための費用は会社を倒産させる以上のものだったのか？　費用と利益は本当に細心の注意を払って見直されていたのか？

第6章 ラスムッセンの人間行動グループ

6.1 スキル・規則・知識ベースの行動の紹介

　事故時に管理者や運転員が果たす役割は，ラスムッセンの調査によると彼らに本来備わっている自然な振る舞いと関係がある，とされている。彼は人間の行動を，スキルベースの行動，規則ベースの行動，知識ベースの行動と呼ばれる異なる分類で定義した（Rasmussen, 1979）。人間の行動は，与えられたタスクに対しどのように対処するか，それまで受けてきた訓練が反映されたものである。彼らの行動の信頼性は，彼らの対応のしかたによって変わり，つまり一般的には，スキルベースの行動や規則ベースの行動は知識ベースの行動より信頼性が高くなる。また，対応の速さもスキルベースの行動や規則ベースの行動のほうが速くなり，知識ベースの行動では，状況を理解し対応するためにもっと時間を要する。

　人が状況にうまく対応できるかどうかは，その状況に対し心理的に準備していたかどうかによって変わる。人によって対応が異なるとすれば，事故とその進展の両方の可能性に対応すべく管理者や運転員がどのように準備すべきか，という問題になる。スリーマイル島原子力発電所 2 号機（Three Mile Island Unit 2, 以下，発電所は TMI，プラントは TMI-2 と略す）事故後に開発された方法は，シミュレーターで一連の事故にさらすことにより，様々な事故に対応できるよう，制御室の運転員を訓練することである。このとき運転員は，専門家により設計され一連の緊急時運転手順書（EOP）に書かれたやり方に本質的に沿った対応を行う。ラスムッセンによれば，運転員は規則ベースで対応する

ように訓練されていた。それに加えて原子力エネルギー，プラント動特性，原子炉物理についての座学の訓練により知識ベースを拡張した。このことは，もし手順書が役に立たないときには，運転員は知識ベースで運転できることを意味した。

　以前の原子炉運転員の訓練はこのようなものではなかった。運転員は，原子炉とプラントの特性について背景となるような訓練をある程度受けていたが，彼らに与えられた役割は基本的に自動制御・保護系の動作をモニターし，保護系に使われた計装が正しく働いたことを確認するだけであった。事故以前までは，プラントシミュレーターはほとんど無く，その結果として運転員はこのツールを使う機会がほとんど無かった。また，シミュレーターの事故シナリオは，安全系・保護系の設計に使われた数少ない事故のみに限られていた。言い換えると，原子力発電所の安全な運転は，運転員の技量ではなく，保護系の設計者の能力にかなり依存していた。古いやり方の欠点は，事故で示される兆候から事故の種類を判断する運転員の技量に依存していたことである。事故は分析する人が見極めた兆候のとおりには進まないため，それは容易なことではない。その後，想定される事故事象ではなく事故の兆候に対応するように，手順書の設計が変更された。つまり，事象ベースの手順書から兆候ベースの手順書へと変わった。

　ラスムッセンの人間行動グループの間の相違を理解するために，家具を作る仕事の話をしよう。多くの人々は，どうすればよいか自分たちは理解できると考える。木工師はその仕事を早く効率的にできるが，技術のない人は作品を作るのに時間がかかるしあまり上手に組み上げられない。

　このとき，木工師はスキルベースの行動で働いているが，他の人は規則ベースか知識ベースの行動になる。人は規則ベースで行動しているときには，何をすべきか書かれた計画に従うことができるが，本当に良い作品を完成することは難しいだろう。人は知識ベースで行動しているときには，自身の知識を信じて図面を書き，作品を完成させる。3つの行動の相違は，以下のように理解できる。

1. スキルベースの人は，行動に慣れているため適切な時間のなかで良い仕事を行うことができる
2. 規則ベースの人は，もし従うべき計画があれば適切に行動できるが，より良く行動するには訓練が必要である
3. 知識ベースの人は，計画を作成しなければならず，それを踏まえて作品を作らねばならないうえ，うまく働かない可能性もあり，最終的な作品を完成するために修正したり変更したりするのに多くの時間を費やすことが多い

スキルベースの人は，技術を習ったり磨いたりするのに多くの時間をかけなければならない。人は技量のある実務者の指導のもと，その技量を習うために徒弟となることがよくある。技量を得るには頻繁に訓練する必要があり，ある特定の技量に集中して習得するため，その技量の幅は広くないことが多い。典型的な職業は，家具職人であろう。原子力発電所のような組織で働いている人々は，少数の職人を除くとスキルベースではない。発電所でそのような職人が多くいると，あまり費用対効果が良くない。発電所には手順に従って多くの仕事をこなすジェネラリストが必要とされる。保守作業員は，電気技術者や機械技術者などのチームに分かれてそれぞれが担当する設備を運用している。

発電所の制御では，まず制御室の計装に表示された一連の計器指示（兆候）から状況を判断し，そのうえでその状況に対処するある手順で扱っている規則に従うという，規則ベースの運転がある。原子力分野には，通常時手順書，異常時手順書，緊急時手順書といったようにいくつかの種類の手順書がある。状況によって運転員が選ぶ手順書は異なる。たとえば，通常時手順書は発電所の出力変更のようなときに使われる。異常時手順書は，検出器の故障のように何かがうまくいっていないときに用いられる。そして緊急時手順書は，発電所に危険が迫っており一般公衆に影響を与える可能性がある事象が生じたときに用いられる。

知識ベースの行動とは，知らない事象にどう対処するか自身の知識を動員す

る立場にある人がとる行動である。もちろんその人の知識はその状況を完全に含んだものでなければならないが，その状況はその人が予期していないときに生じる。問題の解決策はすぐに出るものではない。仮説を立て試して確かめてみるのに時間を要するからである。実際に，事故の進展は検討したことの根本となっていることすら変えてしまうことがある。

　扱うべき対象がその人の技量のうちだったとしても，時間はそうではない。そのため，事故を収束・緩和させるために一般化された知識を使うことは，最善の方法とはいえない。初期のロシアで行われた運転員を選抜するやり方とは，事故に対処するために高等教育を受けた人を選ぶことであった。つまり，知識ベースで運転することである。米国の方法は，適切な手順書が設計されることに信頼を置き，よく訓練された高卒の人を採用する方法である。この方法はTMI-2以降に発展した。高等教育を受けた人々には，手順書を設計させ，幅の広いシミュレーター事故に対しても手順書が機能するか確認のために試させるほうが，彼らをよりよく利用することになる。

6.2　スキル・規則・知識ベースの行動の適用

　なぜスキル・規則・知識ベースの行動に興味を持つべきなのだろうか？ 人間の行動の長所と限界を理解すれば，事故の制御に必要なことと，組織の能力を釣り合わせることができる。組織の力学は，上位の管理部門により決定される方針と指針を伴った，ビーアのサイバネティックモデルで説明できる（第4章を参照されたい）。中位の管理部門は，上位の管理部門への助言と，上位の管理部門の要求を運転員へ確実に伝える，という2つの役割を果たす。運転員は，手順書の指示に従って要求された行動をとる。

　原子力産業で起きた進歩は，原子力の技術的なものごとについて管理部門に助言する立場の人間を設けたことである。この人間が原子力部門の責任者（CNO）である。CNOは，手順書の設計や様々な事故のリスクなど，原子力の課題に対して適切な判断を代表取締役（CEO）がするために原子力技術につい

て助言をする。

　最高経営者は知識ベースの行動で運営を行うため，一連の事故に対する方針を決めるのに，特に他人に頼っている場合は時間を要することは，察することができるだろう。中間管理職も知識ベースの行動で役割を果たすが，かつて運転員だったことがありその要求や経験を覚えていることが多い。中間管理職は，CEOの決めた対象の行動について，手順書を作成するために手順書設計の専門家と一緒になって働く。手順書は運転員の協力により作成されテストされる。運転員は一連の新しい手順書に関する物理的な限界を認識する。手順書の技術的な課題は，フルスコープシミュレーターを用いてテストされる。

　アシュビーの必要多様性の法則（第4章を参照されたい）の役割はここではこれまで取り上げてこなかったが，シミュレーションと同じようには振る舞わない事故の影響をどう制御するか理解するために，シミュレーターの基になっているモデルを超えるような進展をする事故について知見が必要とされるのは理解できるだろう。その例が，福島事故でとられた行動である。所長による処置は，発電所に対する適切な理解に導かれていたように見えたが，その後の余震と津波の影響を受けて，発電所の状況が変わってしまい，事故の進展に対応するのに使われるはずの設備が利用できなくなってしまった。発電所の状況が変わったことで，制御する弁や検出器の情報に対するアクセスが損なわれてしまった。複雑さの程度が増して，通常の手順書の支援の範囲を超え，知識ベースの行動の世界に入ってしまった。

　発電所長は，発電所の系統とその制御について再び思い起こさなくてはならなかった。つまり，事故とその進展の結果として発電所に必要とされる多様性がどう変わったかを見なければならなかった。ずっと続いていた地震やその加速度，数度にわたる津波の来襲により発電所は初期の状態から変わってしまった。必要とされる多様性は事故の間中ずっと変わり続けた。水素爆発が発生し，発電所の状態は変わり，計装制御は破壊されるかアクセスできなくなり，運転員がとった行動は効果がなかった。

　全体の影響を評価し直す時間がなかったため，所長が本当に正しかったか否

か理解することは難しい。そのうえ，発電所は時々刻々変化していた。試みたことが本当に実施できたか，それをしようとしたのと同時にものごとが変わって行ったためわからない。所長が困難な任務に直面し，それは東京にいる東京電力の幹部たちにも対処しなければならなかったためさらに困難になった。問題の一部は，水素ガスを大気へ放出していないことによる影響であった。それが未知の影響を伴う爆発を引き起こしてしまった。最善は水素ガスを放出することであったが，そのときはまだ所長が対処せねばならないことが他にもあった。

　事故に対処する運転員は，規則ベースの行動をとるべきだったというコメントはできる。しかしそれを達成するには，一連の規則を作れるくらいに十分に詳しく一連の事故の様相を判断できるようになる必要がある。もし規則を作れないならそのやり方が間違いなのだ。福島事故の場合には，数多くの事前の設計判断がなされ，それにより発電所の弱点と事故シーケンスの多様性が増し，所長にとって事故の進展の最中に使える道具が利用できなくなってしまった。あきらかに所長は津波の影響を緩和しようと試みたが，しかし最終的にそれはそうする彼の最善の努力を超えるものであった。彼が事態を収拾しようとすると，彼が行動したより速く事故は進展した。

6.3　コメント

　本章では，ラスムッセンのスキル・規則・知識ベースの行動モデルが，人間行動の理解に役立つことを説明した。そしてその方法が事故に対処する人間を使う最善の方法を決める際に役立つことを説明した。この方法は，事故の進展を制御する運転員が手順書を使うことを肯定している。ただしこの方法は，一連の規則を作成できるほど設計者と組織が事故を理解できるときのみ効果がある。いったんこの状態から逸脱すると，運転員は知識ベースでの行動を余儀なくされ，それにはかなり大きな失敗の可能性が伴う。

　手順書を使う事の大きな利点は，普通に予期できる事故を収束するか，その影響を緩和することに運転員が成功することを後押しすることである。

第 7 章　様々な産業における事故の ケーススタディ

7.1　事故分析の範囲

　事故について検討することは，多くの有効な目的に役立ちうるものであり，それが複数の産業や組織の安全性と経済性の両方を向上させることにつながる。そのような目的として挙げられるのは，(1) その産業が特定の事故を検討して，事故の背後にある安全性と費用を考え直すのに役立てること，(2) 管理者が事故を検討して，細やかな配慮が欠けることでどのように事故が生じるか，自然現象が安全指針や防護壁をどう乗り越えて会社を脅かしうる事故に至るかを理解すること，(3) ある産業の規制者が自身の産業に他の産業で生じた事故から得られた教訓を持ち込むために規則や指針をまとめること（これは自身の産業に関連する事故に対する規制者の対応としては通常のやり方である），(4) 自身の組織における同様の事故を防ぐことができるさらに深い理解を，あらゆる産業の事故の分析から成果として得ること，である。事故に関するひとつの課題は，組織がもっと根本的な原因に注目せずに表面的な原因に注目し，自身の組織にとって都合の良い教訓を描きがちなことである。

　ある産業で得られた教訓は別の産業にも通用する。たとえば，管理手法は同様の事故が生じる可能性に影響する共通原因になりうる。たとえば，後述のノースイーストユーティリティズ社に関する議論を参照されたい。管理部門による議論はときとして財務上の配慮つまり株価によって決定される（第 13 章

における議論を参照されたい）。これはノースイーストユーティリティズ社のケースかもしれないが，安全性は彼らが最初に考慮すべき事柄ではなく，2番目に考慮すべき事柄ですらなかった。

7.2 事故分析の方法

　事故の分析は，一挙一動の事故シーケンスの履歴から始まり，特定の経路をたどって結果に行き着く場合が多い。ここでは，事故の特徴を全体的に扱ったうえで，事故の主な原因に対する著者らの見解を示そうと思う。このように，紙面と読者の時間をたくさん費やさなくても，数多くの事故を書き記すことはできる。事故を回避するために何ができたのか，読者は発見したことを検討して結論を描くことに集中できるだろう。もちろん，このような分析は僭越なことだが，このようにして人々にただ標準的な答えと解決法を受け入れさせるのではなく，思考を促すことができる。もっと大きな背後に隠れた状況について考えずに，直接的な解決法や事故に直接かかわった人員に注目してしまう傾向はある。たとえば，日本は地震と津波の両方にさらされてきた。これらはつながりのある事象であるが，かの国の対応は違っていたように見受けられる。地震に対する対応は個々の建物の地震時応答に対する耐力を向上させることに注目する一方で，日本における津波に対する包括的な対応は見られなかった。それが必要であったと思われるのに。

　事故分析のプロセスとは，事故シーケンスと，事故の直接的・間接的な原因として可能性のあるものと，物理的な対処や組織的な対処を同定したうえで，直接的な責任と間接的な責任という観点で事故を分析することである。つまり，事故は自然現象によって生じたのか？ そして運転員や管理部門がどんな役割を果たしたのか，である。また，事故による影響を変えてしまうような予期しない設備の機能喪失があったのか，である。そして実際の事故の道すじが除外されたり支配的となったりしないように，別の結果に至りうる他の道すじも示すように，イベントシーケンスダイアグラム（ESD）を使って事故の説明

の幅を広げることである。たとえば，福島における津波による事故は単なる津波の規模による結果ではなく，東京電力株式会社の経営層と日本政府の両方の誤った考えによる結果である。

　ここで考えているのは，あまりに詳しい情報で読者を閉口させずに，それぞれの事故の背後にあるものを発見する感覚を読者に提供することである。報告書にはデータが一杯であるのにデータの一部の重要性を指摘しない傾向があるように見受けられる。一部のデータは事故と密接な関係があるが，他には重要な意味はない。これは我々の視点であり，他の人々は異なる視点と考え方を持つかもしれないが，ここから始めて前進してもらうことが我々のねらいである。

　多くの事故報告書は，ボトムアップで物事を報告することに，つまり，直接の行動をとる人間は運転員であるために全体の状況ではなく運転員に注目する。その状況に組織はどう関与したのか，問うべきである。ボトムアップとトップダウンの両方で考える必要がある。このことは，行動の「山場（sharp end）」での運転員の行動だけではなく，管理部門によってなされる以前の判断に関連する「日常（blunt end）」にも注目すべきということである。

　運転員は会社の方針を判断せず，その判断は管理部門による。判断は事故を招きうる。たとえば，女川原子力発電所と福島原子力発電所の場合は，防潮堤を築くか否かの管理部門による判断があり，女川は助かり，福島は破壊された。管理部門の判断は，良い結果か悪い結果のどちらかを招きうる。

　ここでとったやり方とは，事故を初期の判断状態から事故の発生に至るまで展開し，他の組織による事故後の分析に示されているコメントに対する反応を加えるものである。たとえば，スリーマイル島2号機（TMI-2）の加圧水型炉（PWR）の事故（1979年3月）は数多くの様々な分析を喚起し，原子力産業とこの種類の発電の安全性の重要さの結果として，当時のカーター大統領は一般公衆が懸念する限りの事故の詳細な分析を求めた。

　この種類のエネルギー生産に対しては，第二次世界大戦中の日本における原子爆弾の使用に起因する普遍的な感情論が世界中に存在する。それとは異なる

化石燃料（石炭および石油）を燃やすことによるエネルギー生産に対しても，最近は同様な反応が育ちつつある。現代社会は安価な電力とその電力価格に反映されるある国と別の国の競合的な立場にかなり依存していることは，指摘しておくべきである。本書の目的は様々なエネルギー源を擁護することではなく，それらがどのように運用され，それが正しく配慮されずに運用された場合の結果はどうなるか見ることである。ただ，効率的かつ費用対効果のあるエネルギー源から切り替えようとするような下手な為政者に従った判断を，国民は下すべきではない。

7.3　事故のリスト

　事故はこれまで様々な産業で発生しており，それらの事故のいくつかを選ぶことで，共通する点をいくつか例として挙げる（表 7.1 を参照されたい）。ここでは重大な事故に注目するのが普通だが，より小規模な事故や危うく事故になりそうだったものの特徴について検討することもまた有意義である。そこで，本章では一連の主な事故／事象と安全関連の補足的な事象に分けて考える。主要な事故のグループは，死者数や資産の損害という観点で大きな影響が結果として生じたものである。補足的なグループは，運転を誤って実施したことによって数人が被曝した，または設備設計の失敗により影響があった，もしくは発電所の運転について管理部門が変更したことによる影響があった，といったように生じた出来事である。

　ここで目的とするのは，事故／事象に対処する際の管理部門の役割を描くことにある。ここで選ばなかった事故／事象であっても面白い特徴があり，組織的な振る舞いを分析するために選ぶことはできた。多くの事故が，管理部門の欠点を明らかにするように思える。

　事故が社会に及ぼす影響は，その事故の結果に依存し，それはそれぞれの事故によって異なるように思える。その事故の結果とは，一般公衆とプラントを運転する人員の両方の死者，後片付けをする費用からくる事故の費用，（もし手

表 7.1　事故のリスト

産業	事故	結果
主要な事故		
原子力産業－米国	スリーマイル島 2 号機，米国，1979 年 3 月	短期の死者無し，少なくとも 20 億ドルの損失
原子力産業－ウクライナ	チェルノブイリ，ウクライナ，1986 年 4 月	56 名の死者と 2000 名の長期の死者，評価はされているが未確定
原子力産業－日本	福島，日本，2011 年 3 月	津波によりプラントで 2 名の死者，2 万名の死者と 14 万戸の家屋の損傷，長期の影響はいまだ評価中
化学・殺虫剤－インド	ボパール，インド，1984 年 12 月	MIC により約 8000 名の死者と 50 万名の負傷者
石油ガス産業－掘削作業－米国	メキシコ湾の BP 社の掘削リグ「ディープウォーター・ホライズン」，マコンド油田での石油流出，火災，2010 年 4 月	490 万バレルの石油流出とリグにおける 11 名の死者（精製油その他にして数十億ドル以上の損失），周囲の州における歳入の損失
スペースシャトル－米国	チャレンジャー号，1986 年 1 月 28 日	クルーの死亡，発射数分後のシャトルの破壊
テネリフェ－カナリア諸島－スペイン	パンナムおよび KLM のボーイング 747 機の衝突，1977 年 3 月	地上での相互の航空機の接近，583 名の乗客とクルーの死亡，地上での 5 名の死亡，両機の破壊
補足的な安全関連の事象		
原子力発電所の格納容器サンプの流路閉塞	低出力時の事故，プラントは安全停止	バーセベック原子力発電所の停止，安全性の課題について検討するため多くの国際的な研究へ資金提供
VVER の燃料棒洗浄	パクシュ 2 号機で 2003 年 4 月に深刻な事故発生	数名の人員が放射線被曝，2 号機の停止と INES レベル 3 事象の発生，発電所停止の費用
蒸気発生器細管破断（Steam Generator Tube Rupture：SGTR），サン・オノフレ 2 号機および 3 号機	SGTR の発生，3 号機におけるプラント停止および調査	各ユニットの多数の細管が NRC の基準に不適合，廃炉
ノースイーストユーティリティズ社の管理変更，異なる運転方針	原子力発電所の稼働率低下の発生，運転保守コストに影響するすべての人員削減	NRC はノースイーストユーティティズ社の全プラント停止と売却を指示

当てが可能なら）家屋の建て替えなどの復旧の労力，生存者や遺族に対する支払い，といった観点で評価される。

死者は，事象の直接的な結果としての死者と，放射線や放出された化学物質の影響により少しのちに亡くなった死者にグループ分けされることが多い。短期の死者は通常，爆発，火災，溢水によって生じるのに対し，長期の死者は化学物質や放射線にさらされ癌になるといった健康影響によって生じる。たとえば，日本に投下された原子爆弾は従来の爆弾とほとんど同じように熱線と爆風の結果として瞬時に死者を発生させたが，その規模がそれより非常に大きかった。原子爆弾の爆発の影響は，TNT 火薬で数メガトンに相当する。強烈な放射線による死者も発生した。

放射線影響としては，直接照射によるものがありうるが，この影響は壁，家屋，距離による遮蔽により軽減できる。発電に用いられる中心の熱源（原子炉の炉心）において生じる強い放射能が与えられた条件で，どのように原子力発電所を安全に運転できるかは，この遮蔽効果による。ただし原子爆弾の場合は，放射性物質が大気中に放出される。放射性物質は粒子か気体であり，それは地域に拡散しその住民に影響を及ぼしうるものであり，様々な癌とそれによる死を晩年に生じさせることがある。

このような放射性物質が放出されると，原子力発電所は同様の影響を生じさせうる。ただし，特に米国の産業は，炉心損傷に至る事故が生じた場合に放射性物質の放出を抑制するために格納容器を開発した。他の産業を見てみると，それらの産業でも癌を生じさせうる火災，爆発，様々な化学物質の放出に至る可能性のある事故があることがわかる。そのような例としては，1917 年のカナダのハリファックス（Halifax）での事故のような大規模な爆発や，花火や貯蔵された兵器で生じる爆発などがある。

化学物質の放出のケースとして典型的な事故としては，1984 年 12 月のインドのボパール殺虫剤工場の事故があり，イソシアン酸メチル（MIC）の放出による強烈な苦痛を伴う状況下において 2 万名の死者を発生させた。MIC は目や肺といった人間の軟組織に害を及ぼし，大変悲惨な影響を生じさせる。

　事故について語るとき，原子力発電所は最も危ないというのが一般的な認識だが，もっと詳しく調べればさらに危険な他の産業がある。ここでの目的は，ストレス状況下におけるリスクの高い産業の意思決定について議論することであり，ある産業の安全性と経済性を別の産業に対して正当化することではない。ただし，見かけ上のリスクは低くても経営状態のよくない会社は，リスクが高くてもよく経営されている会社より悪い成績を残しうる。良い結果を残すか悪い結果を残すかは，その産業の管理部門と職員の資質による。

　主要な事故のうちいくつかを表 7.1 に挙げている。ある事故が主要かそうでないかは，見る人の視点による。指標のひとつは金銭的な費用であり，もうひとつは直接的もしくは間接的に（癌により）死亡する人の数である。原子力のようないくつかの分野は，他の分野よりも大きな注目を受けている（すなわちメディアにさらされている）。たとえば，TMI 事故は米国における最悪の原子力事故であるが，誰も死亡せずに一般公衆への放射線影響も非常に小さく（放射性物質の放出が少なく），一般公衆に対する直接的な影響はほとんどなかった。しかし，General Public Utilities 社に及ぼした影響は，原子力発電所の喪失という観点，それから損傷した 2 号機の出力の代わりを探して，事故の原因を理解し NRC がその起動を認可すべく行動するまで 1 号機を停止させ続ける必要性があった，という意味で大きかった。

　他に興味深い事故／事象として以下を挙げる。

1. 宇宙：コロンビア号オービターの事故，2002 年 11 月 12 日，氷塊による翼端の損傷に端を発し，再突入時にオービターが燃え尽き，乗組員が死亡した。

2. 航空輸送：アメリカン航空エアバス 300, JFK 空港，2004 年 2 月 14 日，ボーイング 747 により生じた乱気流に対処したパイロットの操縦によりラダー／フィンが故障し，全員が死亡した。

3. 石油：BP 社の石油精製所，テキサスシティ，2005 年 3 月 23 日，運転員行動により火災が生じ，14 名が死亡し，15 億ドル以上の費用が発生

した。

4. 鉄道：キングス・クロス駅，ロンドン，地下火災，1987 年 11 月 18 日，23 名が死亡した。

5. 鉄道：メトロリンク通勤列車，ロサンゼルス，ユニオン駅からオックスナード市に向かう途中，チャッツワース市において貨物列車と衝突，2008 年 9 月 12 日，25 名が死亡した。

6. 原子力：デービスベッセ発電所において原子炉容器ヘッドの貫通部における剥離物による事故未遂，2002 年 3 月。

7. ハリケーン：北東部で生じたハリケーンサンディ，海岸地域の被害と病院における非常用電源の冠水による病人の避難。

7.4 原子力産業の事故

本節では，過酷な原子力事故として 3 つの事故，すなわち TMI-2，チェルノブイリ，福島の事故を扱う。ここでは，事故の説明，事故の分析，組織の分析，そして組織の分析を受けて行う生存可能システムモデル（Viable System Model：VSM）による検討，といったように，4 つ程度の項で事故を扱う。

7.4.1 スリーマイル島 2 号機

1979 年 3 月に生じた TMI-2 の事故に対しては，米国の原子力事業者の間ではすでに古典となった Kemeny, 1979 および Rogovin, 1980 をはじめとして多くの報告書や説明がある。以下の事故の説明は，何年も前に読まれた報告書をもとに，著者らの再検討を経たものである。

7.4.1.1 事故の説明

この事故は，誤ったフィルター交換手順により生じた主給水喪失から始まった。スリーマイル島にある 2 基の原子炉はバブコック・アンド・ウィルコックス社の設計によるものであり，貫流型の蒸気発生器（Steam Generator：SG）

を備えていた。あらゆる形式の SG では水質に配慮が払われるが，貫流型のものは特に敏感である。主給水には，その水質を向上させるために並列にフィルターが備えられているが，頻繁に交換する必要がある。この事故は，その交換過程で給水流量が止まった際に生じた。

　原子炉と主タービンは自動でトリップした。それに対し補助給水系が起動するはずだったが，制御室の運転員が気づかなかった保守時の過誤，すなわち補助給水隔離弁が全て閉じていたことで起動に失敗した。全ての安全注入（Safety Injection：SI）と余熱除去ポンプが本来発信すべき SI 信号により起動した。原子炉の 1 次系の温度は上昇し，原子炉圧力が増加し，加圧器逃がし弁（Power Operated Relief Valve：PORV）が開いた。ここまでは通常の挙動である。続いて原子炉圧力が低下し，飽和温度となる圧力に達するまで圧力は下がり続け，炉心で沸騰が始まった。

　いったん原子炉圧力が圧力設定点より下がると，PORV は閉じるはずだった。PORV は閉じなかったが，PORV の計器指示が閉じたことを示していたため，運転員は閉じたと考えた。PORV の計装設計がまずかったことで計器指示に間違いが生じた。炉心での沸騰は続き，発生した蒸気は原子炉ドームの頂部に上がってそこにあった水を押しのけた。押しのけられた水は加圧器へ行き，加圧器が満水になるまで加圧器水位が上がった。このとき運転員は原子炉圧力が制御下にあると考えており，その状態で SI が注水を継続しているのを見た。運転員は水位の変化が SI の流量によるものであると考え，炉心での沸騰によるものだとは考えなかった。

　そのため運転員は SI ポンプの継続運転が不要と判断し，それらを止めた。原子炉系の動特性を運転員が理解しそこなっていたことは，アシュビーの必要多様性の法則を裏付ける。もしシステムの多様性を認識していないなら，そのシステムを制御することはできない。炉心を冠水させるためには，SI による注水を継続する必要がある。それとは別に必要だったのは，原子炉を冷却する SG を使って，崩壊熱を除去することであった。運転員は大気ダンプ弁を開き，その設計どおりに蒸気を大気に逃がす必要があった。原子炉の崩壊熱は沸騰を

継続させ，水位は低下し続け，やがて炉心の頂部が露出した。結果として燃料被覆管は蒸気流で有効に冷却されることはなく，その温度が上昇し，被覆管の溶融が生じた。被覆管は原子炉容器や格納容器とともに放射性物質の放出に対する 3 つの障壁をなすうちのひとつであり，米国の「深層防護」概念を満たすものである。被覆管の破損に伴い，燃料ペレットの一部が原子炉容器の底部に落下した。

その後，制御室の運転員は，1 号機の管理者からの助言により炉心が露出していることを理解し，SI システムを起動したが，残念ながらこれが過熱した被覆管に冷たい SI の冷却水を浴びせて砕く結果となり，炉心損傷を加速させた。その結果として，2 号機の炉心は破壊され，原子炉の燃料ペレットと被覆管が一緒に溶けて混ざったものが原子炉容器の底に溜まった。2 号機は廃炉になり大きな経済的損失が生じたが，放射性物質の多くは原子炉および格納容器のなかに維持されたため，健康影響を受けた人はほとんどいなかった。

7.4.1.2 事故の分析

運転員および保守・試験要員は，この事故に対する責任のある人員と断言できる。この場合，運転員は対応を行う難しい立場にいた。しかし，他にも多くの人が関与しており，たとえばこの場合の PORV に着目すればプラントの設計者が挙げられる。弁の開閉を示す信号が制御信号であり，実際の弁の開度を示すものではなかったという点で，PORV の設計はまずかった。このため実際には弁が開固着していても，閉まっているように見えてしまった。

運転員に加えて，他の人々も責任を負うべきである。産業界と NRC の主導者は，原子力発電所の安全性に対して崩壊熱がどれほど重要か認識していなかったという点で，本当に責任を負うべきである。双方とも，事故の制御・緩和過程における運転員の役割を軽視していた。結果として，制御室の運転員の訓練は不完全だった。

TMI 発電所の管理部門もまた原子炉の安全性に責任があった人々に含まれるはずであり，原子炉やその技術，事故時の挙動についてもっと訓練されてい

るべきであった。同様に，運転員にもっと良い知見を備えるように管理部門は主張すべきであった。しかし管理部門は産業界の一般的な水準であったことを示した。当時，原子炉やプラントの挙動について最善の技術的知見を持っていたのは原子炉設計者であった。しかし，管理部門は事故を理解し制御する運転員の限界を理解していなかった。

図 7.1 には，道を誤ってしまった様々な集団といくつかのものごとの間のつながりについて，上記の文章を反映しつつ示す。事故に対する集団とは，事業者とその管理部門，事業者の人員（制御室，保守，試験），NRC，TMI 発電所の設計者（バブコック・アンド・ウィルコックス社）である。図の一番下には

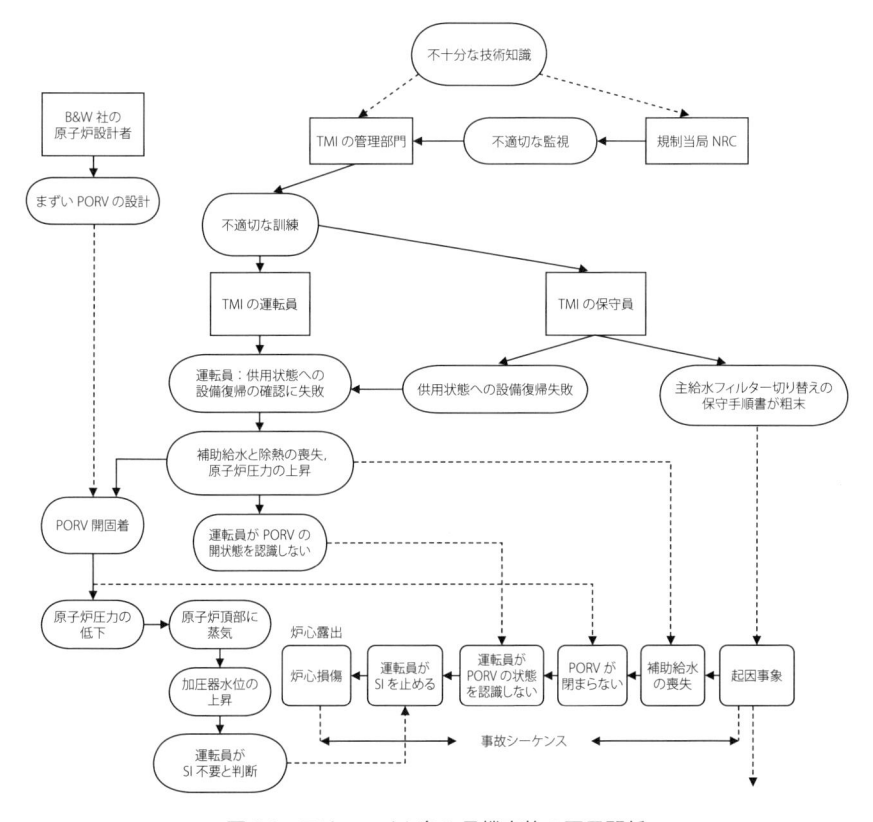

図 7.1　スリーマイル島 2 号機事故の因果関係

事故シーケンスを示し，そのうえで様々な人々，特に制御室の運転員による様々な行動や判断との関連を示している。

　図には，正しく行われなかったフィルター切り替えにより生じた主給水トリップが起因事象であったことが示されている。補助給水隔離弁が閉じていたのは保守要員のせいであり，隔離弁に付けられた作業タグが誤って付けられていたことがさらにものごとを混乱させた。補助給水系の試験に対して，試験時だけは隔離弁を閉じる必要があるという作業許可プロセスを管理していなかったことについて制御室の人員を非難することはできる。

　制御室の人員は少量の冷却材喪失が生じていたことを見つけるべきであった，ということはできる。しかし，弁の開度を示す計器指示と PORV のブローダウン配管の高温状態を示す計器指示は，訓練の乏しい運転員にとって混乱を招くものであった可能性があり，したがってその責任は事業者の管理部門や NRC へと移る。もうひとつ挙げられることは，1 号機の運転員の分析により原子炉冷却材の喪失が食い止められたが，過熱した燃料に対して SI の冷水注入を起動させると被覆管が砕かれて燃料ペレットが原子炉容器の底部に溜まる結果に至りうることについて理解していなかったことである。炉心損傷はすでに生じており，さらに燃料と被覆管が混ざって一緒に原子炉の底に溜まる結果となった。

7.4.1.3　組織の分析

　原子力産業は，事業者，製造業者，建設業者，NRC からなる。TMI-2 事故当時，基本的な事故分析と制御室の運転員の役割，特に事故進展における崩壊熱除去の役割についての理解不足があった。製造業者の場合には，これらの課題と崩壊熱除去に注意を払う必要性について自分たちの理解を事業者に明確に伝えなかったことが失敗であった。多重故障を伴う事故を制御する運転員，特に崩壊熱に関与する運転員の能力不足について，製造業者が認識していなかったことは明らかである。本当に大事な問題は原子炉がトリップしたことを確かめることだ，と考えられていた。崩壊熱は付属的なものであり，発生する熱に

対して割合が小さい（10％以下で，しかも減少する）ことから，運転員が容易に対処できると考えられていた。

PORV の開固着を伴う事故の場合には，この問題を多くの運転員が正しく扱っていたが，この問題に関する情報は産業全体に流布していなかったように思われる。のちに，原子力発電運転協会（Institute of Nuclear Power Operations：INPO）の役割のひとつが事故報告書と得られた教訓を流布させることであるとされたが，このことは産業界の慣習が改善されたひとつとして挙げられる。

TMI では，運転員の訓練がこの種類の事故に取り組むには不十分であったことから，管理部門に落ち度があった。まず給水フィルターの切り替えが正しく行われなかったことで原子炉がトリップするに至り，次に補助給水系の試験を実施した後に補助給水隔離弁を開位置に戻し損ねたことから，保守／試験要員にも数多くの落ち度があった。主給水流量の喪失は原子炉とタービンをトリップさせた。その後，補助給水隔離弁が閉じており補助給水が使えなかったことで，運転員は SG を経由した原子炉からの除熱の開始に失敗した。彼らは弁を開いて補助給水系を起動できたであろうし，それにより状況を切り抜けられただろう。

当直交代時または「保守／試験（Maintenance/Test：M/T）」作業で問題が提起される前に確認しなかった運転員にもまた落ち度があった。つまり，そこには管理部門の問題もあった。保守要員と運転員の行動は，弁を運転状態に戻すことについては当たり前のものであった。これらの行動は複雑な思考プロセスを必要とせず，ただきちんと閉じるだけである。これらの行動は，運転の詳細に対する管理部門の配慮不足を指摘するとともに，安全性に対して満足な姿勢とはいえない。

さらに運転員は，原子力発電所がどのように振る舞うかについて理解が乏しく，基本的な原子炉の挙動に対する理解が不足していたように思われる。運転員は炉心損傷を防ぐために炉心から除熱するという原則を認識していなかったように思われる。NRC とその職員は運転員の試験に対して責任があった。試験は頻繁に行われていた。そのため，複雑な事故と事故時の崩壊熱の役割に関

する知識不足については NRC も非難されるべきであった。この知識不足は産業を通して一様に存在したわけではなく，事業者の管理部門のように重要な判断を行う層に欠けていたように思われる。

7.4.1.4　スリーマイル島発電所の組織の分析を受けた VSM モデルによる検討

　ここでは，組織の構造を表現するのに VSM を用いる。図 7.2 に示した General Public Utilities Nuclear（GPUN）社の組織は，事故時の組織を著者らが解釈したものである。この図は，その後の原子力発電所の組織と比べると細かいところでいくらか違っており，それらは TMI 事故の影響で変更されたものである。TMI 事故に影響した重要な項目としてひとつ挙げられるのは TMI 発電所の運転員の知識と経験であり，訓練にもっと重きを置くために，その重要な役割を示すある要素が導入されることとなった。すなわち，訓練の監督が導入された。なお，監督の立場はまだ発電所の管理者よりは下だが，プラント

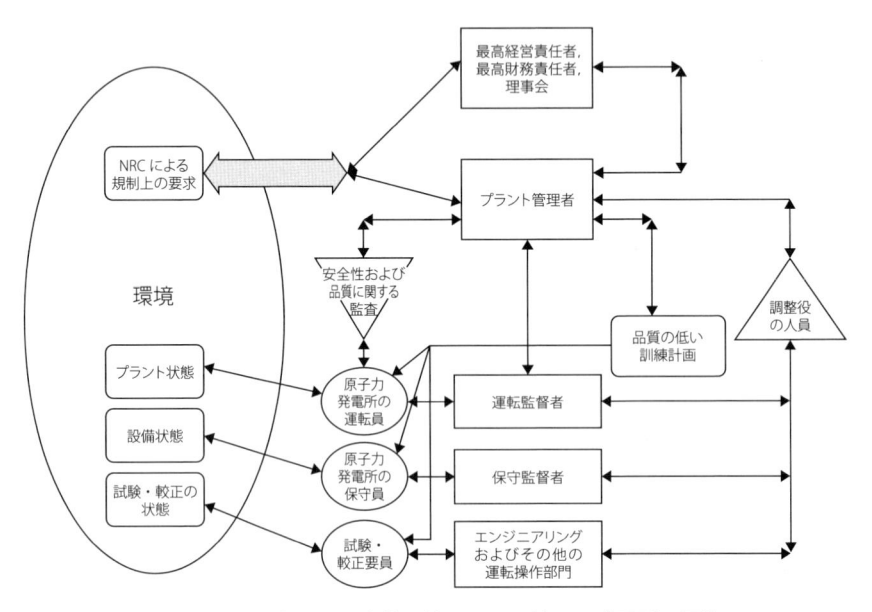

図 7.2　1979 年 3 月の事故以前の GPUN 社 TMI 発電所の組織

の安全に関する行動の成果に通常の訓練やシミュレーター訓練が及ぼす影響について表に立って強調する役割を持っている。保守や放射線医学関連の人員のような他の人員に対する訓練もまた重要であることも強調すべきである。

　試験要員の補助給水隔離弁の戻し忘れは，チェックリスト（手順書）の利用に失敗しており，試験後に運転条件へと戻すよう制御室の運転員が管理するのに失敗しており，安全訓練に重きを置くのに失敗しており，すなわち組織の失敗であった。このような状況は，今日ではそのプラントの安全文化の喪失と呼ばれるようになった。

　TMI 事故当時，NRC が制御室の運転員に認可を与えており，運転員は様々な事故シーケンスに対応するよう訓練され試験を受けなければならなかった。利用可能なシミュレーターが少数であったため，主にこの訓練は教室で実施された。このことはあきらかに，制御室の運転員の訓練においてシミュレーターが必要とは全然考えられていなかったことを示している。

　製造業者の設計グループにおけるシミュレーションの役割は，プラントの安全性に配慮して制御系や保護系を設計し，事故の進展を検討するのにこそ重要だと考えられていた。アシュビーの法則は当時，設計者にはっきりとは知られていなかったが，シミュレーションの利用を通して，設計グループはアシュビーの法則を確実に満たすようにできたはずである。なお，彼らはプラントの動特性をできるだけ実際に近い形で示す必要性は認識していたため，プラントの動特性の数学的シミュレーションに取り掛かった。それはまるで，暗にアシュビーの法則を満たす必要性を知っていたかのようである。

　当時，制御室の運転員はシミュレーターでの訓練は受けていたが，自分たちのプラントを模擬したものではなかった。当時らしい状況である。TMI 事故が生じた当時は，プラント固有のシミュレーターの数は限られており，そのシミュレーターもフルスコープのものではなく，2 次側（給水／蒸気）については動的なモデルではなかった。また，多重の過渡（訳注：トラブル）を運転員に経験させるのちのやり方とは異なり，初期のシミュレーターを使った訓練や試験では，設計基準事故が選ばれていた。この運転員に備えさせるための初期

のやり方は NRC によって承認されていたものであり，プラントと公衆を守る自動保護機能に対する信頼に基づいた，そして運転員の役割はあまり重要ではないという考えに基づいたものだった。いまにして思えば，これが間違いだった。

　TMI-2 の事故後，図 7.3 に示すように産業界は原子力発電所の組織構成に数多くの変更を加えた。

　図 7.2 と図 7.3 の間には，目に見える違いと隠れた違いの両方がある。最もよくわかる 2 つの違いは，INPO の存在と，原子力部門の責任者（Chief of Nuclear Operation : CNO）と呼ばれる管理的な立場の存在である。この 2 つの VSM モデルを検討すると，同じ名前で示されている多くの役割が，実際には別々に働いたことがわかるだろう。INPO の設立は，TMI 事故が産業界に直接及ぼした影響である（Rees, 1994）。しかし TMI 事故の影響は，単なる INPO

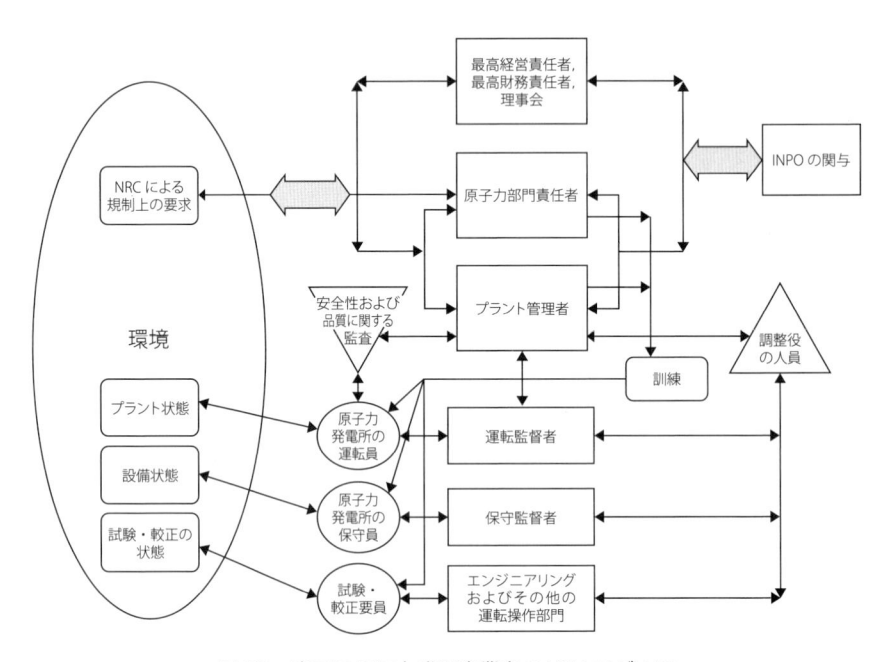

図 7.3　米国の原子力発電事業者の VSM モデル図

の設立にとどまらなかった。Kemeny 報告（1979）や Rogovin（1980）報告として知られている，事故に対する対応として作成された報告書からのメッセージによって，産業のなかの人間の立場が変わった。特に，制御室の運転員の行動を改善することを目的として，多くのことがあった。以下にそのうちいくつかを挙げる。

1. 「緊急時運転手順書」を事象ベースから兆候ベースへと改良した。
2. 発電所内の様々な炉型それぞれに対してフルスコープシミュレーターを備えるよう，各発電所に求めた。
3. 運転員が事故にもっと適切に対処する必要性に対し，人的因子設計が適合しているか各制御室をレビューした。
4. 事故に続く兆候を分析することについて，運転員を支援する工学的な訓練を積んだ人間を配置した。この人間が「当直技術顧問（Shift Technical Advisor：STA）」であった。
5. 事故進展にしたがってその事故を理解するのに重要となるはずのパラメーターはどれか運転員が判断するのを支援する，安全性パラメーター表示システム（Safety Parameter Display System：SPDS）と呼ばれる表示ツールを配備した。

TMI 事故後にとられた行動に対する対応として，原子力発電所で働く全ての人々に対して要求事項が新たに課せられた。判断を下す全ての関係者は，プラント挙動に関する知識に立脚する必要があり，原子力技術について十分な訓練を受ける必要がある。事業者の管理部門の場合には，NRC の規制を理解し，「深層防護」のような根本的な原子炉の安全性に関して理解する必要がある。トップの経営者は，プラントの稼働，良い人員の選択，プラントの効率的（費用管理）かつ安全な稼働に責任がある。原子力発電所の組織には，よく訓練された優秀な人員が必要である。トップの経営者はプラントの運転のあらゆる面に関与する必要があり，それがプラントの安全性，放射線に関する安全性，経済的な運転を確かなものにするのに必要なことだと思われる。

　トップの経営者は，原子力発電所の安全性について制御室の運転員と同じ高い規範を持っているようには思われないが，管理に携わる人員はいまでは以前より原子力安全に必要なことをもっと認識しているように見える。INPO は，原子力発電所の安全性についてトップの経営者が訓練を受けるという考えを推進してきたように思える。リッコーヴァー提督は，自分の潜水艦で任務を果たす仕官の選抜と訓練の両方に非常に注意を払っていた。責務が増えることに対し彼の配下の士官に備えさせることについて，彼は他より一歩先んじていた。INPO の多くの管理者たちは米国海軍の原子力部門の出身であったことから，リッコーヴァー提督のやり方は INPO に大きく影響した。

　事実，全てではないが多くのリスクの高い産業の組織は，困難な意思決定をする状況が増すことに対して，訓練を経験させて会社の幹部に備えさせることが遅れているように思える。良い意思決定をする能力を持って生まれることはなく，それは仕事をしながら身につくものでもなく，習得すべき技能である。

7.4.2　チェルノブイリ

　チェルノブイリ事故は，1986 年 4 月 26 日にウクライナのプリピャチで発生した。この事故により 4 号機原子炉が完全に崩壊するに至った。原子炉は RBMK（Reactor Bolshoy Moshchnosti Kanalnyy）であった。RBMK とはロシア語で「高出力圧力管型原子炉」を意味する。この原子力事故に対しては，TMI-2 号機や福島原子力発電所とは異なる説明方法をとろうと思う。

7.4.2.1　プラントの説明

　この原子炉は，被覆燃料を水冷する黒鉛減速炉として設計された。図 7.4 にプラントの構成を図で示す。初期の英国やフランスのマグノックス炉は二酸化炭素を冷却材として使用していたが，それを除けばある意味マグノックス炉と似た原子炉である。これらの原子炉は全て物理的に大きかった。米国設計の PWR と違って，RBMK 原子炉を完全に包み込む格納容器を持たないが，部分

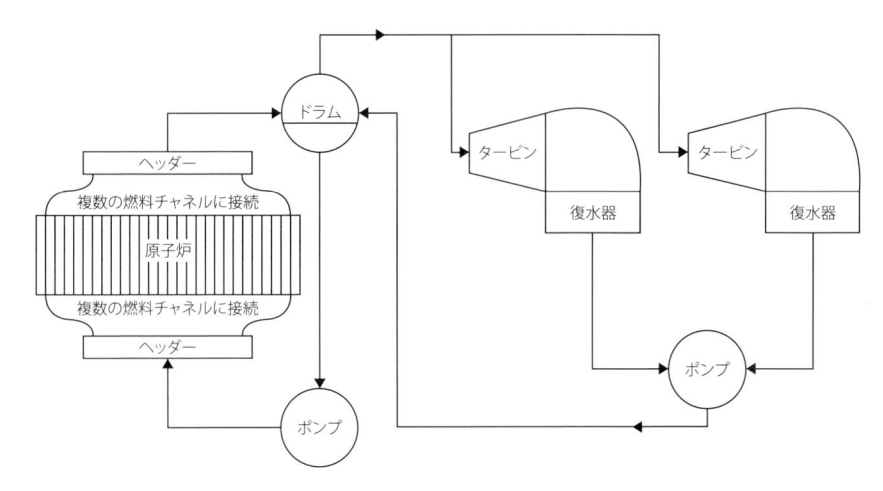

図7.4　チェルノブイリ（RBMK）原子炉の概略図

的な格納容器は持っていた。**RBMK の格納容器に相当するものはホットレグ**配管周辺に限られており，これは実際に発生した事故シーケンスに対してまったく不十分であった。このプラントは 2 つの蒸気タービンと，原子炉への給水と原子炉からの蒸気と水の混相流を両方扱う多重ヘッダーを備えている。原子炉からの流量は数多くのドラムに流れ，そこで蒸気流が水と分離される。ドラムのなかの水は原子炉ポンプを経由して原子炉へと戻る。各ドラムの水位は，タービン復水器からの冷たい給水で維持される。図では主給水ポンプはひとつだが，実際には複数のポンプがある。

　RBMK は，発電と（爆弾のための）プルトニウム生産の両方を目的として設計された。このプラントでは，反応度制御とプルトニウム生産のために最適に燃料を使えるように，出力運転中にも燃料交換が行われていた。設計の一部には，制御棒の下に黒鉛の伸張部分をつけて使うというものがあった。この設計上の特徴は，原子炉が正のボイド係数を持つという問題に対処するためのものであった。燃料のドップラー反応度係数は負だったが，総合的に正の反応度係数は制御不能な出力の急上昇を招き，この事故ではそれがまさに起こった。なお，米国 NRC は正の反応度係数を持つ原子炉の建設を認めていない。

7.4.2.2 事故の説明

　事故は，以前に実施したことのある試験を行う，というまったく何の問題もないことから始まった。しかし，必要な試験準備を整えるのが遅れたため，訓練を受けた試験を実施するはずの運転員は当直を交代させられていた。この試験は，非常用ディーゼル発電機が起動するまでの間，惰性で回っている主タービン発電機を使って原子炉循環ポンプに電力を供給し続けることができるかどうか，調べるというものであった。前回の試験は失敗に終わっており，その失敗に対処するため電圧制御と電圧調整器の設計が変えられていた。

　しかし，電力需要を考慮した配電指令所からの指示で試験は延期された。また，それによって当直が交代し，試験条件を最も良く知っている人たちがいないという事態に至った。これが問題の始まりであった。また，RBMK は正のボイド係数を持つ，すなわちボイド（蒸気の気泡）が生成すると出力が上昇し，さらにボイドが生成するために，ある運転域で不安定になると特に制御が難しくなる。

　多くの論評からわかるとおり，この事故では運転員に責任があった，ということで意見が一致している。確かに，自身を弁護できない人たちを責めるのは簡単なことである。著者らは，様々な資料から得られる事故の説明を整理して，事象の流れを構築した。一般に，多くの資料で注目されているのは事故の結果，すなわち死者数（28〜34 名）や癌で死ぬ可能性のある数千とも見積もられている人の数である。発電所周辺から，その遥かかなた英国のウェールズの丘の草原に至るまで土壌が汚染された。興味深いことに，ロシア（ソビエト）政府は当初ほとんど何も言わず，放射性降下物を検出したのはスウェーデン人たちが最初であった（フォルスマルク原子力発電所で高レベルの放射能が検出された）。事故の際，運転員は彼らに要求されていた事項に従おうとしたが，彼らはソビエト政府のもとで使っていた訓練プロセスに従うだけの生き物に成り下がっていた。

　行動したのは運転員であったものの，チェルノブイリ事故は単なる人的過誤の結果というよりも，プラントを運転するという観点で採用された設計プロセ

スや判断が生んだ結果である，と言うことができる。この事故は，いつでも発生する状態にあった事故であり，もしチェルノブイリでなくても他の RBMK プラントで発生していただろう。また異なるロシア設計の原子炉 VVER でさえも，最新のものは格納容器を備えていることに留意されたい。また，現存するロシア設計のプラントで用いられている訓練方法は，西側諸国の実例にならって改訂されている。

試験は低出力で行われることになっていたため，熱出力を 3200 MW から 700 MW に切り替えて開始された。運転員はあまりに早く出力を落としてしまい，キセノン 135 の生成と崩壊が釣り合わなくなった。キセノンによるポイズン効果と炉出力の関係について運転員に必要な知識が欠けていたため，このような試験の実施が続けられた。

7.4.2.3　事故と組織の分析

1986 年 4 月 26 日の 1 時 23 分，4 号機原子炉は炉心の爆発に至る破滅的な出力上昇に見舞われた。原子炉容器のヘッドが持ち上がり，燃料と炉心を構成する大量の放射性物質が大気に放出されたうえ，減速材としての黒鉛から発火した。黒鉛減速材の燃焼が，高温のガスとともに放射性粒子を大気へとますます放出させた。西側の炉とは異なり，放射性物質の放出を抑える格納容器は無かった。ポンプを駆動させる電力を停止時の電力で賄う試験において，この事故は発生した。

事故に関する情報とプラントの組織が事故に及ぼした影響はやや限定的であり，スリーマイル島 2 号機や福島事故における影響とは異なり，同様に分析できない。

ただし，いずれかの情報源から以下の点を挙げることはできる。

1. 試験計画について，リスクの観点から十分に検討されなかったように思える。
2. 交代した運転員は，試験に必要な手順について訓練を受けていなかっ

た。慎重な視点から，より経験を積んだ運転員が使えるようになるまで，試験を遅らせるべきであった。炉心と制御棒の設計に関する安定性の問題が原因で，試験はまだ安全ではなかった可能性があった。

3. 懸念されていたキセノンの過渡変化や熱による影響に関する限り，炉心の動特性について明確な理解がなかったように見受けられる。このことは，このような状況下で原子炉をより適切に制御するために，このシステムに適用できるアシュビーの法則を理解する必要性を示している。

4. 運転員は試験の必要条件を満たすために，安全機能をバイパスさせた。このことは，基本的なプラント安全性に対してあきらかに違反していた。

5. 送電網からの要求によって試験が遅れた結果，プラント条件が変わった。この遅れがプラント条件に及ぼした影響を，試験計画に考慮しなかったように見受けられる。

6. プラントの管理部門は，発電所の職員と市民の安全を確保する責任を負っていなかったように見受けられる。彼らは，試験の計画・実施について詳しく関与していなかったようである。以前に試験を行っていたとはいえ（失敗ではあったが），交代要員でこの試験を行うのは適切ではない，と試験が遅れたときに判断すべきであった。

7.4.2.4　チェルノブイリ原子力発電所の組織に対するコメント

　TMI-2 に関する議論では，事故当時の GPUN 社の組織の特徴について議論するために VSM の図を示した。ここで著者らはチェルノブイリ原子力発電所の組織の役割について導き出す試みをすることもできた。ただそれをすることで得られることは多くはない。その理由は，基本的な試験を実施しようと決めたのがソビエトの中央の組織であり，原子力発電所の人員はただそれを直接実施し，運転員はただそれを実施すべく選ばれたためである。残念ながら，電力需要がその試験より優先され，状況に影響を及ぼした。つまり意思決定は中央の当局によってなされたのであり，地方の管理部門はその試験を進めるよう命令されたのだった。

　事故が生じると炉心は燃えたぎる塊となった。ソビエト政府は，セメント（建屋構造材）と鉛（事故後減速材として投入）の混合物が落下することによる放射性物質の放出の継続を阻止し，そしておそらく燃料ペレットの溶融物が再臨界となるのを防ぐべく行動した。この義務を果たしたヘリコプターの乗組員は放射線に苦しめられた。

　関与した様々な組織のバランスを見ると，それらの実施主体すなわちプラントの管理部門と研究グループ，送電管理部門の間に軋轢があったように見受けられる。プラントの安全性を確保できる形の，関係者の同意を得た試験実施計画があったはずである。ただそれは，何が重要かを全てのグループが認識していた，ということではなさそうである。この理解不足と，計画で定めた試験の開始状態を，発電要求を優先させて変更してしまったことこそが，事故を発生させた原因である。根本的な失敗は，どんな運転が安全に実施可能かに影響を持つ（すなわち危険な運転も可能な）RBMK の安定性に関する問題に着目しなかったことである，と思う人もいる。かかわった人が誰も，この安定性の問題を認識していなかったか，もしくは多分誰かから助言があったにもかかわらず採用しなかったように見受けられる。これもアシュビーの法則が思い起こされる状況のひとつの例である。彼らは，通常条件を外れた場合のシステムの多様性を理解することなく試験を実施しようとした。

7.4.3　福島第一原子力発電所事故

　2011 年 3 月 11 日に日本で発生した福島事故と呼ばれるこの事故は，東京電力が運転していた多数の原子力プラントに影響を及ぼした。福島第一原子力発電所には 6 基のプラントがあり，福島第二原子力発電所とともに東京から約 160 マイル（約 260 km）北の東北地方沿岸にあった。福島第一原子力発電所を構成する 6 基のうちの 4 基が主に被害にあった。この事故は一連の大地震とそれに続く多数の巨大津波によって生じた。最も大きかった地震といくつかの津波は，原子力発電所の設計基準を上回った。

　福島事故は，原子力関連団体に大きな影響を及ぼした。事故時にとられた運転員による対応が，通常時の組織構造を発電所が事故の影響に立ち向かう必要性を反映した組織構造へと変えた。ただここで組織に及ぼした影響について議論する前に，事故について詳しく説明する必要がある。事故の分析についてはのちに述べる。また組織に関する限り教訓についても扱う。巻き込まれたのは日本の東北地方沿岸にあった東京電力が所有する 2 つの原子力発電所，福島第一原子力発電所と福島第二原子力発電所である。当初，原子炉は大地震（リヒタースケール 9.0）に襲われ，続いて約 1 時間後に破滅的な津波に襲われた。地震はいくらかダメージを与えたようだが，各原子炉に最大の影響を与えたのは津波である。ここでは，事故シーケンスの説明は短く留め，プラントの運転員，プラントの管理部門，そして日本政府およびその他の重要と思われる組織の役割に注目するとともに，診断する目的で組織モデル（VSM）へと結びつける。

7.4.3.1　東京電力と福島第一原子力発電所の組織

　福島事故に密接に関係がある 3 つの組織，それは日本政府，原子力安全基盤機構（JNES），経済産業省（METI）である。事故後に，事故に対する組織の対応において認められた不備についての事故後の分析への対応として，日本の組織は変更された。

　東京電力の組織は，福島原子力発電所の現場の組織の責任の重点を，運転の管理から除染の管理へ変更した。損傷した炉心からの放射性物質の放出による広範囲の損害と長期的な影響があるため，これらの原子炉で再び運転が行われることはないだろう。

　福島第一原子力発電所の現場の組織を図 7.5 に示す。この図は福島事故報告書に対する INPO の報告書（INPO, 2011）から引用したものである。図に示された肩書きと立場は，米国の原子力発電所の組織（図 7.3 を参照）のそれとは一致しない。米国の Site Vice President に相当する発電所長，Plant Manager に相当するユニット所長，運転部門のゼネラルマネージャーの Operations Manager

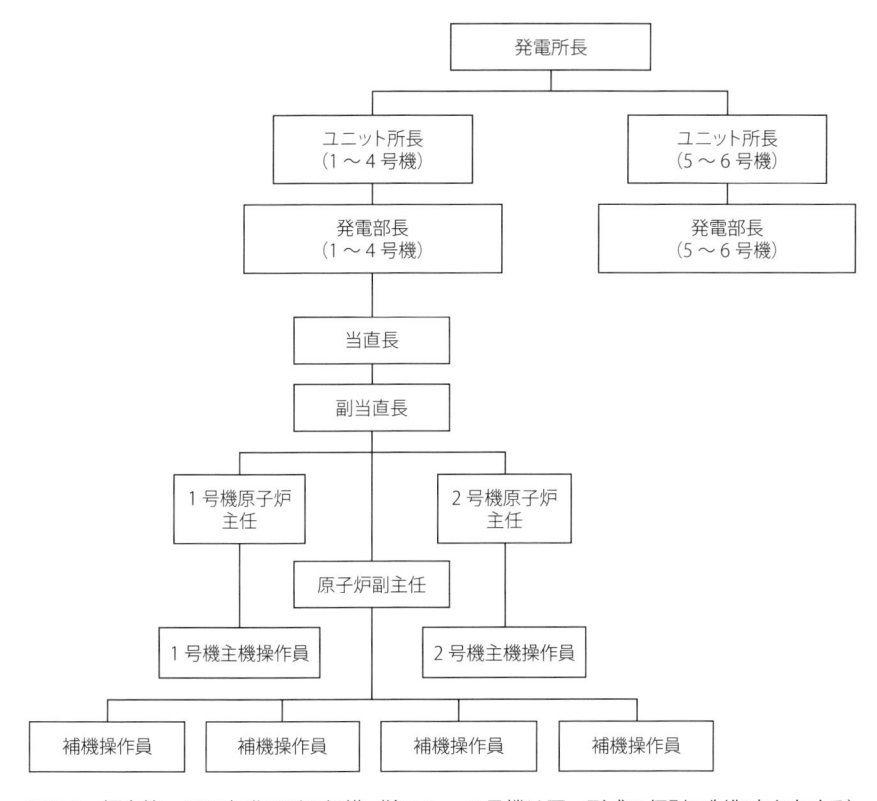

図7.5　福島第一原子力発電所の組織（注：1〜4号機は同一形式の個別の制御室を有する）

に相当する発電部長，Control Room Superviser に相当する当直長がいる。また，運転クルーは当直長をトップとした主機操作員，補機操作員などで構成される。

7.4.3.2　事故前の状態に対するコメント

　何が起こったのか全体的に理解できるようになる前に，東京電力と原子炉設計に関する背景の歴史をいくらか理解する必要がある。日本の報道や世界原子力発電事業者協会（WANO）のような様々な団体は，東京電力の管理部門が産業界において最善ではなかったことを認識していた。福島サイトにある沸騰水

型炉（BWR）は 1970 年代以前に設計された比較的古いものであり，原子炉建屋の損傷を引き起こしうる水素爆発の可能性を回避するためのハードベントをはじめ，数多くの課題に対処するための改良がいくつか提案されてきた。さらに，日本の報道では東京電力の運転が良くなかったと報じられていた。格納容器漏洩率に関するある種の試験が正しく行われなかったことが示唆すらされている。

　最新の安全基準に確実に適合できるよう，全ての原子力発電所の設計は更新されてきた。また，原子力発電所が自身や溢水といった全ての外的事象を確実に安全に乗り切るのにもっと手当てが必要か否かを理解するために，外的事象に対する基準も見直してきた。米国地質調査所をはじめとした組織による検討では，いわゆる設計基準事象に対してプラントが設計されているより高い地震加速度を起こす可能性がある新たな断層が発見されたことが指摘された。規制当局は，この新たな状況に見合う変更を指示した。

　東京電力の場合，発電所が設計基準事象より大きな津波に襲われる可能性があることが，福島事故の 2 年ほど前に岡村行信氏（産業技術総合研究所，活断層・地震研究センター長）によって警告されていた（CNN, 2011）。東京電力は質問に対してあまり前向きではないことを非難されており（Reckard, 2011; Shirouzu and Smith, 2011），かつて記録の改ざんも見つかっている。東京電力は津波に関する提言をあまり深刻に受け取っていなかったように見え，防潮堤の高さも上げず，原子力発電所の電気設備の防水も強化しなかった。安全上の変更を評価し実施するプロセスに携わる管理上の部門とは，東京電力の管理部門，日本の規制当局（NISA，原子力安全・保安院），そして経済産業省に代表される日本政府であった。政府組織は改善を推進しなかった。

7.4.3.3　事故の説明

　日本の東北地方沿岸沖で 2011 年の 3 月に生じた大規模な地震（リヒタースケールで 9.0）は，プラントの設計基準を超えるものであり，外部電源喪失を含む多数の影響を及ぼし，福島第一原子力発電所は自動停止に至った。これは

完全に許容可能な対応であった。設計基準の地震加速度 0.447 G に対して，実際の地震加速度は 0.56 G であった。待機していたディーゼル発電機が起動し，プラントは安全に推移していた。福島第一原子力発電所の 6 基のうち，1 号機，2 号機，3 号機は運転状態にあり，他の 3 基は様々な理由で停止中であり運転されていなかった。地震解析は基本的に保守的となる傾向があり，そのためプラントは実際の加速度よりも高い設計基準値を採用する。

　プレートの沈み込みによる海洋性の地震が生じた結果として，一連の大規模な津波が発生した（INPO, 2011）。INPO の報告書は非常に詳細ではあるが，いくつかの行動がなぜとられたのかという疑問をまだ扱っていない。原子力発電所が設置された近傍の地域に対して，津波は徹底的な破壊をもたらした。多くの人々が亡くなり，彼らの家屋も破壊された。道路は流され，鉄道交通は停止し，情報通信も失われた。

　INPO の報告書には，7 回ほどにわたって津波が押し寄せたことが示されている。津波が達する前に何回かの小さな余震があったとも書かれている。建物の海抜に基づくと，少なくとも波のひとつは 14〜15 m（46〜49 フィート）であった。設計基準の津波は海抜 5.7 m（18.7 フィート）であり，したがって最も大きな津波は設計基準を十分に上回っていた。図 7.6 には，建物などの海抜と津波時に到達した水位に関する様々な計測値を示す。すでに述べた地震による損傷に加えて，津波は原子力発電所の設計基準より大きく，原子力発電所の防潮堤を越えると考えられる規模であった。

　地震と津波の両方の規模は，原子力発電所の設計基準を超えた。西暦 875 年には今回のものと同程度の津波によりこの同じ地域が壊滅しており，設計基準の津波を選定するためのデータベースにその情報を含めるべきである，と事故の約 2 年前に地震の専門家たちが東京電力に知らせた，と報じられている（CNN, March 27, 2011）。

　津波の規模が大きかったことから，海水が非常用電源のディーゼル発電機を機能喪失させ，ディーゼル燃料のタンクが流されてしまい，バッテリー室や主タービンのフロアの高さまで水が溢れた（図 7.7 を参照されたい）。圧縮空気始

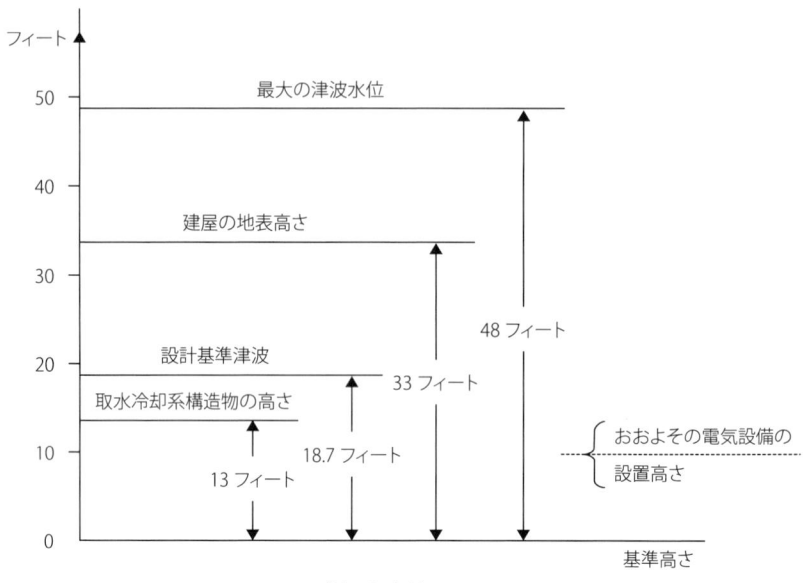

図 7.6　様々な水位レベルの見取り図

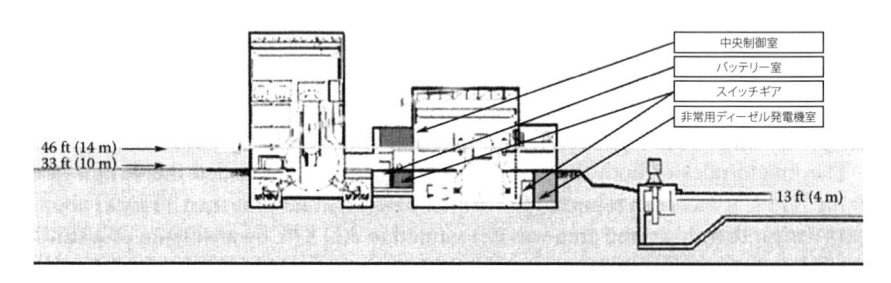

図 7.7　津波来襲時の発電所内の全体的な標高と浸水水位

動のディーゼルはいくつかあったが，他の電源系の機器が機能喪失していたため使えなかった。原子炉建屋の地表高さは 10 m であったが，電源系設備，スイッチギア，バッテリー，非常用ディーゼル発電機が地表高さより低い位置にあった。海水を取水する冷却系の構造物は高さ 4 m にあったが，津波による漂着物で取水口が塞がれてしまい，冷却水ポンプの機能喪失に至った。

　非常用ディーゼル発電機とバッテリーからの電源供給が喪失したことで，プ

ラントは「ブラックアウト（全電源喪失）」状態に至った。ブラックアウトとは，外部電源と発電所で発電する電源が両方失われた状態である。発電所では非常用ディーゼル発電機が，外部電源を喪失した場合に短時間で起動することが想定されている。通常，非常用ディーゼル電源が喪失する仕組みとして考えられるのは，ディーゼル発電機が機械的に故障することにより起動失敗するというものである。この場合，ディーゼル発電機は起動したが，その後その場所に津波が流れ込んだことで停止してしまった。

　4基の原子炉の制御室の人員は危険な状況のなか，緊急事態に対する警戒態勢をとっていた。適切に作成された緊急時計画を備え十分に訓練された運転員であっても，何をすべきか認識するには非常な困難があり，行動する時間はほとんどなかった。

　当初，地震発生直後は全てがうまくいっており，原子炉はトリップし（原子炉の炉心へ制御棒が挿入され），起動したディーゼル発電機から非常用電源が供給され，初期の段階の崩壊熱は除去されていた。

　地震によるダメージが多少はあったかもしれないが，それはプラントの広範囲に及ぶようなダメージではなかった。しかし，地震後1時間以内に津波が来襲し，それ以降は安全系が機能喪失し，弁を開くための計装電源を供給するバッテリーも機能喪失した。このような条件下では，炉心損傷と使用済み燃料プールの冷却機能喪失を防ぐのはほとんど不可能だった。

　そのときに運転員たちがとった行動とは，炉心へ（当初は真水，その後は海水を）注水するために消火ポンプが使える圧力まで原子炉を減圧することであった。また運転員たちは，地震や津波により自分たちの家族や友人が亡くなってしまったかもしれないという事実にも直面していた。発電所長は事故を安定化させようと取り組んでいたが，訓練されていた緊急時手順書はそのような困難に対して設計されていなかったように思われる。プラント内外は混乱状態に至る結果となった。また，人員を支援する資機材はただちに利用できる状態になかった。

　周辺地域では人々が死傷し，家屋は損壊し，交通は麻痺し，車は海に流され

た。死者は 2 万名を上回り，14 万戸以上の家屋が損壊したと考えられている（Japan Fire Department, 2011）。

　福島に関する多くの事故報告書が事故後まもなく読めるようになったが（たとえば Braun, 2011［AREVA］を参照されたい），それらでは事故の進展，どんな行動がとられたか，それぞれの時点でのプラントの状態はどうだったか，といったことに関心が集中している。それらの報告書は，何が起こっていたのか，たとえば使用済み燃料プールがある複数の場所で水素爆発が起こったとか，放射性物質の放出などについて情報を与えるものであり，事故シーケンスに関心が集中しているという点で模範的な報告書である。

　ただ，プラントの管理部門，東京電力の上層部，日本政府などから運転員への指示という観点で，何が起こっていたのか少しでも省みる者はほとんどいない。もちろん，交流電源が無く，計装制御のためのバッテリー電源も急速に失われたため，どんな行動をとれるか運転員が判断できない状況にプラントがすでにあったことを考えると，指示はほとんど功を奏さなかったかもしれない。「ブラックアウト」状態にあったのはプラントだけではなく，運転に関与する人員もまさにそうだった。

　東京電力の経営者は事故の初期段階において事態を把握していなかったように見える。助言や支援は届くのが遅かったように思える。日本政府は，津波に襲われた地域全体の統制を確立しようと躍起になっていた。実数として，約 2 万名が亡くなり，さらに多数が負傷し，行方不明者もあり，広域にわたって家屋が損壊した。日本の人々にとっては，大きな壊滅的な出来事だった。

　原子力災害に関する問題では，事故をなくし炉心損傷の影響を軽減する十分な手段と資源がすぐに得られることはない，ということに疑問の余地はない。ある意味では，現場の人員は非常によく取り組んでおり，問題に対処しようとしている。使用済み燃料の冷却が失われると，燃料を覆っている水が蒸発し，燃料被覆管が過熱して蒸気と反応して水素を発生させるということを，原子力発電所の人員や管理者が認識していたかどうかは明らかではない。原子炉建屋の写真は，水素爆発が生じたことを示している。のちに屋外の人員が，原子炉

建屋の残骸のなかの高い所にある使用済み燃料プールの方向へ水を散水しているのが見られた。

　現場の原子力発電所の人員はこの事故に圧倒されたが，状況に対処するためできる最善を尽くした，というのが全般的な印象である。東京電力の上層部は，状況を良くする手助けをできなかった。その後，放射性物質が地域全体に広がった。その一部は空気で運ばれ，一部は原子炉建屋と使用済み燃料プールから漏洩して広がった。全てを語るのは，全ての放射性物質のもとがどこにあるかに応じて考える必要があるため，不可能である。ただ，他の経路と同様に，原子炉容器と格納容器の一部が地震で影響を受けており海への漏洩経路はそこからきている可能性がある，とも考えられている。事故シーケンスと放射性物質の放出源について完全な結論が得られそれで意見がまとまるには，まだしばらくかかるだろう。

　INPO の報告書は，現場の人員が遭遇した困難の一部について扱っている。現場の人員が遭遇した問題について識見を与えるために，段落をいくつか以下に抜き出した。現場は暗く，一部の場所では放射線レベルが高く，設備は動かず，地震による振動がまだあり，爆発の脅威も存在した。以下の抜粋は，INPOの報告書のうち 3 号機について扱った部分である。

　運転員たちは原子炉を減圧する必要があることを理解したが，SRV を開く方法が無かった。利用可能なバッテリーはすでに全て使ってしまっていたため，車からバッテリーをあさるために作業者たちが送り出され，それを制御室に持ってきて SRV を開こうと試みた。

　作業者たちは，サプレッションチェンバーの大きな空気作動の格納容器ベント弁を開こうと試みた。この弁を開くために，弁のソレノイドに電源を供給しようとして，作業者たちは小さな発電機を用いた。ある運転員はトーラス室の現場で弁の開度を確認したが，弁が閉まっていることが示されていた。その前に RCIC，HPCI，SRV を使っていたことから

トーラス室は非常に暑く，室内は完全に暗闇であり，困難な作業環境だった。5：00 までに，原子炉圧力が約 75 気圧を超えてしまい，原子炉水位は TAF の下 2 m を示したうえに下がり続け，格納容器圧力は約 4 気圧を示した。

（中略）

　3 月 14 日の 11：01 に 3 号機の原子炉建屋で大きな水素爆発が生じた。爆発は原子炉建屋を破壊し，11 名の作業者が負傷した。爆発により大量の瓦礫が飛散し，多数の可搬型発電機と仮設の電源供給ケーブルを損傷させた。瓦礫の飛散により消防車とホースが損傷し，結果として海水の注入ができなくなった。3 号機近辺の地面に落ちた瓦礫は放射線レベルが高く，主復水器の逆洗弁ピットを水源として利用できなくなった。制御室の運転員を除いて全ての作業が止まり，作業者たちは緊急時対応センターに避難した。

　上記の用語の意味は，SRV ＝逃がし安全弁，トーラス＝ BWR の格納容器の一部，RCIC ＝原子炉隔離時冷却系，HPCI ＝高圧注水系，TAF ＝有効燃料頂部，である。

ブラックアウトが生じ，かつ津波が発電所に来襲した（瓦礫で道路が通行不能で，軽油タンクすら津波の力で流された）非常に困難な状況において，発電所の人員は原子炉を冷却し原子炉の炉心を冠水させるために奮闘した。電源喪失はポンプや弁だけではなく，照明や計器にも影響した。たとえば，運転員は原子炉の水位がわからなかった。運転員は原子炉の水位を判断するために，車のバッテリーを計装に接続した。副次的な問題として，水位計の計装管で沸騰が生じていたために，この情報は間違っていたと考えられている。

　できることはほとんど何も無いという事実に，現場の人員は直面した。そこで浮かぶ疑問とは，いくらかでも正常に働く機材は何か，そしてそれを成し遂げるのにとらねばならない行動は何か，である。その答えは，上の抜粋の 2 番

目の段落に見られるように，緊急時対応を臨機応変に実施することである。

7.4.3.4　事故前の東京電力の福島第一原子力発電所の組織

　事故前については，福島第一原子力発電所と福島第二原子力発電所を含めた東京電力の組織全体の VSM モデルは，原子力発電所の 1 基のプラントの VSM モデルに似た形に見えることだろう。図 7.8 に東京電力の会長から 3 号機の人員までの組織の VSM モデルを示す。

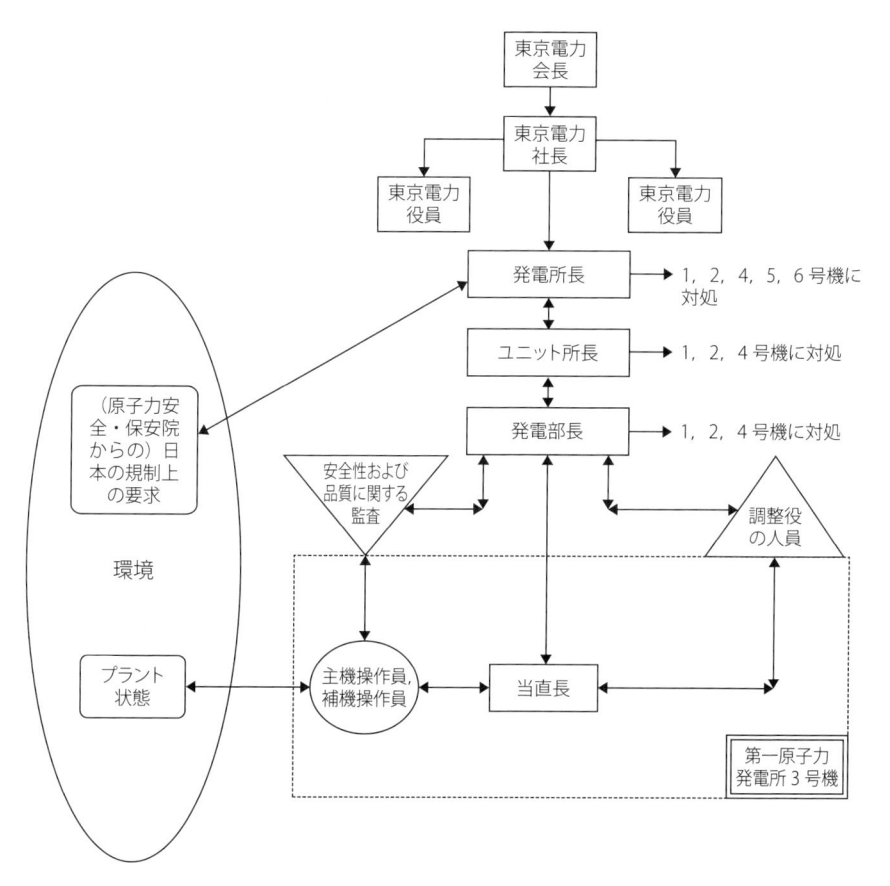

図7.8　事故前における東京電力の福島第一原子力発電所 3 号機の組織の VSM モデル

米国の原子力発電所の CNO の役割は，原子力安全の重視と経済性と安全性の間のバランスをもたらすという観点で重要である。もし東京電力のトップの経営者が設計基準の規模を超える津波のリスクについて着目していたなら，防潮堤の高さを増すことや，非常用ディーゼル発電機をもっと高い所に移動すること，そして電気設備に防水を施すことを，やり損なうことはなかっただろう。

INPO は米国の組織ではあるが，WANO の役割は INPO に似たものであり，東京電力には WANO との関係はあった。日本の事業者は WANO との関係だけでは十分と感じておらず，日本の電気事業連合会（Federation of Electric Power Companies：FEPC）の後援のもと新たな組織を設立すると言っていた。その会長は，「新たなシステムが単なる見せ掛けにならずに有効なやり方で継続的に機能するように，我々は外部の見識者からの評価と助言を積極的に受け入れる環境を作るつもりである（FEPC, 2012）」と言った。このことは日本の事業者の考え方を暗示している。WANO と東京電力による正味の仕事は満足のいくものではなかった。「単なる見せ掛け」か。

これは東京電力にまつわる問題と思われるものだが，多分，東京電力に影響を与えるほど WANO も根気強くはなかった。CNO の立場を設けないということは，安全性に関する課題を本来そうすべきであるほど強くは考慮しないということを意味する。事故後，原子炉トリップと外部電源喪失についてはこの組織で対応がなされ，東京電力の非常時災害対策本部が設置された。当初，制御室の運転員が対応を実施した。その後，発電所の管理部門から東京電力の管理部門へ状況について警戒すべきことを知らせる報告がされた。

7.4.3.5　緊急事態に対応している間の福島第一原子力発電所の組織の構成

津波が発電所を襲ったすぐあと，非常用電源が失われて発電所はブラックアウト状態に至り，人員は事故が悪化することによる影響にひたすら対応するようになった。緊急時対応センター（Emergency Response Center：ERC）が立ち上げられ，交流電源喪失という事態に基づいて緊急時の対応の立案に取り掛かった。発電所長が作業指示を出し，ERC を経由して福島第一原子力発電所

の全号機に対する対応の調整が行われた。そのような対応には，炉心を冠水さ
せるために原子炉へどう注水するか調査することも含まれた。各号機の運転員
たちは，各号機で必要と考えられることそれぞれについて ERC からの指示に
従って，様々な計装に電源を与えること，ベントを働かすために弁を開くこ
と，原子炉を減圧することと，ポンプや非常用復水器を起動することに，努力
した。したがって，この状況に対応する VSM の構造は通常運転時の VSM と
は異なる。事故に対応する際の福島第一原子力発電所の組織の構成を図 7.9 に
描いている。

　この構造は，通常時の組織構造よりかなりタイトであり，プラントや設備の
状態によって現場で判断をする必要性に見合ったものである。判断や行動の大

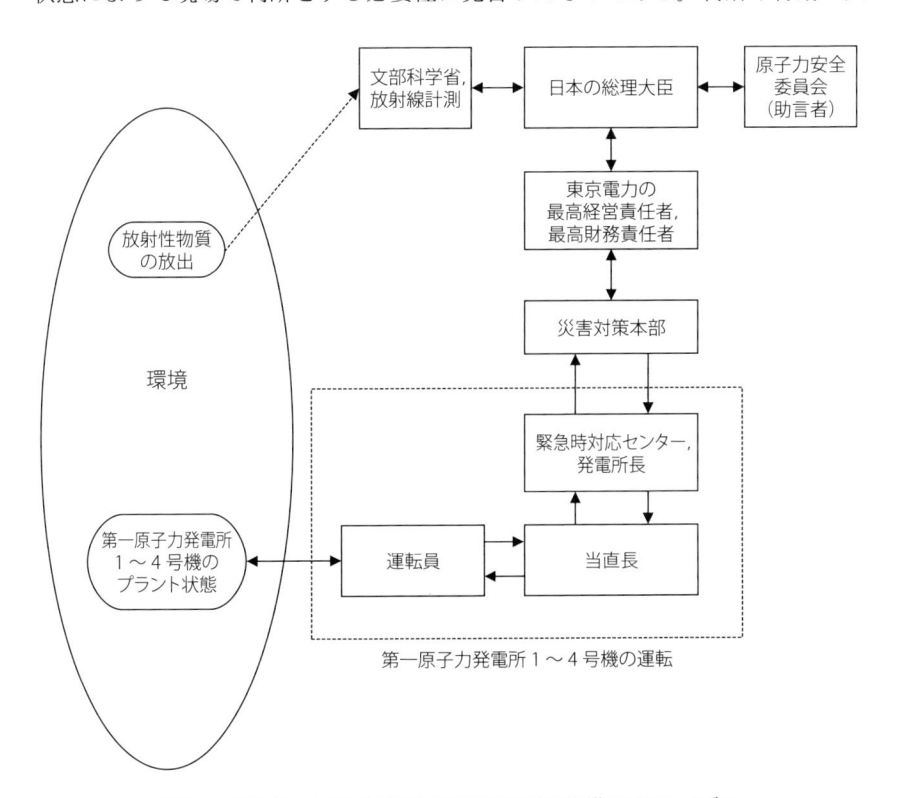

図 7.9　福島第一原子力発電所の緊急時対応組織の VSM モデル

半は組織の下のレベルで実施された。ただ，運転員が行動の実施を待ったひとつの例外は，原子炉の格納容器のベントを行った場合に地域の人々をリスクにさらさないことを望んだことである。一般公衆の大部分はすでに避難してしまっていたが，一部の人々は残っていた。もし放出時に人々が残っていたら，その人々は放射線影響にさらされる可能性がある。運転員たちは，水素を放出するために格納容器ベントを開く許可を求め，日本の首相は許可を与えた。

7.5　化学産業の事故

7.5.1　ユニオンカーバイド社サビン（殺虫剤）プラント，インド，ボパール，1984 年

7.5.1.1　はじめに

　ボパールの殺虫剤プラントの事故は，世界最悪の化学プラント事故だった。このプラントは，インド中央のボパールの郊外にあった。ボパールは，ムンバイ（ボンベイ）とコルカタ（カルカッタ）を結ぶ線上の少し北にある。このプラントは，ユニオンカーバイド社（UCC）が建設し，インド政府が所有し，ユニオンカーバイド・インディア（UCI）によって操業されていた。このプラントは，サビンという殺虫剤を生産するよう設計されていた。生産の過程で使われる物質に，イソシアン酸メチル（Methyl IsoCyanate : MIC）があった。事故を引き起こしたのは，あるタンクのなかで生じた水と MIC の反応であった。

　当時，サビンに対する市場はかつてのようには順調ではなく，生産高は低下しており，人員や運転に使う経費を削減するまでに至っていた，ということは述べておくべきだろう。事故とその前兆事象を生じさせた環境そのものがはっきりとしないため，事故について論じるためにここでは前兆事象のうちいくつかを指摘しようと思う。事故の重大性を考えると，実際に何が起こったのかを理解しようと関係者全員が懸命にやっていたのだろうと期待したいところである。

　インド政府は，事故後ある期間が経つまで目撃者が質問を受けることを妨害し，書類の閲覧も禁止した。この状態は，米国の法廷が問題是正のために介入するまで1年間続いた。このときまでに目撃者は散り散りになってしまい，関係者たちがまだいたとしてもその記憶は違ったものになってしまった。また，記録もすっかり差し替えられてしまっていたが，誰を守るためだったのか？そのようにとられた手段により，事故を理解する能力を失ったうえ，今後詳しく知ることができたであろう可能性すら失ってしまった。一般に事故調査は最善の時期に行われたとしても難しいものであるが，調査の遅れ，歪曲，改ざん，記憶劣化は，この事故を最悪の事故かつ最も整理が難しい事故にしてしまった。この事故に対する様々な報告書は，いくつかの事実について一致している。それらの事実とは，事故が発生したその原因はMICの爆発的な放出であり，プラントは粗末な条件で運転されており，多くの人がとても悲惨な死に方をした，という事実である。事故のあと短期的に亡くなった人数も，長期的に亡くなった人数も，あまり明らかになっていない。

　死傷者数が膨大であることは確かであり，2000〜20万人が死傷している。多くの報告書が，MICが人間と動物に及ぼす影響に注目している。ここでは，その影響について論じるつもりはない。ただ，それはとても有害で，MICは肺や目といった粘膜組織を侵してひどい痛みを引き起こす，と述べるにとどめる。しかし当局は，人口密集地の近くにプラントを立地することや，プラント建設後に排他区域とすべき場所に人々が転居することを，どうやら許可したようであり，それが事態を悪化させた。排他区域を設けることは多くの被害を防げなかったかもしれないが，それでも被害を受けた人の数を半分以下に減らせていたかもしれない。

7.5.1.2　事故の分析

　約50トンのMICが入った3基のタンクのうちのひとつに大量の水が流入したことが事故の原因であった。通常運転時には，MICは冷却系で冷やされることになっていた。しかし事故当時は，冷却系に使う冷却材が無かったため，

この冷却系は機能していなかった。このことは，化学反応をより爆発的なものにした可能性がある。どのように水がタンクに混入したか，についてはまだ不明な点が残っている。ひとつの考え方として，配管清掃の際の水が混入したというものがある。また別の考え方としては，近くにあったホースを使って，圧力計を取り外した穴から故意に水が注ぎ込まれたというものがある。

殺虫剤に対する市場の動向によってはプラントが操業を続けられるかわからなかったことで，管理部門と職員の仕事上の関係が悪かったため，後者の考え方にはある程度信憑性がある。一部の報告書によれば，UCC はブラジルかインドネシアにプラントを移そうと考えていたとされている。このように先の見えない状況で，ある職員がその職員を担当する管理職と折り合いが悪くなっていれば，サボタージュの容疑者になりうる。

独立した組織が詳しい調査に着手するのが遅れたため，誰かが自白しない限りどちらが正しいか証明するのは難しい。配管洗浄による水の混入については，ある程度遠くにあった配管をホースで洗い流すには水圧が足りなかったのではないかという問題があり，それが事実なら水がタンクに混入されたという考えは論理的に退けることができる。また，タンクに至る配管を調べてそれが濡れていなかったこともわかっており，このことはその方向から水が来てはいなかったことを示している。

最も可能性が高いのは，誰かが問題を起こすためにホースをタンクの近くにつないだということである。さらに，その人（もしくは人たち）は，事故による被害の規模を認識していなかった，とも考えられる。

最初にみられた事故のきっかけは MIC の放出であり，それに対しプラントの職員は多くの様々な対策を試みたが，そのほとんどはうまくいかなかった。保守が不十分だったため，プラントの状態は悪く，資材が不足し，このことが復旧作業を妨げた。職員は MIC を他のタンクに移そうと試みたうえ，MIC の放出をできるだけ少なくするためにスプリンクラーを用い，さらに近隣の住人の避難を促すために警報を作動させた。プラントの職員はいろいろ事故の影響を緩和しようと試みたが，最後には彼ら自身が逃げなくてはならなくなった。

プラントは，設計が粗末で，ひどい状態で操業していた。さらに，危険物質に対して優れた格納容器，スプリンクラーの改良，排出先の容量の改善，近隣住民に対するもっと効果的な警報や避難手順，といった安全に関する準備が不十分であった。UCC と UCI がプラントを適切に操業させる十分なお金を持っていなかったはずなのに，のちに法廷和解金として 4 億 7000 万ドル，それ以外の出費で 1 億 1180 万ドルを支払うことができたということは興味深い。このことは，運転の実施と設計の詳細に注意を払う管理部門への示唆となるはずである。これが初めからのわれわれの議論の要点である。管理部門は，人々とプラント操業の経済性に対して事故が及ぼす影響を理解するために，訓練や試験を受けねばならない。プラントを安全に廃止するコストは，多分全体でも損害に対する支払いよりはるかに安いだろう。プラント周囲のインドの人々が苛まれる痛みや苦しみを本当に償えるものなど無いのではないか。

　まだ残っている議論すべき課題のひとつに，設計という観点についてのエンジニアリング文化全般における限界がある。エンジニアは，物を設計し，その設計が適切に機能するのが当然と考える。また同時にエンジニアは，もし適切に機能しなかったらどうか，ということも考える必要がある。この「もしそうなったら」という状況に対しては，HAZOP（HAZard and OPerability study）がとても便利である。この事故の場合では，もしそのような方法で水と MIC を混ぜることが考慮されていたなら，いくつかの機能が設計として追加されていただろう。水がタンクに入るにはサボタージュしかなく，他には不可能だという考え方こそが，設計者，運転員，調査員の考えが凝り固まっているという証拠である。特に MIC のような物質を扱う場合は，事態が悪化しうるという前提で防護システムが働くべきであった。プラントの安全性については，パイパーアルファ事故のケースでカレン卿が原子力プラントの設計について言及していたこと（Cullen, 1990）が思い起こされる。

　MIC タンクに水が入ったことによる被害を職員が防止，緩和するのに，本来役立つはずであった多くの機能があったという事実について，ひとつコメントを挙げるならば，防護手段が適切に機能しなかったということが問題であり，

そのため結果は同じだっただろうということである。別の事実としては，運転員の行動が事故の進展やその結果に影響するような役割をほとんど果たさなかったということもある。

　運転員の行動は事故や結果として生じる死者の発生を防止するのに失敗した，というのが正味のところである。危険な化学物質がまったく漏洩しないようにするには，化学プラントの設計面と運転面を完全に変える必要がある。また，化学産業を原子力産業のように規制し，原子力発電運転協会（INPO）に相当する産業界側の組織を持つ必要がある。ボパールのプラントでは，MIC の放出を防ぐために，設計や運転について数多くの改善を行う必要があった。プラント職員の行動を当時書きとめたものからは，彼らが事故の影響をできるだけ減らすよう最善を尽くしたことがわかる。報告書からは警報が働いたかどうか定かではないが，職員は確かに MIC による被害に対応した。彼らは MIC を別のタンクに移そうとしたうえで，放出の規模を抑えるためにスプリンクラーを使おうとした。

　市街地の住人に対しては警報が鳴らされた。しかし残念なことに，その警報は町の人々のパニックを避けるために止められてしまった。これは警報を出すよりも彼らを死なせるほうが良いという非常に奇妙な理屈である。このことは，もはやそのプラントの問題ではなく，これを「事件」ととらえてその影響を職員が抑えようとしたように見える。

　この事故を見直して得られるメッセージは，プラントを良い作業環境として維持することに対する管理部門の無責任さである。もしプラントを効率よく操業するために出費したくなければ，プラントを停止するという決定がなされるべきであった。インド政府の政策について疑問が浮かぶのは，まさにその決定が行われなかったことに対してである。決定が行われなかったからずっとプラントが停止されなかったのかもしれない。また，事故のあと少なくとも 1 年間，政府が全ての情報の発表を統制しており，非常に疑惑が残る。

7.5.1.3　組織の分析

1. 管理部門の中心はプラントから離れた米国にあった。インド政府と米国の管理部門の間に管理上の問題があったように見える。

2. 現場の管理部門は困難な状況にあり，管理部門と職員の関係があまり良くなかった結果として，状況を管理できていなかったように見える。

3. 安全系が機能し，適切な訓練，手順書が職員に提供され，避難警報が機能し，避難プロセスをボパール市民とともに訓練している，といったことを確実にすることでプラントを適切に維持し効率的にプラントを操業できる。それを行うことについて，管理部門はあまり責任を果たしていなかった。

4. プラントに問題があったにもかかわらず，プラントとシステムに存在した制限の範囲内で，職員は最善を尽くした。

5. 事故の原因として最も可能性の高いのは，1人の職員の不満であった。彼は，彼の行動による影響を理解していなかったようである。

6. そのようなプラント状態であっても，1人の曲者がひどい被害を起こせるような立場にいないように，もっと注意深く人事配置を行うべきであった。サボタージュは悪い労働条件下において生じうる，ということをこれまでの歴史が十分に教えてくれている。管理部門は，サボタージュが起こるかどうか，それが単なる厄介な行動で終わるか，大惨事には至らないかを確かめる必要がある。

7. 管理部門は，プラントの乏しい安全機器構成を視察されて事前に警告を受けていた。たとえば，MIC タンクには大量の MIC が入っていたが，多数の小容量のタンクを持つようにしたほうが良かった。

8. もし，プラントの安全性の分析がきちんと行われていれば役に立っただろうが，管理部門が安全性や公衆の健康に対して基本的に無責任な態度をとっていた限り，それは難しかっただろう。

7.6 石油・ガス産業

7.6.1 マコンド油田のディープウォーター・ホライズン掘削施設でのメキシコ湾原油流出事故

7.6.1.1 はじめに

この事故をここで挙げたのは，British Petroleum（BP）社の社員だけではなく，米国政府を含む他の組織も関与した，いくつか興味深い意思決定が伴っているためである。BP 社，Transocean 社，Halliburton 社は掘削事業に携わり，それが事故に至った。この事故は意思決定に様々な組織が関与したというだけではなく，意思決定プロセスにおいて米国政府と多くの州政府も関与して大規模な原油流出が生じたという事実からも，興味深いケースである。この事故では，私企業，州政府，米国政府が一緒に多重の判断を行ったが，それが良い効果を生まなかった一番のケースである。他の国も関与し，原油の除去設備などの形で支援を申し出た。しかし申し出があったという事実があっただけで，それらの申し出について検討されることはなかった。この支援の辞退は，それが，それらの国と米国政府との間でなされたということを考えるとかなり興味深い。

事故について議論に入る前に，事故に至った掘削事業と，そのプロセスにおける様々な組織の関与について議論するのが妥当である。BP 社はそのサイトの所有者であったという観点で施主であり，米国政府から探査権が BP 社に貸与されていた。BP 社の社員は事業を担当し，Transocean 社は掘削リグと船舶の所有者であり，この操業に人員を提供し，Halliburton 社は掘削井を固定するためにセメントと掘削プロセス自体の潤滑剤としての「泥水」を提供していた。

7.6.1.2 事故の説明

BP 社が起こしたメキシコ湾への原油流出は，単一の流出事故としては近年における最大のもののうちのひとつであり，約 490 万バレルの原油がメタンガスと一緒に流出した。これまで長年にわたって，様々な地域で異なる流出源か

ら数多くの流出事故があった。そのうちで顕著な流出事故として挙げられるのは，座礁した他の船との衝突により損傷した石油タンカーからのものである。Exxon 社のバルディーズ号の事故はそのうちのひとつである。バルディーズ号事故はアラスカで生じ，入り江のなかへ何トンもの原油が流出し，動物，鳥，魚に被害を及ぼす一方で，海岸はタールと石油の沈殿物で覆われた。ディープウォーター・ホライズン掘削施設からの原油の流出では，湾岸周辺のテキサスからフロリダまでの数多くの州に被害を及ぼした。湾内の原油流出の影響は先に述べたのと似たり寄ったりである。

　ここでの説明では事故の全体像を示し，そのあとで原油の流出を制御して防ぎ，近隣の州への影響を最小限に抑える対策へと論点を移すつもりである。事故の本当の影響は，漁業や観光産業の長期的な損害である。自然資源保護協議会（Natural Resources Defense Council：NRDC）は，事故の 1 年後の影響について報告書をまとめている（NRDC, 2011）。この事故は環境と経済に影響を及ぼした災害であり，その地域全体への長期的な経済抑制効果があると考えられる。

　原油掘削施設は船舶であり，その船舶のデッキに掘削リグが搭載されていた。事故が生じる前に，掘削施設の乗組員はちょうど「10 年間無事故達成」を祝ったところであり，その達成について様々な関連会社から管理職たちが祝意を表したところであった。

　掘削の操業は予定より遅れており，早く地下の原油溜まりを掘削するように圧力がかかった。掘削のための準備作業では，原油の通り道を確保し，水の浸入を防ぐための特殊なセメントを使う必要があった。穴のなかには多数のスペーサーも用いる必要があった。セメントは基準を満たしていない規格外のものであり，スペーサーの数も使用すべきだった数より少なかった，とのちに言われている。それが見解によって変わるのは明らかである。掘削工程を早めるためにスペーサーを使う判断がなされた。繰り返すが，これはひとつの見解である。このことについては，今後も議論が続けられるだろう。

　特筆すべき出来事は，掘削中に固体のメタンが地表に運ばれる途中で気化し

たことによりガスの大規模放出が生じた可能性があることである。デッキの乗組員は，掘削施設の会社に安全上の問題の発生を報告し損ねてしまった。その後，爆発により多数の乗組員が亡くなった。これに続いて大規模な原油の流出が生じ，ブローアウト防止装置（BlowOut Preventer：BOP）の安全弁系統が原油の流出を遮断するのに失敗した。BOP はそれぞれ独立した一連の弁からなる仕組みであり，それらの弁は同じく原油の噴出を防止するくいのような働きをするラム駆動装置（ゲート弁が閉じるような形で原油の流れを止めることができる）に近い場所にあった。これらの遮断装置に加えて，BOP のシェアー・ラム[*1] が掘削施設に至る配管を遮断し，原油の流れを止める。

　この状況では，原油を地中から吸い上げる必要すらなかった。原油溜まりの圧力は非常に高く，高圧によりひたすら噴出した。このような状況下では BOP の弁のシステムは閉じる必要があり，もし地表への原油の流れを止められていれば，全てはうまく収まっていたことだろう。しかし，全てが適切に機能せずに，結果として 11 名が亡くなり，490 万バレルの原油が湾内に流出した。

7.6.1.3　事故の分析

　制御不能な原油の大規模な流出に至った鍵となった出来事は，原油を遮断する防護システムの完全な機能喪失だったようである。安全設計では，冗長性と多様性の両方が考慮されていたように思われる。理論的な視点からは，これは正しいやり方だった。事故の分析はわれわれに，冗長性と多様性を組み合わせるのが良いやり方だと教えてくれる。多様性を用いるという考え方は，「共通原因故障」の影響を未然に防いでくれる。しかし，爆発の影響で全ての制御が一掃され，多分配管すら変形してしまうということは，設計者は見落としていたように思える。この共通の出来事が，湾内への原油の大量流出へとつながった。

　詳細な事故シーケンスはどうだったのか，誰が責任者だったのか，そしてそ

[*1] ラム先端の刃により配管を切断して坑口を密閉する。

の後誰が処罰されたのか，誰もが疑問を持つ。あきらかに，実際に影響を及ぼした数多くの因子，すなわち遮断の仕組みの設計，コンクリートの品質，スペーサーの数，現場の管理部門からの圧力，他者へ警告を出すはずの人の失敗などがあった。BP 社は，機械的な視点から事故の寄与因子について報告書を出した。しかしその報告書では，設計から最終的な原油の除去までの全体的な視点から事象の検討がなされていない。なお，それはその当時，調査チームに指示として与えられてはいなかった。上記に示した端的な説明でも，少なくとも登場する役者の存在を示すには十分である。あきらかに，BP 社は流出の発生に対する，最終的な責任者であった。事故において重要な役割を演じた他の会社もあるが，BP 社の職員こそが担当者であった。

　BP 社が行わなかったと思われることはいくつかあり，そのうちのひとつとして挙げられるのは，安全系が設計どおりに働かなかったことによる影響も含めて，何によって事故に至ることになったのかリスクに基づいた検討を行わなかったことである。人は成功の領域から失敗の領域へ陥りがちなものだが，設計者がそれを生じさせることはそうやたらとありうるものではない。事故に至った基本的な失敗は，安全系が正しく役割を果たすのに失敗したことであった。もしたとえ，良くない品質のコンクリートや，固体のメタンの気化に対処するのに失敗することや，BP 社の監督が掘削を実施する職員に圧力をかけたことのように，事象を加速させた寄与因子があったとしても，我々は大事な問題である冗長性／多様性を有する安全系の機能喪失に常に立ち返ることになる。そのとき，BP 社はその失敗が会社に及ぼすリスクも含めて確率論的なリスクの視点から設計を再確認することについて，そして設計者は信号やアクチュエーターの故障なども含めた作動失敗に至るようなシステムの問題を再確認することについて，責任を負わねばならない。

　しかし，いったん放出が進んだあとでは，誰が責任を負うべきで，そのとき何をすべきだったのだろう？　そこで事故の放出段階へと目を移すことになる。BP 社などの人々は爆発や直後の行動の前の段階における仕組みに関する技術的な課題に注目することになるだろう。ある意味で管理上の視点から興味深い

のは，生じる放出やその他に対して BP 社，沿岸警備隊，地方当局，米国政府が対応するかしないか判断することである。最初に尋ねるべきは，それら様々な団体の責任とは何か，である。

　法律上の観点からは，採掘を始めた BP 社が責任を持つべきであったように思われる。ただし，許認可当局もある程度関与しており，当局が BP 社を掘削する能力がある会社と判断していることから，何らかの方法で BP 社が虚偽申告していない限り当局も等しく責任を持っていたはずであった。

　米国政府はここで重要な役割を果たし，公衆の安全を保ち保護する責任を持つ。したがって間違いなく，彼らは他国の支援を得るよう米国政府の有能な組織を使ってでも，できるだけ早く原油を除去するためにオイルスキマーや他の原油回収船を集めて，あるいは沿岸警備隊によってでも，すばやく対応する必要があった。ジョーンズ・アクト[*2] のような支援の到着を妨げる貿易上の制約は，一時除外すべきであった。この状況とハリケーンや嵐に対する対応との違いは何なのだろうか？

　米国政府は，原油流出の影響を最小限にすべく船団の組織を BP 社に求めた。米国政府は，その要求に対する BP 社の能力に限界があったことを理解していなかったように思われる。米国政府は，事故に適時対応し，流出による経済的・財政的影響を最小限にする能力だけは持っており，威信だけは保ちたかった。BP 社は恵まれた大企業であるが，その資産は油田，製油所，人員に投入されている。与えられた時間で資産を売約して換金することもできたが，資産価値は彼ら自身の評価額より少なかった。時間こそが大事であったのに，米国政府は施策を待ちすぎ，原油は沿岸へと流出し，影響の大きい地域へ損害を与えた。

[*2] 米国内の地点間の物品の輸送を行う船舶は米国船籍で，1）米国人配乗，2）米国人所有，3）米国建造でなければならないという法律。

7.6.1.4　組織の分析

　図 7.10 に，BP 社の職務組織，オバマ大統領の行政，米国政府の許認可・貸
与当局，米国沿岸警備隊に関する VSM の図を示す。原油探査に携わった関連
会社は BP 社の組織のなかに含められている。原油探査権の許認可と貸与を行
う当局は，当時，鉱物資源管理局（Mineral Management Service：MMS）と呼
ばれており，事故の結果 MMS の役割を再定義するに至った。現在それは海洋

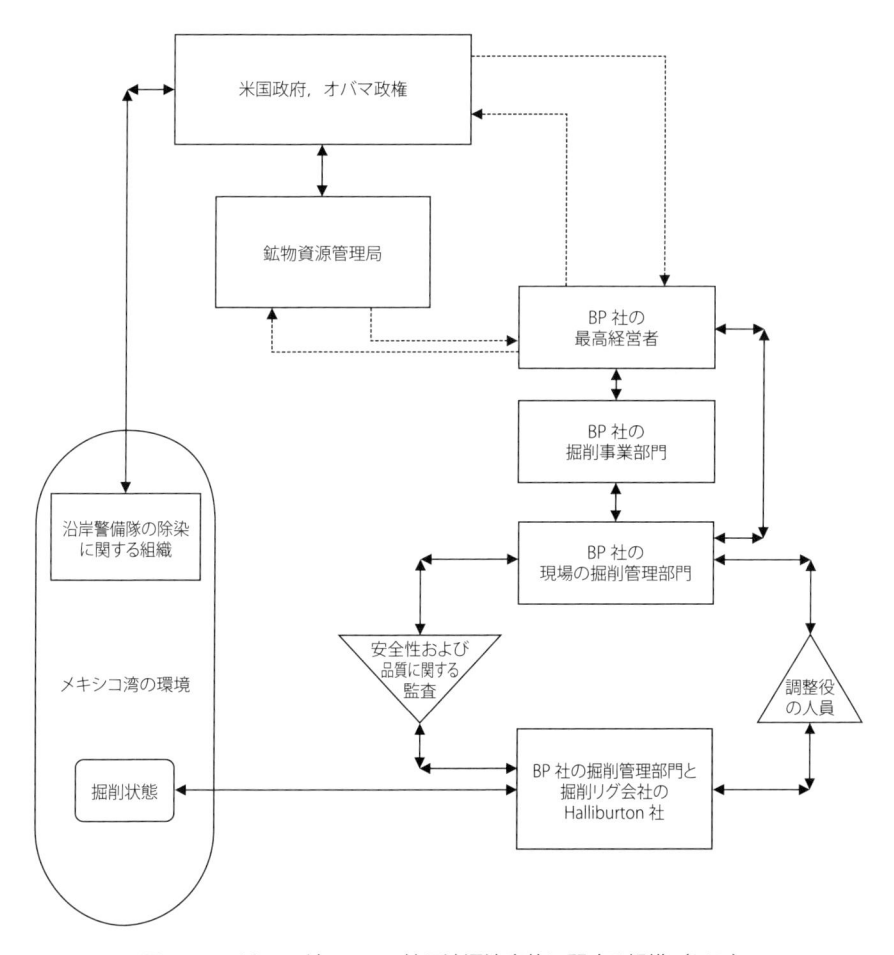

図 7.10　メキシコ湾での BP 社原油漏洩事故に関する組織（VSM）

エネルギー管理・調査・執行局（Bureau of Ocean Energy Management, Review, and Enforcement : BOEMRE）と呼ばれており，探査権の貸与以上のことを扱っている。沿岸警備隊の役割は，海上での法の執行と捜索，救助である。事故後には，沿岸警備隊に流出に対する対応を調整する役割が与えられた。

　このケースにおいて VSM 手法を用いる目的は回復行動に関する観点で事故状況について診断することである。図 7.10 には，このケースにおいて原油の流出または噴出の可能性を最小限にする是正行動がとられなかった点について，BP 社の下位層と上位層の両方と関連組織の限界についても示している。BP 社内には，そのような大規模流出に対処するのに必要な能力は無かったように見受けられる。

　原油除去船，浮桟橋，オイルフェンスを急行させられなかった米国政府の失敗により，大量の原油が放出されるに至った。BP 社は大企業だが，他国や他の組織に対する実際的な影響力という観点で，その状況に全体的に対応する能力には限界があった。米国政府は，それを実施する立場にあった。資産に関する限り BP 社は恵まれた会社であるが，それは必要な救助のための乗り物や人員全てに対価を払うほど大量の現金をすぐに手にできるということではない。

7.6.1.5　結論

　図 7.10 には，原油探査，石油精製，流通を扱う石油会社である BP 社全体に関与する多くの様々な管理者と組織が示されている。それがこの会社とその運営の屋台骨である。また，世界中の石油資源の探査に関与する会社の部門もあり，掘削操業を扱う組織もあり，それがのちに原油を集めて製油所へ送る役割も担うことになる。

　VSM モデルでは，これらの作業を合理的な程度に扱う。現場の掘削作業に含まれるのは，確実に掘削作業を監視，監督，調整する通常のグループである。作業の安全性に責任があるのは，これらの作業の範囲に含まれる人員である。BP 社の操業のなかでも掘削作業に関する限りコミュニケーションと行動がある。失敗したのは，現場の作業に含まれる作業である。掘削を担当する人員か

らの助言は，現場の BP 社のプロジェクトマネージャーによって無視されたようである。また，安全性に関する計器指示を監視していた人員は，メタンガスの存在を示す警告灯に気づかず，施設の人員に警戒を呼びかけなかったようである。メタンの爆発と火災により 11 名が亡くなり，17 名が負傷した。

さらに，BOP のシステムとしての冗長性の喪失，すなわち掘削配管の隔離と原油の流出を防ぐバックアップ隔離システムの機能喪失により，フェイルセーフ設計の BOP が機能喪失したと考えられている。そしてまさにその BOP の機能喪失が報じられている（CSB, 2014）。あきらかに，BOP は機能喪失し，それに人的・機械的寄与があった。設計に関しては，BOP の機能喪失は予期されていなかったことであり，それが生じていなければ，ここでそれを扱うこともなかっただろう。

なお，その他の因子による事故への寄与もあった。たとえば，どのように固化したメタンが放出され，なぜ爆発が生じたのか？　なぜ監視者は警告を出せなかったのか？　ここで問題となるのは，制御されていないメタンの放出，放出により生じた爆発，爆発後に作動すべき BOP の機器の明白な機能喪失であるように思われる。それによって，すぐにきちんと止められることなく原油が噴出されるがままとなった。掘削を続けるという BP 社の管理者の行動に意味があったかどうかは定かではないが，いくらか注意していれば事態がもっとわかるまでの間待つことになったはずである，という考えは浮かぶ。固化したメタンが掘削配管を浸透してくる可能性については，セメントの品質が良くなかったことなどから，疑わしい。スペーサーの欠落やセメントの低品質は事故のシーケンスや結果に本当に影響があったのかどうか？

VSM の図に描かれている他の組織もまた，事故においてある役割を果たした。MMS の組織はマコンド油田の探査権の貸与に関与した。思い返してみればオバマ政権は，安全上の注意事項として MMS が要求したことや，このような深さを掘削する際に BP 社が（他の掘削事業においても）従うべき規制事項がどのようなものであったか，疑問を呈していた。原油価格にもよるが，1 バレルあたり 20 ドルから 50 ドルであれば，490 万バレルの原油の損失とは

9800 万ドルから 2 億 4500 万ドルの損失であり，BP 社は健全な操業に興味を持っていたはずだと考えてしまう。油田，船舶，人員の損失も些細なものとは言えず，損失の合計に加えられねばならない。また，原油の除去の費用も加えねばならない。

　事故を見直してみて，オバマ政権や政権の指揮下にあった沿岸警備隊をはじめとする政府機関は，テキサスからフロリダにわたる各州への原油の拡散を防ぐのに十分なほど迅速な対応をとらなかったことがわかる。それに対して責任ある米国政府は，各州の人口，動植物，地場産業（漁業や観光）に対する原油流出の影響を最小限にするのに十分なほど迅速に対応しなかったようである。

　事故から得られる結論は以下のとおりである。

1. BP 社は，現実の利益を全体として考えずに，行動する現場の管理部門における問題を過小評価した。比較的小額の金銭を節約するために意思決定が行われた一方で，より多くをリスクにさらしており，現場の管理部門に対する考え方が欠けていた。
2. BP 社の管理部門は，BOP の弁による隔離システムの機能喪失による結果を認識するためのリスクに関する検討に着手しなかった。共通原因に関する問題を表面的にだけ理解すると，局所的には信頼性が高いが有効に働かないシステムとなってしまう。BP 社の現場の管理部門は，採掘計画を効果的に管理する品質を維持していなかった。
3. 現場の掘削リグの人員は，安全性についてあるべき十分な訓練を受けていなかった。
4. 流出その他を止める可能性に対する BP 社の分析はあまりに楽観的であり，BP 社の管理部門が大規模流出を止めるのに必要な適切な時間を示すのに失敗する結果となった。
5. 米国政府は流出の際の BP 社の責任に執着し，自身の適切な役割が何であったか理解していなかった。それが功を奏したのはあまりに遅く，そのときには米国その他の資材・人材はもうきちんと役には立たなかっ

た。実際に，湾岸地域に住む市民の利益をないがしろにしてしまったように思える。

7.6.1.6　VSM における組織に関するコメント

ここで示した VSM モデル（図 7.10）では，関与する様々な組織の主な役割がおおむね扱われているように思われる。扱われていないうち大事なのは，油田から噴出する原油を止める BOP というシステムの能力維持の可能性である。BP 社の組織の様々な部門の間の関係は表現されており，その役割の一部は機能したが，この場合 BP 社の主導者が自身の責任についてあまり気にしていないように思われるため，コミュニケーションが成功したか疑問に感じる。VSM の図では，管理部門のブロックが操業の安全性に直接関係があるようには書かれていない。事故の科学的調査を指揮した人は，操業の安全性の管理について指摘していた。BOP の機能喪失による結果と，BOP がその役割を果たすのに失敗するに至る仕組みはどんなものか，BP 社は調査すべきであったと感じる。その見直しが果たす役割は監査的な役割と一緒にできるものであり，原子力発電所の組織でいえば CNO の役割に似たものである。

VSM モデルの図には，米国政府，沿岸警備隊，MMS が含まれている。あきらかに，米国政府には，事故が地域住民に対して及ぼす影響を改善する能動的な立場としてではなく，規制当局として指導する役割が想定されている。この場合の米国大統領の行動と福島事故での日本の総理大臣の行動を比較してみることは興味深い。このとき，米国大統領は周辺の各州の人々を支援するのではなく，BP 社を処罰することのほうに興味があるように思われた。

米国政府は，流出した原油が陸地に達して各州の沿岸を汚染するのをできる限り抑える対策をとることができたはずである。しかしオバマ政権は，特に他国の政府の志願による特別設計の船舶も含めて利用可能なあらゆる資機材，人材を用いて原油の拡散を阻止するために必要な権限を沿岸警備隊に与えないことで，（アシュビーの）多様性を減らした。

7.6.1.7 マコンド油田に関する追記

BP 社の事故の分析について BP 社の報告書でレビューが行われている（BP, 2010）。その報告書は非常に広範囲にわたるうえ非常に技術的であるが，どうも的外れで，事故についてきわめて詳細に書かれている一方で，高いプレッシャーがかかっている条件下での意思決定や，大規模な原油流出に至る人的過誤を防ぐ方法といった重要な要素について扱っていなかった。興味深いことに，BP 社は分析チームの指導者に安全性に関する部門長という立場を与えた。それは複数の組織と専門家が携わった非常に詳細な報告書であった。

化学品安全性調査委員会（CSB）の報告書（CSB, 2014）によるレビューが行われ，それは原油を遮断する BOP の機能喪失に至った一連の失敗を明らかにした非常に意義のあるものだった。CSB は BOP を回収し，設計目的に適合し損なったものは何か調べることができた。冗長性を持つシステムと多様性を持つシステムを組み合わせて信頼性目標に適合させるという基本的な考え方は良いものであり，このやり方が原子力産業で約 45 年間とてもうまく用いられてきた。原子力産業における安全系の成功は，保守における配慮と定期的な試験を組み合わせたことによるものである。これらの安全系の設計と運転に求められている多くの要求事項は，米国電気電子工学会（IEEE）の標準のなかに成文化されている（https://www.ieee.org を参照されたい）。

BOP には 2 つの冗長系と，多様性のための配管遮断システムがあり，それらが最終的な安全設備である。これら全てのシステムが機能喪失するには，異なる故障モードが同時に発生する必要がある。冗長系は主に保守の不足により機能喪失する。あるケースではバッテリーが正常に動作していることの点検が実施されなかったり，また別のケースではコイルへの接続の確認を忘れたりすることなどもありうる。これらは組織の失敗であり，本来回避することが可能であった。手順書が書かれていること，訓練が続けられていること，そしてそのうえでシステムの信頼性を高い状態に維持するために定期的にシステムの試験を行うことを，BP 社が確かめていなかったことは驚きである。ギロチン遮断システムの機能喪失は不運であったが，それは多分掘削配管の調整ミスか爆

発によるものであった。そのような問題を克服するために，多分その設計を再検討する必要があったのだろう。

7.7　鉄道

7.7.1　はじめに

　多くの事故が鉄道産業で，費用の観点による鉄道状況の課題から起こっている。たとえば，鉄道の事故は行き交う，つまり同じ路線に反対方向に同時に走っている鉄道によって生じている。そのような例は米国，フランス，その他の国にある。

　それらの事故の根本的な原因は，路線とその整備の費用が高いという事実であり，そのため鉄道では，費用を避けるために列車を単線上に走らせようとする。単線には時折バイパス線路があり，それで列車は別の列車を安全にやり過ごすことができる。残念ながら，信号や管制の仕組みは，運転士にバイパス線路を使うよう警報を出し損ねることが時折ある。ときとしてそれは，別の列車に優先通行権がある線路の区画に進入してしまうという運転士の過失である。運転士に停止を知らせる信号を見落としてしまうことでその過失を犯すことはよくある。古い路線の一部では，信号が出たときに列車を自動停止させる機械的な装置を備えていたこともあった。列車を再び動かすのに手間がかかるからそのようなシステムは廃れてしまったのか，それとも他の理由があったのだろうか？

　その列車のスケジュールが路線の管理者に提出されたスケジュールと合わない場合，路線の状態は要求された状態と違うということになる。その例として挙げられるのは，1985 年 8 月にフランスのフロージャックで生じた，急行列車と各駅停車の列車の間の列車衝突事故（Carnino et al., 1990）である。もうひとつの例は，2008 年 9 月にロサンゼルスのチャッツワースで生じた，貨物列車とメトロリンクの通勤列車の間の衝突である。

列車の衝突に至る別の状況としては，カーブにおける速度制限を超える場合が挙げられる。このような例は，2015 年 5 月 13 日にニュージャージーで 7 名が亡くなった事故（Stolberg et al., 2015 を参照されたい），77 名が亡くなり 143 名が負傷したスペイン北部のサンティアゴ・デ・コンポステーラでの事故（Govan, 2013）など，たくさん挙げることができる。

　これらの事故は，運転士／列車の操縦士の過失であると主張することもできる。しかし，事故を免れるよう鉄道システムが設計されていないという観点で，鉄道の所有者がいくらか責任を負うよう提言することもできる。それは何を意味するのだろう？　自動システムか人間の制御に過ちが生じる状況は常にあるだろうから，単線上を列車に行き交わせることは，本質的に事故に至ることになるだろう。鉄道システムをそのように設計する対価は，人間の死傷となるだろう。

　カーブについても同じことがいえる。鉄道の路線は急カーブとならないように設計できるが，設計変更の費用には不要な場合もあるかもしれないが家屋の撤去や用地の造成が含まれることから，鉄道用地の地域との交渉をせねばならない。

7.7.2　キングス・クロス駅地下鉄火災，1987 年 11 月 18 日

　全ての鉄道事故は前に述べたようなものと同じ原因で常に起こるわけではなく，たとえば，ロンドン地下鉄のキングス・クロス駅では火災が発生した。この事故は，火災が列車の到着階から駅の出口へと行くエスカレーターで生じたという点で，独特なもののように思われる。

　火災の直接の原因は，上りのエスカレーターに（まだ燃えている）マッチを乗客が捨てていたことによる。火がついたマッチから，ステップの継ぎ目の潤滑用に使われていた余分なグリスに引火した。残念ながら，エスカレーターの使用時に古いグリスは取り除かれておらず，繊維素材と一緒にたまっていた。このときのマッチの使用は，1985 年に地下鉄が禁煙となった事実と関係があ

るように思われ，乗客たちは外に出る途中でタバコに火をつけていた。マッチを落としてもいつも火事になるとは思えなかったのだろう。

　この火災の結果として新たな現象に気づくこととなった。火災は，考えられていたように直上へと燃え上がらずに，エスカレーターに沿って燃え移った。これが事態を大きく悪化させた。エスカレーターの踏み板は木製であり，それに火がついた。木とグリスからの煙はエスカレーターに沿って流れ，駅のホールに充満し，粉塵が駅に着いた乗客へと降り注いだ。31 名が亡くなり，煙を吸い込んだり，火傷を負うなどして約 60 名が負傷した。

　消防隊はこの状況を過小評価し，実際にはひどい煙と火災が生じていたのに薄い煙が生じただけであると考えたため，対応が遅れた。

7.7.3　組織の分析

　ロンドン地下鉄の輸送管理部門は，地下鉄における大規模火災の確率と悲惨な結果についてきちんと理解していなかった。濃いグリスと繊維素材が発火源であることに気付かず，長年にわたって見過ごされていた。のちに行われた実験では，濃いグリスには着火しにくいが，繊維素材と組み合わせられるとそれよりはるかに火がつきやすくなることが示された。

　キングス・クロス駅とユーストン駅のトンネルは長年にわたって建設されてきたが，速やかかつ安全な乗客や駅員の避難という視点が見落とされていた。同じく，消防隊は火災の結果を過小評価していたように思われる。安全性に及ぼす影響は何かを調べるために，地下鉄システムにおける可燃性物質に関する実験がなぜ行われなかったのか驚く。この事故は，1966 年のウェールズのアバファンにおける石炭ボタ山事故のように管理部門へと遡上する問題の一例である。

7.7.4 鉄道事故に関するコメント

ここでは鉄道事故と，それらの事故に対する意思決定との間の関係について考える。鉄道の路線設計に対する資金の出費が及ぼす影響は，鉄道問題の解決を決めてしまう支配的な因子であったし，現在もそうである。また，他の解決方法が考慮されてきたかは明らかではない。鉄道設計プロセス全体は，乗客や従業員の安全性に対する判断の影響を暗に考慮することなく行われてきたように思える。このことは鉄道初期からの残された課題のように思え，そのプロセスは再検討されていない。

他の面では，長年蓄積された何かを解消する意思決定を管理部門が強制されるまで，（ロンドン地下鉄の）火災管理のように管理部門へと問題は遡上しつづける。したがって管理部門の意思決定とは受動的なものであり，能動的なものではない。繰り返しになるが，設計と人間信頼性に関する問題の是正は，受動的なものである。たとえば，カーブに対する安全性の問題があるとして，その解決方法は問題をなくすためにカーブと列車のサスペンションシステムを設計し直すのではなく，「運転員がカーブで速度を出せないように自動システムを設計しよう」となるように思われる。

7.8 NASA および航空輸送

7.8.1 NASA のチャレンジャー号事故，1986 年 1 月 28 日

7.8.1.1 背景

宇宙開発は，人間にとって，そして人間を送り込まないミッションであっても，リスクが高い事業である。第二次世界大戦時のドイツのロケット（V2）の発射までさかのぼって失敗した事業の数を見れば，それは明らかである。NASA の記録は比較的良好ではあるが，さらに改善することはできたはずである。チャレンジャー号事故が起こる前には，酸素ボトルが破裂したアポロ 13 号事故（1970 年 4 月）や，アポロ 1 号の離陸準備中の酸素による火災（1967 年

1月）があった。NASA は，宇宙飛行士の安全性について大きな期待を背負ってきた。打ち上げの準備に多大な配慮がなされているにもかかわらず，シャトル（オービター）の打ち上げを対象とすると，全体的な失敗確率は 25〜50 回に 1 回程度であると考えられている。

　一般に，安全性は冗長性と多様性により高められる。この考え方は，原子力産業でよく用いられている。しかし，ロケットの分野では重量が非常に重要であるため，多数のバックアップシステムに頼らずに，高い信頼性をもつシステムを設計しなくてはならない。このことは，シャトルのミッションの信頼性にはある程度限界があり，基本となるシステムの設計・運用から逸脱してしまうと，ミッションの安全性がすぐに損なわれてしまう，ということを意味する。チャレンジャー号事故とのちのコロンビア号事故（2003 年 2 月 1 日）の発生は，設計上や運用上の制限がシャトル（オービター）の基本的な安全性に及ぼす影響を，管理部門がきちんと理解していなかったことと関係がある。

7.8.1.2　シャトルの説明

　シャトル打ち上げの通常のプロセスでは，大きな建物（スペースシャトル組立建屋）のなかでシャトルを組み立てて，発射場まで運び，そこで主燃料タンクや補助燃料の充填といった発射準備が続けられる。シャトルは，オービター，主燃料タンク，2 基の固体燃料補助ロケット（Solid Fuel Booster：SFB）からなる。燃料タンクと 3 つのメインロケットエンジンの接続は，組立プロセスの初期に行われる。非常に長い時間がかかる準備プロセスの全てを終えて，ミッションコントロールから「go」の指示が出されると，打ち上げプロセスに進む。メインエンジンには液体燃料が供給されて点火され，推進力があるレベルに達すると，SFB にも点火される。

　SFB は，輸送ができるように数多くの部品からなっている。SFB の設計としては，競合する 2 種類のものがあった。ひとつは採用された設計であり，もうひとつは一体式のユニットであった。競合では，前者のタイプが勝った。もし後者が勝っていれば，チャレンジャー号事故は起こらなかったかもしれな

い。部品のジョイントの部分は，2つの O リングと耐熱パテを組み合わせてシールされていた。

7.8.1.3 分析

　開発初期の打ち上げでは，SFB からの燃焼ガスによって O リングの機能が損なわれ，バイパス燃焼が数多く生じた。SFB では，O リングの柔軟性によってジョイントをシールするように設計されている。一般に通常条件下では O リングは固着されているが，いったん背圧が生じると O リングがギャップを完全にシールするように設計する。したがってここでリングが柔軟性を失うと，ジョイントをきちんとシールするのに失敗することになる。

　チャレンジャー号打ち上げの当日の天候状態は，凍りつく寒さといっていいほどであった。

　打ち上げ前の状態で，発射準備の評価が行われた。このこと自体は，正式なプロセスである。寒空が続くなかシャトル打ち上げが前からずっと順延されてきたという事実を考慮し，エンジニアたちは打ち上げを行わないように助言した。事実，ジョイント部の温度については，基準が存在した。エンジニアたちは，O リングに関する経験に基づいて，そしてシャトルの安全性に関する限りジョイント部はカテゴリー 1 に分類されるという事実に基づいて忠告をした（カテゴリー 1 とは，その故障によりシャトルを失うことになる，ということを意味していた）。一方，当時大統領だったロナルド・レーガンは「教師を宇宙へ」プロジェクトを国民に発表しようとしており，シャトルの打ち上げは安全であるということを示そうとしていたため，意思決定者には打ち上げを行うよう圧力がかかっていた。要求されたときに打ち上げが可能であるように見せることは，NASA にとって重要であると意思決定者は考えた。そのため，彼らは別の評価を得るために製造業者にアプローチし，ついにはエンジニアの忠告を無視して，製造業者の代表者は打ち上げが可能であると言った。そこには，製造業者が打ち上げの決定に同意するよう NASA による暗黙の圧力があったのだと考えられている。

7.8.1.4　事故の説明

　結果として，打ち上げは行われた。そして，上昇が始まってすぐに O リングが機能喪失し，SFB からの高温ガスが液体燃料タンクに噴きつけて，大爆発を引き起こした。さきほどの教師を含む宇宙飛行士が亡くなるとともに，チャレンジャー号のミッションは吹き飛んでしまった。のちの調査により，大きなウインドシア（風速が大きく異なる断層）の力が事故を助長し，強風とタンクの爆発がシャトルを粉々にしたのだ，とされた。このウインドシアの力が SFBの構造を歪ませることになり，O リングを裂く力が増したのだと思われる。

7.8.1.5　事故の分析

　問題の一部は SFB の設計であった。SFB の点火時に，SFB 全体はロケットモーターの点火によって影響を受けて歪み，振動する。そのため，SFB の各部の部品が接する部分に O リングの柔軟性が必要となる。O リングはジョイント部を確実にシールすることで，高温ガスが液体燃料タンクや，タンク・SFB・オービターを支える構造物に対して噴きつけるのを防がなくてはならない。

　あきらかに，これは最適な意思決定が行われたケースではない。もちろん，教師を宇宙に送り込んだことを大統領は発表したかっただろうが，大統領が優先したかったことを NASA がこのようなやり方で解釈したことに対して，愕然としたに違いない。

　その後，リチャード・ファインマン（米国物理学者，当事故の調査委員会であるロジャース委員会のメンバー）が次のように述べていることに留意されたい。「管理部門が機械をむやみに信仰する原因は何なのだろうか？　どのような目的であれ，内部に対しても外部に対しても NASA の管理部門は自分の製品の信頼性を幻想といっていいほど大げさに主張しすぎている」。彼は，NASAの管理部門による信頼性評価はまったく非現実的で，エンジニアによる評価と場合によっては 1000 倍もの違いがあると主張している。今日までのシャトル打ち上げにおける事故の統計値は，2/33（6％）である。

　ここでの分析は，チャレンジャー号において生じうる破局的な失敗に対す

る，様々な条件と意思決定に基づいたものにしよう。事故の背景には，大事なことが 2 つあると考えられる。ひとつはジョイント部に O リング設計を使うことの本質的な限界や弱さであり，もうひとつはシャトルの失敗確率が非常に小さいという NASA 管理部門の根底にある信仰（ファインマンのコメントを参照）である。大統領が関心をもつ「教師を宇宙へ」という目標によって暗にもたらされる圧力は，シャトルの頑強性に対する信仰とあいまって，管理部門はエンジニアの警告を適当ではないと考え，打ち上げを決定した。しかし，さらに自分たちの意見を是認する外部の「専門家」を必要とし，Thiokol 副社長にそれを求めた。エンジニアである Thiokol 副社長もまた，冒頭の問題を NASA に知らせて，シャトルの SFB が温まるまで待つべきだと提案したと言われている。

　チャレンジャー号事故の背後には，多数の意思決定がある。あるものは条件（気温が極度に低い）に関係のある意思決定であり，またあるものは設計プロセスやコスト評価といったかなり早い段階になされた意思決定である。後者の意思決定のほうが支配的である，と言うことはできる。もちろん，様々な意思決定の間には依存性があり，たとえば気温が低いという条件と O リングの柔軟性には依存性があり，もしジョイント部の設計が気象変化に影響を受けないものであれば，気温が低いという条件による影響は，無いといっていいぐらい非常に小さなものになっただろう。コロンビア号事故のケースでもそうだが，全体の設計について色々配慮すればシャトルを失うような羽目には至らない，と断言することはできない。確かに，のちのコロンビア号事故にも NASA の管理部門による意思決定において多くの点でよく似た要因がある。設計上の弱点があることが認識されていたうえ，打ち上げを行うか行わないかを決める際に一部の職員はその弱点を知っていた。

　ファインマンは自身の分析において，誤った意思決定に至る 2 つの考え方があった，と述べている。そのひとつはある打ち上げの成功が以降の全ての打ち上げの成功を暗示するという考え方であり，もうひとつは時間の経過による安全管理の劣化は生じないという考え方である。これらは両方ともこの事故以外

でも見られる。事故が発生するまで状況が悪化していくということはよくある
ものであり，事故のあとになって管理部門は正しい状況に戻そうとするが，と
きとしてそれでは遅すぎになる。

　意思決定プロセスには様々な設備の成功または失敗が伴い，最終的に事故ま
たは成功に至る。すでに指摘したように，SFB をジョイントする O リングが
柔軟性を失うと打ち上げの失敗に至りうるような設計上の特徴は，ジョイント
部が柔軟性を保っているということに依存したものである。強風もまたジョ
イント部に穴を開けて高温のガスが O リングのシールをバイパスする可能性
があり，気温が低いという条件も O リングに柔軟性を失わせうるものだった。
したがって，冷たい強風はそれぞれまたは同時にジョイント部のシールに問題
を引き起こす可能性があった。風の強さによっては，温暖な状況であっても問
題が生じたかもしれない。

　かつてエンジンの爆発が原因で宇宙旅行は危険であると考えられていたころ
は，メインエンジンロケットの故障に備えて脱出用ロケットが取り付けられて
いた。O リングのジョイント部を設計し直すことこそが，脱出ポッドを持たず
に強風や冷温条件化でも適切に発射できる唯一明らかな方法に思える。現在の
設計では，O リングの数を 3 つに増やしているが，これで気象と関係なく打
ち上げをするのに十分なのかは明らかではない。なぜならオービター（シャト
ル）計画は終了してしまったからだ。

　以下の点を指摘しておくべきだろう。

1. 競合に勝った設計の一部である O リングのジョイントの設計は，NASA
   の「カテゴリー 1」という位置づけと NASA の打ち上げの必要性に対し
   て，十分に強固ではなかった（つまり，天候に左右されるものであった）。
2. 目標の優先付けが間違っていたと考えられる。安全性は他の目的よりも
   優先すべきである。NASA は安全文化が乏しい，と言われている。
3. 管理部門は，彼らの技術職員を信頼しなかった。このことは，NASA の
   管理部門の一部に大きなエゴイズムがあることを暗示している。

4. 管理部門は，Oリングのブローバイ（噴き抜け）に関する問題を認識していなかったようである。技術職員は事前にOリングの限界を認識していたが，設計変更は一切されなかった。

5. 技術職員は，意見ではなく確立された事実に基づいて結論を示す，ということを行わなかったのかもしれない。

6. 管理部門は，Oリングというカテゴリー1の機器／システムに不確実さがあったという事実にもかかわらず，打ち上げを実施することを選んだ。

7.8.1.6 コメント

NASAの管理部門による関与のパターンは，純粋に技術的な問題においてすら報告を寄せる人々より自身に能力があると管理部門が考えるという，他の高リスク産業の場合にも見られるのと同じステップをたどっているように思われる。管理者に報告する人々は重要な問題を理解するという観点で管理者自身より劣っている，と管理者は考える。

この事故のケースでは，Oリングが主燃料タンクに高温ガスを噴きつけずにそれを保持すべく打ち上げに耐えるだろうという管理部門の見方を支援するようSFBの供給会社に圧力をかけることさえしたようである。

以前の打ち上げでOリングに焦げによる損傷が見られたが幸運にも機能を維持しており，Oリングにはリスクがあるという事実を，管理者も技術職員も両方利用できた。

管理部門の視点ではOリングが保つだろうと，エンジニアの視点ではOリングがおそらく壊れるだろうと考えられていた。つまり打ち上げにリスクがあるということであった。賢明な選択は，仕様どおりの柔軟性を取り戻すまで打ち上げを遅らせてOリングを温めることであっただろう。残念ながら，シャトルの乗組員にとって，エンジニアたちが正しかった。

7.8.2　カナリア諸島テネリフェ島滑走路事故，1977 年 3 月

7.8.2.1　背景

　この事故では，スペイン領カナリア諸島のテネリフェ島（ロス・ロデオス空港，現在の北テネリフェ空港）において，2 機のボーイング 747（ジャンボ機）に被害が生じた。ラス・パルマス空港でテロリストのグループによる爆破があったため，航空機は代わりの空港に着陸させられていた。多数の航空機がロス・ロデオス空港に着陸するよう指示されたため，誘導路において駐機の渋滞が発生した。その後，ラス・パルマス空港の状況が改善したため，航空機は離陸が許可された。離陸する前に航空機は「渋滞から解放される」必要があった。航空機は，滑走路を逆走して主滑走路へ向きを変えて入るか，または進入路を通って誘導路に逸れなければならなかった。最初は KLM 機が主滑走路を逆走した。次にパンナム機が続いたが，パンナム機は滑走路を進んだのち転回位置まで行き 3 番の進入路から誘導路に入らなければならなかった（図 7.11 を参照）。問題は，パンナム機のパイロットが転回点を通過し次の進入路を目指したことであった。KLM 機は，離陸している最中に同じ滑走路上を逆向きに移動していたパンナム機に衝突した。両航空機に搭乗していた大多数の乗客とクルーが死亡した。全死傷者数の内訳は，死者が 583 名，負傷者が 61 名であった。KLM 機の生存者は皆無だった。

7.8.2.2　事故が発生した空港

　もしこの空港が大規模な国際空港であったなら，この事故は生じていなかっただろうから，事故が発生した場所は重要である。規模に加えて，この小さな空港では大型航空機をこのように多数扱うのに慣れていなかったうえ，訓練もされていなかった。ロス・ロデオス空港のレイアウトを図 7.11 に示す。ロス・ロデオス空港は，滑走路と誘導路を 1 本ずつ持つ小さな空港である。この空港は，スペインとの間を往復する地方の旅客運輸を目的として設計されていた。大型機であるボーイング 747 に対応することはもちろん，特にそれを多数処理

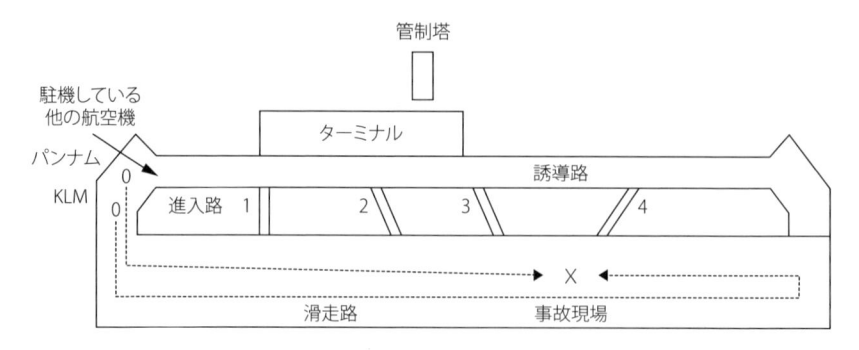

図7.11 テネリフェの滑走路とKLMとパンナムのジャンボ機がとったルート

するようには設計されていなかった。全てのジャンボ機は滑走路の左側に駐機されていた。

7.8.2.3 事故における事象の流れ

2機の航空機は，航空管制塔の職員による管制のもとで操縦されていた。数多くの航空機がテネリフェに進路を変更して到着していたので，渋滞により通常の誘導路に進入することはできなくなってしまった。管制塔はKLM機に対して，滑走路を通ってその端まで進んでから転回するように指示した。滑走路に入る前に，KLM機の機長はのちの時間短縮を考えて，航空機の燃料を満タンに補給させていた。KLM機は，滑走路の端まで着いたのち方向を転回し，離陸許可を待った。同じころパンナムのジャンボ機は，滑走路に進入するように指示を受けたが，3番進入路を通って，誘導路の端まで進むように指示を受けていた。当初，全ては順調であった。KLM機は指定位置で待機し，パンナム機は進入路に向かっていた。

ここで，管制塔と両航空機の間の意思疎通に問題が生じた。パンナム機のクルーは，誘導路へ入るのに3番進入路を通るように言われたが，彼らは3番進入路をやり過ごして4番進入路に向かったようである。同じころKLM機は，離陸許可を受けつつあり，何をすべきか指示を受けている最中であった。ただしKLM機は，離陸せよという指示を受けた訳ではなかった。この時点で多少

の混乱があり，彼らは離陸許可を受けたのだと誤解した。**KLM 機のクルー**は離陸指示を確認するために復唱を行った。この **KLM 機のクルー**と管制塔の間の意思疎通には，問題があったようにみえる。少なくとも事故調査報告書によると，どちらのグループも標準的な用語を使わず，結局はこのことが事故を引き起こしている。

それに加えて，パンナム機から同時に送られていた信号により「ヘテロダイン（混信）」状態が生じていたと報告されている。この混信状態により，全ての関係者の間の指示がさらに明瞭さを失うことになった。そして **KLM 機**は，管制塔の指示を聞き逃し，まだ滑走路を移動中であるというパンナム機のクルーの連絡を聞きそびれることになった。これら全てに加えて，天候条件が悪く，航空機のクルーや管制官は互いを目視することができなかった。**KLM 機**の航空機関士が機長に対してパンナム機はまだ滑走路にいるかもしれないと報告したにもかかわらず，機長は離陸した。衝突の直前に，両航空機の機長は互いを確認し回避行動をとったが，すでに遅すぎた。パンナム機は滑走路から外れようとし，**KLM 機**は機体を持ち上げて回避を試みた。

図 7.12 には，それらが同時に起こることで致命的な事故に至る事象を挙げている。図 7.13 では，事故が発生する必然性があったわけではなく，違った行

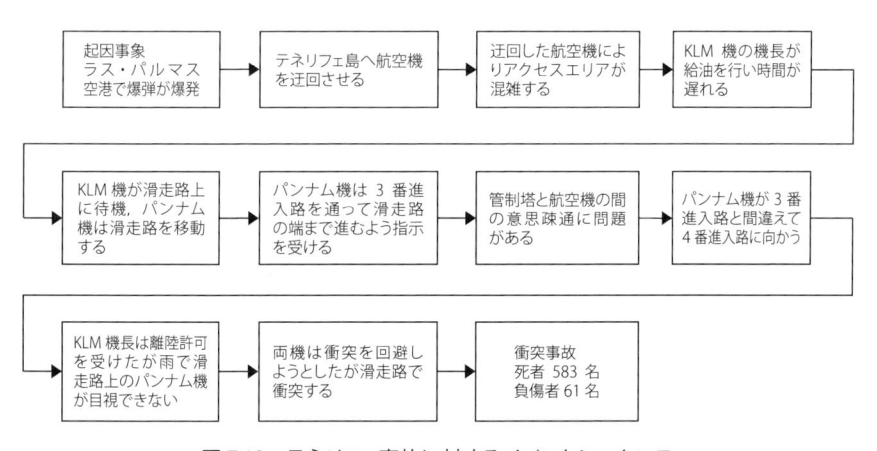

図 7.12　テネリフェ事故に対するイベントシーケンス

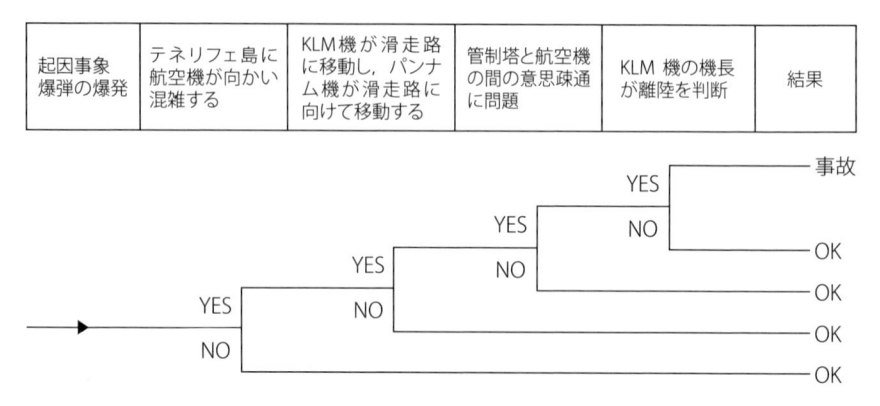

図7.13　テネリフェ事故に対する事象の流れと可能性のあった選択肢

動をとって事故を未然に防ぐ機会があった，ということを示している。図に示したうち2つの事象は，様々な人々が判断する意思決定に関するものであり，それ以外の事象は意思疎通に問題があったことを扱ったものである。航空機を他の空港へ振り分けることは不可能だったのかもしれないが，関与したスペインの航空管制機関は，地方空港にジャンボ機を着陸させることによるあらゆる影響を考えなかったように思える。

7.8.2.4　分析

この事故については以下の点を指摘しておくべきだろう。

1. 航空便の予定変更に伴い，現地の管理部門は，空港の現状はどうか，到着するジャンボ機をどのように収容できるのか，どんな問題が生じうるのか，検討すべきであった。
2. ジャンボ機の渋滞によって，誘導路が利用できない状態になった。
3. 2機を同時に滑走路，誘導路で移動させるのに比べて，滑走路，誘導路で1度に1機のみの移動しか許可しないことで得られる効果は何か，それを理解するために管理部門はリスク／利益分析を行うべきであった。
4. 管理部門は，業務中の言語の壁（米国人，オランダ人などの職員と，日常

的にスペイン語を話す人々の間の壁）をきちんと理解すべきであった。

5. 滑走路や誘導路で 2 機の航空機を同時に移動させるような運用を行おうとするなら，追加の要員を 1 名以上誘導路に配置し，1 機が離陸するときには滑走路に他の航空機がいないことを確かめさせるべきであった。これは，航空機の移動を調整，制御する管理統制というものが空港に存在しているべきであった，という意味である。

6. このケースでは，管制に冗長性または多様性がなかった。どうやら管理部門は，多数のジャンボ機が飛来する状況に直面しても，これまでの空港の運用方法を変える必要はない，と考えたようだ。しかし，この空港はまばらに小型のコミューター機を発着させる空港であったということを思い出すといい。

7. この空域の管制を行う当局は，ジャンボ機をその空港に向かわせる許可をする前に，状況を評価するという手順を踏むべきであった。この指摘には，空港管理に対する運行手順を変更すべきである，という提案も含まれる。誰が管制を行う当局だったのか定かではないが，可能性としては，米国連邦航空局（Federal Aviation Administration：FAA）に相当するスペインの組織が，これにあたるのだろう。

8. 以上のコメントを見れば，組織の問題をひどく過小評価していたことがわかるだろうし，それゆえその施設の（現場や全体の）管理部門が第一に事故の責任を負うべきであった。複数の航空機をどう移動させるかを，事前に計画しておくことは，管理部門の義務だったはずである。意思疎通の困難さは，事故の可能性を広げた単なる要素にすぎない。

9. KLM 機の機長は，まわりの行動すなわち滑走路におけるパンナム機の移動をきちんと把握するために，追加でチェックを行う許可をもらうべきであった。多分，機長は時間の遅れを意識していたであろうし，それが彼の意思決定に影響した可能性はある。

10. ジャンボ機の間の無線通信の状態は悪かったようである。このことが，現在位置に関する情報不足という，さらに重大な問題を発生させた。

7.8.2.5　コメント

これは管理部門による統制が全体的に有効ではなかったもうひとつのケースである。このケースでは，爆弾の脅威が大きな混乱と地上業務時のジャンボ機の安全な管制の失敗を生じさせた。あきらかに，円滑に物事が進まないであろうから余分に注意が必要だという考えはなく，通常の業務状況ではなく，巨大な航空機を扱う空港でもなく，言語と意思疎通に問題があった。もし意思疎通がうまくいっていないなら，同時に2機を移動させて時間と燃料を節約しようとするのをあきらめて停止を指示し，動かすのは1機のみとすべきだった。

7.9　安全関連の補足的な事象

管理部門による意思決定に関する問題についてさらに示すために，設計上の課題に関係のある一連の事象や，事故にまでは至らなかった事例，トラブルについて本節で議論する。全ての事象が大きな事故へと至るわけではない。ここで議論する事象は，原子力産業に関するものである。それは著者らがその産業と密接に関係しているためである。管理部門を訓練し彼らの経験の基礎を培うための基本的なプロセスは他の産業でも非常に似ており，同様の事象が他の産業でも生じうることは確信できる。著者らは軍隊における訓練のやり方が，特に作戦を成功させ生き残らねばならない場合，当事者たちのリスクが非常に高く，適切な判断をするために十分な準備をする必要があるという明白な理由により，他とは少し異なると考えている。

ときとして，過酷事故に至る前に問題を解決する行動をとれない組織が安全上の問題を生じさせた，と規制当局が気付くことがある。また，管理部門が予期していない設計上の問題により，単純で機械的な洗浄作業が放射性物質の放出と保守要員の被曝へとつながる場合もある。ここに示した例はいくつかの国でのものであり，問題がある国に限られた状況にとどまるものではないことを示すのに役立つ。

ここに示した説明は短く，意思決定について懸念される事象の解釈に主眼を

置いたものである。読者がより詳しく事例を検討するのに必要となる場合に備えて，それらの事象に対してより詳細な説明がされている参考文献を示している。

　一般的な結論は，事故の最初から最後までの進展の影響を低減し，それにより事故の確率と結果としての影響を低減するためには，事故／事象に対処し関与する管理部門を教育するのがよい，ということになる。

7.9.1　原子力発電所の格納容器サンプの閉塞

　最初の事例は，原子力発電所の安全性に関する潜在的な課題について，規制当局からある研究チームが持ちかけられた事例である（Lydell et al., 1986）。その課題とは，剥離した断熱材によるサンプの閉塞から運転員は立て直すことができるか，である。研究チームは制御室の運転員が設備，すなわちポンプや弁に問題が生じていることを認識し，サンプをせき止めている断熱材を逆流により吹き飛ばすことができるか評価することを依頼された。炉心を冷却するサンプの水を再循環させるのに失敗すると，原子炉の炉心の溶融に至りうる。

　この課題は当初，人間信頼性に関する問題とみなされ，研究チームは弁と制御装置の場所の調査と，何をどのようにする必要があるのか理解する運転員の能力について検討した。研究チームはこの問題を再評価し，重要な安全上の課題とは流量を逆流させることでサンプから断熱材の破片を除くことができるのかどうかである，と判断した。そこで断熱材がどのように破砕されてサンプへと落下し，逆流によって押し戻されるのかを見るため，一連の試験を実施することを規制当局に推奨した。それにより，一部の条件ではサンプの閉塞を取り除くのは非常に困難であり，それによって炉心の冷却に問題が発生しうる，とわかった。したがってこの問題は，運転員が処置を実施できるかどうかではなく，冷却を回復できるかどうかという問題になった。あきらかに，これは安全上重要な問題であった。それが報告されたのに続いて，規制当局は当時それに対処するのに忙しくなった。当事者は，過酷事故とそれをどのように回復させ

るのかという国際的な懸念に追い回されることになった。

　のちに，研究チームがこの検討で対象とした発電所が，検討されたのとよく似た事象に見舞われることになった。幸運にも，その発電所[*3] は断熱材が剥離しサンプ[*4] が閉塞したときに低出力で運転されていた。運転員はこの事象から発電所を立て直すことができた。もしこのことが問題になっていなかったら，ここまで取り上げてきた「主要な事故」として扱われるようなひとつの大きな事故になっていたかもしれず，その結果は TMI-2 のようになっていた可能性がある。

　炉心溶融に至るような状況が生じたことから，断熱材の剥離によるサンプの閉塞に対する検討が国際的に行われ，対応も行われるようになった。多くの大規模な調査検討が行われた。それに続いて，その発電所は安全ではないとして閉鎖されるという判断がなされた。近隣の都市とその国に住む人々は長い間それを言い続け，発電所を停止に追いやった。短い間ではあるが，それは本当に安全ではない状態だった。もし事故が起こっていたなら，損傷した発電所，代替電力，長期の除染による経済的な災難が生じていただろう。

　さて，教訓はなんだろう？　研究は理論的ではあるが，実際に事故が起こってから真実が確認されるようなことはよくある。残念ながら，一部の管理者が取る立場とは，もしこれまでに生じたことが無ければ，それは起こりそうにないことであり，人は不必要に心配しすぎているのだ，というものである。これは管理部門の最初の法則のように思える。管理部門の 2 番目の法則は，知らせてくれないといって自分の部下を責めよ，それは彼らの落ち度であったし，いまもそうである，というものである。もちろん，我々はこれらの両方に同意はしない。備えのある思慮深い管理部門であれば，いったん状況があらわになったら行動をとるだろう。管理者が評価するのがより良いが，助言者から評価が出されて管理者がそれを受け入れるのでもいいのだ。

[*3] スウェーデンのバーセベック発電所。
[*4] サプレッションプールのストレーナ。

　なぜこの発端となる状態がそれより前に認識されないのだろう，と驚く。きっと断熱材は以前に剥離していたのではないか。それを誰も検討しなかったにせよ，誰かが検討したにせよ，それは無視された。あきらかに，理論が実際になると，世界はそれに注意を払う。

7.9.2　ハンガリーの VVER における燃料洗浄事故

　自分の発電所を事故が襲う可能性に対して備えるとき，過去に生じた日常的に見られる事故に対して備えがちになる。設計基準事故の考え方を思い起こされたい。経験は我々に，事故が複雑であり，自然現象と設備故障と人間の失敗があいまって生じることを示してくれる。ただし，事故は他の原因からも生じうる。以下で扱うのはそんな事故のひとつである。

　2003 年 4 月，ハンガリーの VVER[*5] であるパクシュ 2 号機で放射性物質の放出を伴う深刻な事故が生じた。この事故は，燃料の洗浄のために特別に設計された容器で燃料の洗浄を行う際に生じた。蒸気発生器から生じる磁鉄鉱（酸化鉄）が付着した燃料表面を洗浄する目的で半ば使用済みの燃料が炉心から取り出された（HAEA 報告書, 2003）。燃料と一部の原子炉内部構造物が，この洗浄目的の容器に置かれた。洗浄システムはアレバ／シーメンス社が設計・製造した。

　燃料体は洗浄時間に達し，保守要員が原子炉内部構造物の洗浄が終わるのを待っており，洗浄作業がうまく行っているように思われたそのときに，放射性物質の放出が検知された。報告書では，保守要員がそれに続いて起こした行動には燃料の状態を調べるために洗浄容器を部分的に開けたことがあり，それがさらなる放射性物質を放出させ一部の人員が影響を受けたとある。原子炉建屋からは避難が行われた。続いて，洗浄容器のふたが取り除かれ，大部分の燃料が損傷し一部の燃料ペレットが燃料体から外に出てしまっていることがわかった。ペレットで核分裂反応が生じるのを防ぐために，それを確実に防止するよ

[*5] ロシア型加圧水型原子炉。

うにホウ酸水が加えられた。

この事故は，実際に国際原子力事象評価尺度（International Nuclear and radiological Event Scale：INES）でレベル 3 と判断された。放出された放射性物質は，保守要員に影響を及ぼしたと考えられている。

本質的な疑問は，どのようにしてそのようなことが生じたのか，である。以前に行われていた少数の燃料体（7 体）の洗浄試験は成功していたが，ハンガリー原子力機構（Hungarian Atomic Energy Authority：HAEA）が実施した調査によれば，このメインシステムの基本的な熱設計に間違いがあり，設計者は洗浄工程に気をとられてシステム全体の設計が疎かになっていた。報告書では，容器を流れる流量という観点で燃料内部のレイアウトに問題があったとされている。また，燃料そのものの設計上の特徴が熱流動設計にまで落とし込まれていなかった。洗浄工程の設計者もパクシュ発電所の管理部門も，洗浄工程に潜む安全上の問題に十分配慮していなかったように見える。この産業では長年の間，崩壊熱除去に関する潜在的な課題が問題となってきた。パクシュ発電所の組織はこの工程の安全性に関して，流量と温度を調べるための稼働試験も含めた検討を独自に実施すべきであった。ひとつの組織として，彼らは地震に対する原子炉の安全性についてそれまで非常に配慮を払っており，発電所の様々な運転条件における確率論的な安全性の検討を数多く行ってきた。それらの検討で用いてきたツールと手法は，この場合にも用いられるべきであったし，特に安全性に気を配りそれ以前の原子炉の運転で生じる程度の崩壊熱を持った燃料に対処するという考えを持つべきであった。彼らは第三者の専門性に頼ってしまうという罠に陥ったのかもしれない。最終的に，プラント運転の安全性は，組織の管理部門の肩にかかっているのである。

7.9.3　サン・オノフレ原子力発電所の蒸気発生器の交換

このケースは，不適切な管理から生じた蒸気発生器（Steam Generator：SG）の交換に伴う設計上の問題がどのように，SG 細管の故障，放射性物質の放出，

原子力発電所の廃炉，そして米国 NRC のコンプライアンス上の問題へと至ったかという観点で興味深いケースである（Joksimovich and Spurgin, 2014 を参照されたい）。それに対処するために，サザンカリフォルニアエジソン（SCE）社とカリフォルニア公共事業委員会（California Public Utilities Commission：CPUC）の担当者たちは計画の変更を余儀なくされた。

　放射性物質の放出へと至った流れは，次のとおりである。SCE は当時の SG をより寿命の長い SG へと交換することを決定した。三菱重工が新しい SG の製造を契約して設置し，短い間運転が行われた。原子力発電所の 2 号機と 3 号機の SG は，異なる時期に交換された。3 号機の SG で細管の漏洩が生じ，放射性物質が放出された。約 1 年間の運転のあとで（2012 年 1 月 31 日），発電所は安全に停止した。通常，細管が漏洩すると，他の細管はどうか調査したのちに漏洩は塞がれて発電所は運転を続ける。もし壁面の厚さが NRC の細管壁面厚さの基準を満たしていないと，他の細管も塞がれる。多数の細管の調査が行われ，807 本の細管が NRC の基準を満たしていないとして塞がれた。そののち 2 号機も調査されたが同様の状況であり，510 本の細管が塞がれた。米国 NRC は，ある一定期間に塞がれた細管の数という観点では 3 号機が歴史上最悪の記録であり，2 号機が 2 番目であると述べた。その次は 5 年間で 107 本というサウステキサスプロジェクト発電所である。記録にある他のものはこれらよりはるかに少ない（https://www.nrc.gov/info-finder/reactor/songs tube-degradation.html 参照。細管を塞ぐ前の運転期間に対して細管を塞いだ数がプロットされている)[6]。

　サン・オノフレの新たな SG の設計の不適切さと，比較的最近設置された SG について何をすべきかという NRC による判断についての問題を，このことは示唆している。このときの選択肢は，細管を塞ぎ部分出力で運転するか，プラントを停止し SG を交換するか，完全にプラントを廃止するか，のいずれ

---

[6] 現在は上記の URL にその情報は無い。細管を塞いだ数に関しては，https://www.nrc.gov/docs/ML1232/ML12321A016.pdf にニュースリリースがあるが今後 URL が変更される可能性がある点に留意されたい。

かであった。

　しかし，ここで興味を引くのは，設計判断が SG の性能に及ぼした影響である。蒸気発生器の寿命は有限であり，それには数多くの因子が関与する。それらの因子とは，流体力学的な力による細管の振動から来る細管の腐食と磨耗である。産業界ではかねてから，原子力発電所そのものの寿命に匹敵するまで SG の寿命を延長するために努力が行われてきた。

　SCE 社の管理部門は，たやすくはない SG の寿命延長を望んではいたものの，SG の設計変更について認識していなかった，というのが想像される。SCE 社のエンジニアは三菱重工のエンジニアと一緒に，以前の SG の設計から大きく変更した。彼らの主眼は SG の寿命延長にあり，腐食の影響を減らすために細管の素材を変え，細管の数を増やし，SG の内部構造も変更したが，そうすることで彼らは状況を悪化させ，それが細管の漏洩と閉塞という形で証明された。他の要因もあるだろうが，彼らは産業界側の研究組織である電力研究所（EPRI）の助言を受けなかった。EPRI は SG に関する研究に長年の間資金を提供し，細管の相互の摩擦もしくは支持構造物との摩擦と，漏洩を生じさせる SG の流体力学的な力の影響について特によく知っていた。EPRI は SG の寿命延長のためには何をしなければならないか検討していた。

　SCE 社は 2 基の原子炉について SG の交換を始めてしまって，三菱重工は SCE 社の設計に従い SG を製造した。三菱重工はサン・オノフレの大きい SG を製造した経験はなかった。三菱重工は元々ウェスティングハウス社の設計の SG を数多く製造したが，それらはサン・オノフレより小さいものであった。NRC は状況を見たうえで，設計過程で用いられた計算コードがこの目的に対して不適切であったと述べた。サン・オノフレに設置されていた元々の SG はコンバスチョン・エンジニアリング社が設計したものであり，約 16 年間もった。これは 1960 年代にウェスティングハウス社が設計し 24 年間もった 1 号機のものほど良くないように思われる。また，さらに大きな SG の寿命延長はより困難であろう。同程度の出力を持つウェスティングハウス社製のプラントには 1 プラントあたり 4 基の SG があるのに対し，サン・オノフレは 2 基で

あり，このことは細管の表面積がウェスティングハウス社の SG のそれの 2 倍であったということを暗に示している。

SG は，内部の流路と細管の支持構造物との相互作用が複雑である。事実，SG 内の流れの相互作用は，複雑と考えられる航空機の翼を流れる気流の相互作用よりもさらに複雑である。SG の支持構造物には，運転中に細管同士の衝突が生じないよう細管を固定することが求められるが，冷温状態から定格出力条件に至るまでの熱膨張を許容し，細管における応力の発生を避けねばならない。支持構造物は細管への衝撃の影響を逃がし，亀裂の発生を避けねばならない。支持構造物は流体弾性効果により生じる力で細管の磨耗が生じないように細管の動きを抑制するために存在する。

SCE 社の管理部門は，交換する SG の設計に関する判断において慎重ではなかったように思える。はっきりした知識が無く訓練も限られている分野では，見た目よりも複雑である可能性を考慮して，保守的なやり方を採用し，設備の設計を大きく変えないほうが良い。その分野の専門家の助言を受けることも強く推奨される。

7.9.4　ノースイーストユーティリティズ社の管理変更の影響

この項では，特に顕著な事故には至らなかったが，プラントの運営とその稼働率に影響を及ぼした運営上の問題を扱う。人はいつも，変えたことの影響を見ることができる実験に興味を持つ。この項では，米国の北東部にある一連の原子力発電所の運営で生じた変化について描写する。ここに含まれている情報は次の 2 つの参考文献（MacAvoy and Rosenthal, 2005; Perrin, 2005）から得られたものである。マッカボイ（MacAvoy）氏およびローゼンタール（Rosenthal）氏と，ペリン（Perrin）氏が行った検討はかなり違っているが，ともにプラントの運営上の管理変更による影響に関する課題について扱ったものである。また，これらの著者のうちのひとりは，上層経営陣における変更が行われる前の期間においてノースイーストユーティリティズ（NU）社の HRA の

コンサルタントを務めており，その変更がプラントの運転に及ぼした影響について理解できる立場にある。

　そのような運転について検討することによる良い点は，管理の変更がプラントの運転の稼働率に及ぼす影響を見ることができることである。マッカボイ氏とローゼンタール氏は，スタッフに対して管理部門がとった行動の影響に関して，プラントの運転とプラントの稼働率全体に着目していた。彼らの検討期間は 1986 年から 1996 年である。また彼らは，そのプラントの最終安全解析報告書（Final Safety Analysis Report：FSAR）[*7] において詳細に説明されている要求事項と，設備可用性に関する要求事項の照らし合わせに対応する NRC の行動もたどっている。

　新たな管理方針についての言葉は，管理部門がとるその後の行動に強い影響を持つ。当時の社長は B. Fox 氏であり，代表取締役は W. Ellis 氏であった。マッキンゼー社が作成したある報告書には，化石燃料であるガスを燃やす発電所のような低コストの発電事業者の参入により，電気のコストが下がる動きがある，との助言があった。Ellis 氏は以前マッキンゼー社に勤めており，NU 社のコンサルタントを務めていた。Fox 氏と Ellis 氏の方針はマッキンゼー社の報告書の影響を強く受けていたようである。その州の公共事業委員会は，そのような事態はすぐには起こりそうにもないと考え，NU 社が可能性に対して過剰反応していると考えた。NU 社の経営陣は，第 13 章に示した原則，「株主価値は管理部門にとって行動を生じさせる懸念材料である」に従う傾向があったように思える。

　NU 社の社長と代表取締役はプラントの運転コストを全体的に減らすことを決定し，「競合する脅威に対応する戦略」という計画を 1987 年に示した。これは，運営管理費用を 7％ 削減し，原子力に関するエンジニアリングと運転の費用を 13％ 削減することで，1990 年の費用として計画していたより 13％ の削減を目標として求めるものだった。それをどのようにして実現しようというの

[*7] 日本では設置変更許可申請書と呼ばれる。

か，それは 5 年以内に約 1500 名の人員を削減するという Fox 氏の声明により明らかになった。

　我々が検討してきた他のケースは，最終的に事故かそれに近い状況になっているが，このケースでは特に致命的な事故はなかった。この経営の影響とは，ある期間にわたってプラントの実績が徐々に悪化するという変化を引き起こすことだった。しかしペリン氏は，自身が「事象 442」と呼ぶある特定の保守の実施により，安全上重要な弁について作業する人員が深刻な事故を引き起こす結果となっていた可能性があった，と指摘していた。費用を重視しすぎて人員を削減するという経営陣がとった行動によって実績が悪化する結果となった。プラントの稼働率は 90 ％ から 56 ％ へと落ち込んだ。設備の保守点検がなくなったことで生じた設備の問題によりプラントの停止が生じた。また，プラントの機器およびシステムが FSAR の要求事項と一致しない場合に後者を徹底する際に不備もあった。この問題もまた，人員不足に伴う問題である。

　人員，システム，運転上の問題により，プラントは過酷事故が生じうるところまでかなり近づいていたといえる。早期退職や一時解雇による人員削減は，プラントの人員のスキルの土台を内側から破壊する結果となり，監督や管理職も不足するに至った。保守の遅れとその結果として設備の問題が生じており，経営者の判断によってプラントの安全性が影響を受けている，と職員たちは経営者に報告することもした。

　この報告は無視され，管理部門と職員の間に衝突が生じた。NRC は内部通報者によってこの問題を知らされ，プラント安全性に及ぼす影響と通報者が十分に保護されているかどうかについて懸念した。問題に対する管理部門のありふれたやり方，それは「メッセンジャーを殺す」である。

　1994 年に至るころには，NU 社が所有する 5 つの原子力発電所の稼働率はかなり悪化していた。その平均稼働率は 57.6 ％ へと低下していた。当時は，業界の稼働率が 90 ％ 近いころである。プラントの稼働率の低下については，1995 年に NRC と業界団体の INPO が役員会と会合を持ち，プラントの稼働率という課題に対して注意喚起を行った。しかしその会合の結果として何も変

わらなかった。NRC の常任理事もその会合に参加したが，結局何も起こらず NU 社の管理部門は平和なままだった。

1996 年に，NRC は系統的運転実績評価（Systematic Assessment of Licensee Performance：SALP）で NU 社をレベル 3（最低許容レベル）の会社と指定し，Millstone 発電所の 3 プラントを停止させたうえで，改善を行って許認可の再交付を受けるまで再稼働しないよう指示した。NRC が深く関与するようになって，多くの課題が明らかになった。該当するプラントの FSAR におけるコンプライアンス上の課題は，1 号機の炉心の全燃料取り出しが FSAR に示されていないことが判明したことであらわになった（これは，告発者によって NRC へ情報がもたらされた）。NRC により NU 社のプラントの状況について有効な是正処置が不足していないかレビューが行われ，調査がより詳しくなるにつれて，大混乱となった。この話は続き，基幹の管理部門は品質保証（Quality Assurance：QA）部門に対応せず，根本的な原因にも対処していなかった。

その後，それまでの NRC の求めに応じて NU 社の管理部門も同意していた実績向上計画（Performance Enhancement Program：PEP）の目的は達成されていなかったと明言された。プラントの状態を見直すと，技術スタッフの不足による故障に起因する問題の事例が多く見つかり，この技術スタッフの不足によって検査の減少だけではなく，FSAR の要求事項に関する理解の欠如にも至った。これは，技術監督や管理部門の立場の人々を解雇した結果である。資金と人員の不足は，物が修理されなくなるということを意味した。職員たちは応急処置によってプラントの稼働を維持しようとした。安全系の場合においては，このようなやり方は到底受け入れられるものではない。FSAR の要求事項に関する知識の欠如は，ペリン氏によって説明された問題の核心であった。

やがて，役員たちは指摘を受け入れたが，それはもう遅すぎた。NU 社は，原子力の事業者として生き残ることはなく，原子力発電所は売却された。このとき経営者たちは，彼らの行動に対して処罰を受けることはなかった。NU 社の管理部門の方針は，事業者の崩壊へとつながった。このケースでは，多くの関係者は彼らの果たした役割について賞賛されることはありえないだろう。

1. 役員会は，NRC と INPO が何を言っていたか理解することができず，Fox 氏と Ellis 氏の方針を変えず，彼らの活動に対して解雇する処置をとらなかった。
2. NRC は，実績向上計画（PEP）のプログラムで定められた変更の実施に関する Fox 氏の言葉を信じており，素早く行動しなかった。
3. 事業者の管理部門の行動を変えるという点で，INPO の長所が制限されていたように見受けられる。

運転について高い稼働率を目指すという事業者の考え方は問題ではない。NU 社の管理部門は，高い稼働率の運転を目指すというこの考え方を，彼らがなしたことで傷つけた。ただ人員を削減するだけで効果が上がることは絶対にありえない。プラントを最大の効率で稼働させることを維持することにより，プラントの安全性と経済性を低下させずに組織と保全のための費用の低減を達成するように，運転は計画される必要がある。原子力発電所の安全上の要求事項に対して，これをなすのは容易なことではない。最大想定浸水高さが 48 フィートではなく約 10 フィートだったその当時に，そのプラントに 2012 年に生じたハリケーンサンディのような激しい嵐が直撃しなかったこと，そして福島と類似の事故を経験しなかったことは，この事業者にとって運が良かった。重要なのは，その管理部門とそのプラントが，どのように備えたかである。電源供給装置の確保については，予備電源（非常用ディーゼル発電機）やバッテリー，計装電源と，それに対して水密扉を押し開ける溢水や波の力などの影響について問う必要がある。ハリケーンサンディが襲来した際には興味深い事実があった。その事実とは，主電源の供給が喪失した後に非常用設備（予備電源）が浸水し使用できなくなったため，病気の患者を 6 箇所の地方病院から他の病院へ移さなければならなかったことである。

以上は，被災時の課題に対処するために必要な知識，訓練，経験がなかった管理部門の例である。彼らは，彼らの目的を達成できるような準備をまったくしていなかったように思える。組織の運営をすることと変化をもたらすことと

の間には，違いがある。原子力プラントは，本質的に安全上の要求事項が高いので，運転と保守のための費用も化石燃料プラントより高くなる。

第8章 一連の事故からの教訓

8.1 はじめに

　一連の事故や事象については第7章で詳しく議論しており，本章ではそれらの事故から得られた教訓について，特に運転の安全性と経済性について，組織と管理部門の役割という観点から議論する。

　第7章は，事故がどのように発生したか，そして事故を起こすことと事故の影響に対処することの両面で管理者の役割とは何かを分析することに費やした。幅広い産業と様々な状況での事故を取り上げた。取り上げた産業は，原子力，化学，石油・ガス，鉄道，そして宇宙・航空である。さらに，最後の節では，いくつかの興味深い事故，またはもっと過酷な事故の前兆事象と考えることができる危うく事故に至るところであった事象として，格納容器サンプの閉塞，燃料洗浄事故，原子力発電所の廃炉に至ったSG交換，稼働率に影響を及ぼし事業者の廃業と原子力発電所の停止に至った管理の変更などを挙げた。

　あらゆる事故や事象からは，リスクの高い産業の運営に関する一貫したメッセージが得られる。これらの経験から得られたメッセージは，管理の品質について改善の必要があるということである。あらゆる産業には，得られた教訓を深刻に受けとめることが求められる。事故は，不幸あるいは避けられない状況の結果ではない。事故は避けられない，我々は事故の確率について何もできない，と言って良案をただ排除せずに，状況を改善するためにとるべき手段はある。確かに事故は発生するだろうが，綿密な検討により事故を阻止するかあるいは影響を緩和する機会は見つかる。

よくあるのは，事故はめったに発生しないと考えて，運転員が適切な行動をとらなかったからだと批難することである。ある種の事故をよく検討すると，因果関係について違った解釈が得られる。たとえば，スリーマイル島原子力発電所2号機（TMI-2）の事故報告書では，運転員の過ちが指摘された。しかし詳しく見直すと，原子力産業界のなかからですら運転員の訓練の問題であると言われるようになり，シミュレーター訓練，より適切な手順書，計装の改良といった改善事項が考え出された。つまり，あの事故の原因は人的過誤だとは言えない。確かに操作は運転員によりなされたものであるが，それは本当に人的過誤なのだろうか？ 我々の見解では，問題は原子力産業全体にあった。システムの複雑さを認識することや，あらゆる条件下でプラントを制御する運転員の役割を理解することが欠如していた。

全てではないにせよ，このシナリオに酷似した事故状況が，繰り返し発生しているようだ。それぞれの事故を起こした組織が分析され，問題が指摘されてきた。この問題は多くの場合，変更を行う権限を持ち状況を改善する判断をする管理部門に帰するものである。これらのことは，運転員その他に帰するものではない。それは，彼らの役割ではない。

8.2　各事故から得られた教訓の一覧

それぞれの事故から得られた教訓のリストを以下の項に示す。ある事故から得られた一部の教訓は，他の事故にも等しく適用できるかもしれない。組織的な問題は，個々の組織に限定されるものではなく，技術的および管理文化的な限界があらわれたものであり，普遍的なものと思われる。たとえば，管理部門は運転を実施するための資金を決定する権限を持っているにもかかわらず，自分たちは運転の詳細を知る必要はないと考えているように思われる。同じことは，人的配置のスケジュールを決定することや，仕事を実行するのに必要な人員の技能のレベルを判断することにおいても言える。

8.2.1　スリーマイル島原子力発電所 2 号機事故

　TMI-2 の事故は，原子力産業界にとって目が覚める出来事であった。原子力産業は安全性の多くの面に注意を払い，住民に及ぼす影響に関して検討していたが，それらの手法とやり方は安全性を確実なものにするには十分ではなかった。

　TMI-2 の事故後に，次のことが明らかになった。

- 管理者の知識と訓練は，ガス火力発電所や石炭火力発電所の運転に比べると，原子力発電所を運転するには不十分であった。
- 産業界では，崩壊熱の重要性が過小評価されていた。
- 原子力発電所の安全性を確保するための制御系，保護系に対して産業界が全面的に信頼していたことは，間違っていた。さらにそれに加えて，自動化されたシステムでは対処しきれない一部の事故の側面について，訓練された運転員が対処する必要があることが見逃されていた。
- 設計目的で用いられていた設計基準事故について，産業界はよく理解しておらず，それらはあらゆる事故を扱っていなかった。
- 運転員が効果的に行動するにはより適切な手順書が必要であり，それを用いた訓練をすべきであるとの認識が欠如していた。
- 運転員をより適切に訓練するためのフルスケールのプラントシミュレーターの必要性が見逃されていた。また，事故を阻止もしくは緩和するために，適切な手順書がどのように使えるのかを示すためにもシミュレーターは必要であった。

8.2.2　チェルノブイリ事故

　この事故から得られる全ての教訓を見極めるのはほとんど不可能である。この事故は，思いがけない大失敗であった。難しい試験をその試験の特徴を把握することなく実施したという問題があった。これは運転中のプラントにおい

て，通常運転を逸脱するという極度に困難な試験であった。

- 運転中のプラントで試験計画を完全に管理することなく，困難で微妙な試験を行ってはならない。
- 臨界試験を実施する直前に，訓練された運転員を未訓練の運転員と交代させてはならない。
- あらゆる条件下の原子炉の動特性，特に原子炉が不安定となる条件について，知らねばならない。
- 実施しようとする試験について，得られる成果とリスクについて確認せねばならない。リスクには，炉心溶融の確率やプラントの崩壊の評価を考慮すべきである。ここで，この試験からもたらされる成果は，我々の評価では決してリスクに値するものではなかった。
- 炉心溶融の危険を冒すくらいなら，信頼性のある非常用ディーゼル発電機を他国から購入する。

8.2.3　福島事故

- 管理部門は，津波の確率が 1000 年に 1 度であろうとも，万一発生したときの会社の損失を考え，大胆に経営すること。東京電力の場合，設計基準事故を上回る津波は発生していたのだから。
- そんな事象は発生しないだろうと思っても，自身とその組織は最悪の条件に対して備えるべきである。ボーイスカウトのモットー「備えよ常に」に従い，事象の最悪の組み合わせについて扱った手順書を整備し，運転員が対応できるように訓練すべきである。
- 事象に迅速に対応できる組織の体制は，事象の最中にではなく，事前に整備するものである。
- 事象を報告し行動を決定するための長いコミュニケーション経路を除去すること。必要となる前に方針を与えて現場で判断ができるようにし，必要なときに行動がとれるよう現場の人員に権限を与えるような組織と

なるよう専念する。

- 水素ガスの放出をはじめとするあらゆる安全関連の行動を見直し，プラントの損傷拡大や公衆に対する危険を阻止する行動をとる最適のタイミングを決める。

8.2.4　ボパール事故

- 放出の可能性がある非常に危険な化学物質を，常に監視することなく放置すべきではない。この責任から逃れることはできない。全ての関係者は，必要な管理をすることに合意すべきである。
- もし会社がこれ以上プラント操業に関心がないならば，一般公衆に危害を与えない安全な場所に移らなければならない。
- プラントが安全に停止されるまで，全ての安全システムを確実に運転できるよう機能を確保し試験すべきである。
- もし，プラントとその製品が一般公衆に酷い危害を与える場合，整備された排他区域を設けてそれを維持し，一般公衆への被害拡大を能動的に阻止すべきである。
- ボパール施設のようなものを運転する全ての関係者は，その安全な運転に責任があるため，その運転に密接に関与することが必要である。

8.2.5　BP 社の石油製油所事故

- テキサスの製油所のような運転を行う全ての関係者は，その安全な運転に責任があるため，その運転に密接に関与することが必要である。
- 保守業務には適切な予算が必要である。他の組織から購入した製油所では，資金的な判断が確実にプラントの現実の状態を反映し，かつそれが現状の人員の能力の範囲内となるように，本社による具体的な見直しが必要である。
- 安全性に携わる本社の社員には，プラントの物理的な状態と現場の従業

員の知識や訓練の両面からリスク評価を実施することが推奨される。これは，他の組織から引き継いだプラントの場合には，絶対に必要である。

- 設備の破壊と所員や一般公衆の死亡や負傷という非常に大きなリスクをもたらすプラントの運転区域の場所やプラントの知識が，現場の管理部門にあるか確認する。運転に携わらない一般社員が事故の影響にさらされている可能性があることに特に注意を払う。

8.2.6　マコンド油田のディープウォーター・ホライズン掘削施設の石油流出事故

- 組織は，ひとりよがりに注意する必要がある。ひとりよがりになると細やかな管理が行き届かなくなり，運転の成功を重ねていても事故に滑り落ちてしまう可能性が生まれる。
- 基本的にブローアウト防止装置（BOP）は安全装置に対する要求事項に適合していた。つまり冗長性や多様性は備えられていた。
- 安全上の要求事項に対しては，入念に監視と試験をして確認を行う必要がある。たとえばバッテリーが充電されているかチェックされなかったり，確実にコイルが動作するか検査されなかったりすると，たとえ冗長なシステムであってもその冗長性を失う可能性がある。（2 種類の故障が事故後に発見されており，それがシステムとしての BOP の冗長性に影響を与えて機能喪失させた）
- 必要なときに機能を果たすはずの装置の故障により，多様性が影響を受けることがある。配管の屈曲や肉厚の配管の追加により装置が機能しなくなる可能性もある。配管を切断する機能と能力があるか判断するためにオフラインで試験を行い，配管がさらされる多くの条件下で動作可能なようにしておくべきだった。

8.2.7　地下鉄を含む鉄道事故

- 鉄道の安全記録が向上することを鉄道の管理部門が願うならば，鉄道システムの根本を再設計すべきである。それには，単線上での運転，カーブの回転半径の増加，列車待避所などの再検討が含まれる。
- 洗練された信号系や運転士の教育は，事故の数を減らせないように思える。旧式な機械的インターロックでも，功を奏すこともあるようだ。注意深く練り上げた安全上の体系を新たに適用することについて再検討する必要があるかもしれない。
- 地下鉄のシステムでは，火災の問題を避けられるように建設時点で可燃性物質の使用に注意を払う必要がある。ホームは清浄かつ可燃性物質が無い状態に保つ必要がある。
- 火災，洪水，その他の災害時に，旅客を適切なタイミングで避難させる必要がある。
- あらゆる種類の煙やガスの放出に対応できるような消防隊を，準備しておく必要がある。

8.2.8　NASA チャレンジャー号事故

- ロケットの発射の信頼性は向上している。ただしそれは，設計上の限界や運用上の条件に保守性を保つことについて，組織が特別な注意を払うようになったためである。
- カテゴリー 1 とされている機器の信頼性に，ロケットの安全性は頼っている。つまり重量制限があるために冗長性や多様性を設けられない。打ち上げ時や打ち上げ後に適切に機能するはずのカテゴリー 1 とされている機器が確実に働くよう，その機器の安全上の要求事項や運用上の制限を管理部門は無視すべきではない。
- カテゴリー 1 とされている機器には，その設計範囲を逸脱してはならないという不文律がある。固体燃料補助ロケット（SFB）に使われてい

るOリングの冷温条件下におけるシールの柔軟性をNASAの管理部門
は過大評価し，その設計範囲を逸脱した。Oリングに対する冷温条件に
よる影響を保守的に解釈したとしても，打ち上げが延期に至っただけで
あっただろう。

- カテゴリー1とされているシステムの挙動に対する評価に携わった技術
  者の保守的な助言を，管理部門は受け入れるべきであった。
- 管理部門がSFBのジョイントの設計限界について十分な工学的理解を
  持っていたか明らかではない。これらのジョイントには競合する2つの
  機能がある。つまり，SFBからの高温ガスをシールすることと，打ち上
  げの間SFBを固定しておくことである。強風のなかでSFBに点火して
  打ち上げている条件で，SFBがねじれて振動し，ジョイントのギャッ
  プが開いたり閉じたりするような動特性をNASAの職員が理解してい
  たか定かではない。打ち上げ時の気温が高ければ，普通はOリングの
  ギャップがシールされるようになっていた。

8.2.9 テネリフェ航空機事故

- 現地の航空安全局は，小さな飛行場へと航空機の集団が非常時に分散さ
  れる場合のための計画を準備しておく必要がある。それら小さな飛行
  場は，地上の航空機同士によるテネリフェと同じ種類の事故を防ぐた
  めに，安全管制のための規則を設定すべきである。そのような安全基準
  は，イスラミック・ステート（IS）による攻撃のときにはもっと必要に
  なるだろう。
- 管制塔と航空機の間の意思疎通の品質を，定期的にチェックすべきで
  ある。
- 管制塔が明確な指示を与えることができることを確認するために，英語
  が使われていても非英語圏の人たちの間で意思疎通が成立しているか，
  チェックする必要がある。

- 非常時の条件においても管制官は管制を維持する必要があり，安全な状況管理について教育を受ける必要がある。通常とは違う地上での展開が行われるときは，管制塔と協力して業務にあたる追加の人員を使うべきである。

8.2.10　格納容器サンプの閉塞

- 管理部門は，まだ知られていない安全上の問題が存在し，それが実際に起こる可能性があることを意識しておく必要がある。
- 素材とシステムの間で相互作用が生じると，たとえば断熱材が格納容器サンプへ落下したり，海草が冷却水取水口へ詰まったりすると，予期せぬ影響へと至る可能性がある。
- 運転員が適切な行動をとるために，そのような種類の問題があることと，そのための計装制御をどこに設置したかを，運転員に知らせる必要がある。

8.2.11　燃料洗浄事故

- 崩壊熱はずっと発生し続けるため，使用済み燃料を扱う洗浄業務においてもリスクがあることを，管理部門は意識しておく必要がある。管理部門はどんな問題が発生するかを意識したうえで，その工程を近くで監視するための適切な行動をとる必要がある。
- 管理部門はそのプラント全体に責任があるため，設計や運転手順に対し常に責任がある。
- 業務を運転員に引き継ぐ前に，設計が適切に機能するかどうかを見るために試験を実施すべきである。
- 特に燃料表面の洗浄だけではなく崩壊熱の除去について意識していたなら，どんな問題が生じうるか，どんな結果に至るかを確認するため，運転の分析が行われていたはずである。

8.2.12　蒸気発生器の交換

- 運転中の発電所において，既知の機器を新たな未知の機器へと交換する場合には常にリスクが存在し，どの素材やどの設計を選ぶかが問題となる。無難なのは，同様のものか変更を少しにとどめたものに交換することだろう。

- 原子力発電所の蒸気発生器（SG）は複雑な機器であり，設計を変更する場合は水力的な荷重が増して問題が生じないことを確認する専門家のレビューが必要になる。

- 管理部門は，SG の交換に伴う課題について助言を受ける必要があった。間違った判断がサン・オノフレ発電所の SG を破滅的に損傷させ，予定していた寿命の何年も前に発電所を廃止に至らしめた。

8.2.13　ノースイーストユーティリティズ社の管理変更の影響

- 運転中のプラントには，代わりの人間がいない限り，根本的に異なる考えを持った経営者に交代してしまうリスクが常に存在する。

- 取締役会の役割は，新たな規則のもとで運営を経験することで取締役会の目的が達成されるか確かめるために，新しい経営者の哲学をレビューすることにある。

- 取締役会は株主の利益を代表する。そのためには，経営者たちが利益を出すだけでなく，発電所が安全かつ経済的に運転できるような方法で確実に組織を運営するようにさせる必要がある。

- 経営者が適切かつ確実に運営をするように，取締役会のメンバーを選ぶ。このことは，従業員の意見が正しいと判断される場合に考慮されるはずである，ということを意味する。

- 運営の品質に関する知見は，規制当局である NRC，産業界の運営団体である INPO や WANO，あるいは IAEA との相談で得ることができる。

8.3　結論

　事故を見直すことで，事故から数多くの知見が得られ，それらを本章ではリストにまとめた。まず第一にそれらの知見は，組織が大きな事故に対しても小さな事故に対しても完全に準備しているわけではない，ということを示している。それが示しているのは，会社，組織を消滅に至らせうる事故を回避するという重要な責務に対して，管理部門が散漫になりうる，ということに思える。それが管理部門にとって一番大事な責務だと考える人もいるだろうが，もちろん利益を出し株主価値を維持し伸ばすことも大事であり，それで経営者の成績がランクづけされる。しかし，最後に株主の心をよぎるのは，危機に陥ったときの会社の生き残りである。たいてい株主は，株価がいくら上がるかに興味を持っている。しかしそれは，リスクの高い産業においては，どうやって確実に生き残るか，運転の効率を向上させるのと同時にどうやって運転に伴うリスクを最小化するか，その管理の考えからは絶対に遠く離れるべきではない。これは興味深い両天秤であり，ときどきしくじりも生じる。運営のリスクを管理部門が減らすのに本書のやり方が役に立ち，適切な判断の手助けをすることを望む。

第9章　産業の運営における規制の役割

9.1　はじめに

　原子力発電のように危険をもたらす可能性のある産業活動は，昔から法的な規制の対象とされてきた。政府は，その活動の一部として，個人の権利を保護し，不安全な活動が人の健康と安全に影響することを最小限に留める責務を負う。この責務は多数の官庁に分配され，各官庁は特定の産業分野に注目している。たとえば，原子力規制委員会（NRC）の担当は，原子力発電事業である。ただし，本書の目的は，広い産業分野に関する統制や規制，規制機関の生い立ちなどについて論じることではなく，ここでは，NRC と NRC が担っている事故リスクの低減を助けるいくつかの機能に着目して説明する。

　どの産業分野の規制も，NRC による規制と同様の厳しさでなされているわけではないということを，断っておく必要がある。実際に，NRC は効果的な規制を実践している機関として，他機関の模範とされたことがある。一方，メキシコ湾岸での原油流出事故時には，流出防止装置の保守がより慎重になされていれば事故の影響を小さくとどめられたにもかかわらず，鉱物資源管理局（Minerals Management Service：MMS）の規制官の関心事は操業の安全性よりも石油採掘地域を借地契約することにあったのである（7.6.1 項参照）。実際，MMS の名称と役割は，海洋エネルギー管理局に変更された。恐らく新たな局は，以前の MMS よりは良い仕事をしてくれるだろう。

　規制機関は米国に特有のものではない。他の国には，それぞれの規制機関がある。たとえばフランスには放射線防護・原子力安全研究所（Institut de radioprotection et de sûreté nucléaire：IRSN）があり，イギリスには安全衛生庁（Health and Safety Executive：HSE）がある。HSE は NRC より格段に広い分野の安全規制を担当している。HSE の安全規制の方法は NRC とは異なり，「セーフティーケース」という考え方に基づいている。セーフティーケースとは，その施設が安全であるという根拠を系統的に説明した文書である。この定義は，レベソン（Leveson, 2011b）によるものである。レベソンは，セーフティーケースの妥当性に疑問を投げかける興味深い論文を書いている。彼女は，その結論のなかで，「設計基準事象」だけでなく，「最悪事象」についても考慮すべきであり，さらに経営組織と意思決定を含む，あらゆる因子を考慮しなければならないと述べている。彼女の考え方は，あらゆる産業分野における重要な意思決定がもつトップダウン的側面に関する著者らの意見を裏付けるものである。

　原子力産業に関しては，国際原子力機関（International Atomic Energy Agency：IAEA）のように国の範囲を超えて，原子力利用に関する知識の普及と利用活動の安全確保の支援の両面で活動している機関がある。

　米国原子力委員会（United States Atomic Energy Commission：USAEC）は，揺籃期にあった原子力産業の振興を目的として（アイゼンハワー（Eisenhower）大統領の平和のための原子力（Atoms for Peace）政策の下で）設置されたが，原子力産業の活動を規制する役割も同時に与えられていた。その後，この仕組みは変更され，規制の部分は NRC となり，他方の産業振興はエネルギー省（Department of Energy：DOE）が担うこととなった。

9.2　規制プロセス

　原子力発電プラント（NPP）の運転に関する責任は，プラントの所有者にある。米国においては，原子力発電所が安全に運転されることを確実にするうえで重要な役割を果たすことおよび公衆の防護に必要な活動を行うことを目的として，規制機関（NRC）が議会によって設置されている。その規制は，NRC

が規則・基準を公布し，事業者がそれに従うという仕組みで運営されている。NRC は，検査官を任命してプラントに常駐させ，事業者が規制規則を遵守しているかどうかを監視させている。NRC には経営者を変えたり，会社の運営方法を変えたりさせる権限はないが，指示や規則に従わない会社に対して運転許認可を取り消す権限がある。ノースイーストユーティリティズ社（Northeast Utilities : NU）は実際にこの適用を受けた。（9.4 節参照）

　NRC の活動は，それ自身では事故の発生を予防したり防止したりはできない。NRC にできることは，規制の仕組を通じて指導することにより，事業者がプラントの安全運転を確実なものとするよう適切な方策を講ずる体制を持たせることである。事故が発生した場合，NRC はそれを分析して，同様な事故の再発防止対策を促すために，必要に応じて新たな規制を導入する。これは，確かに後手の対策である。NRC 検査官を現場に常駐させることは，そこで生じつつある状況を認識し，管理者の対応を促すことで事故の防止につながると期待される。しかし，事故やトラブルの分析結果によれば，検査官が事故につながるかもしれない状況を発見するチャンスは多くない。事故を起こしそうになった事例を彼らに知らせてくれるのは，多くの場合，事業者側の職員である。

　その他の有力な組織として原子力発電運転協会（Institute of Nuclear Plant Operations : INPO）と世界原子力発電事業者協会（World Association of Nuclear Operations : WANO）がある。INPO は米国にあり，米国の事業者と連携して活動している。WANO は米国の外にあり，INPO の活動領域の大部分と同様の活動を行っている。実際，WANO はその活動の効果を高めるために INPO 職員の支援を受けている。INPO は事業者の求めに応じ，運転のあり方を改善するための支援として，事業者職員の訓練，組織運営のレビュー，他の原子力発電プラントにおける良好事例の情報の配布などの活動を行っている。INPO はさらに，プラントで発生した問題のうち，他プラントの運転に支障を与えかねないものの情報を蓄積して，INPO グループの加盟事業者に提供している。

　原子力発電所の運転に大きい影響を持ちそうに見えないが，実際は非常に重

要なのは発電のコストである。価格が自由市場で決まるか，事業者を監督する公共事業委員会で決まるかによらず，発電コストは経営者の姿勢と施設運営に影響を与える。利益率に関する心配がないときには，優秀な人材を雇い，設備の保全に時間を掛けることは比較的容易にできる。しかし，プラント運転の市場環境が厳しいときに，経営をやり繰りしつつプラントの安全を維持するには，優れた経営手腕が必要になる。プラントは経営面と安全面の両方で生存可能でなければならないという制約を州政府がよく認識していれば，プラントは安全に運転され，事業者は経済的に生存可能な状態を確保するのに役立つようルールを運用することができよう。しかし，原子力発電所の経営者が至らなければ，資金が潤沢であっても，プラントが不安全な形で運転される恐れがある。経営機能に対する規則は，事業者が必要とすることの全体を考慮したものでなければならない。会社の生存能力は，経営のプロセスと，その経営プロセスが運営ルールにどれだけ効果的に反映されているかに依存している。とりわけ，経営トップには，安全な運転と堅実な運営という2つの事業目的が同時に達成されるように経営する責任がある。

9.3　NRC 報告書のレビューから得られた教訓

　高リスク産業（high risk organization：HRO）は，事故の発生により相当な被害を受けてきているのであるが，拙劣な意思決定の問題は，このような事故時にのみ顕在化するものなのだろうか？あるいは他の状況においても存在しているのであろうか？第7章では，比較的小さい事故をいくつか列挙している。これらの事故は運営が悪いと事故につながりうることを示している。これら以外の事故やトラブルが起こることもあり，それらが産業全体を脅かすこともある（7.9節参照）。ここに示したものがこれまでに発生した事故の全てではないことは，指摘しておくべきだろう。事故はいつでも発生しうるものであり，常時発生しうる運転上の不備を事業経営者が認識する必要があることを，それらの事故は教えている。

　NRC が運営している重要なプログラムのひとつに原子炉監視プログラム（Reactor Oversight Program : ROP）がある。このプログラムはプラントの運転に関する知見を与えてくれる。ROP での指摘事項には，プラントの運転中に発見された事業者の経営判断に関連する事例が多く含まれる。7.9 節には，経営に起因して発生した問題をいくつか紹介した。これらは 1986 年から 1995 年ごろの NU 社の経営にかかわる事例であり，マッカボイおよびローゼンタール（MacAvoy and Rosenthal, 2005）の著書でも扱われている。

　本節では，全ての原子力発電所の運転期間を扱うつもりはないが，ROP の記録に含まれる詳細な事項について理解してもらうために，ROP 記録の一部を紹介しよう。ROP の報告では，多数の実際に発生した事象が議論されている。事象分析が第 3 章（図 3.3 参照）で説明した様々な組織の機能とどのように関連するかを理解してもらうために，過去の事象記録を検討してみよう。この検討の目的は，運転員が原因となること以上に，経営上の意思決定が事故発生の重要な寄与因子になっているとの考え方が裏付けられるか確認することである。

　ROP データベースの一部を選んで検討する。ここでは，選択したデータの基本的な特性は典型的なものであって，最近の数年のなかで特定の 1 年が他の年と非常に異なることはなく，1 年間についての結論は他の年の場合と大差ないものと仮定する。ただし，ひとつ前提がある。それは，NRC が注目することで事業者は態度を変え，あるレベルから別のレベルに移行するということである。同様に，良い成績を上げている事業者でも，劣化しレベルが低下しうる。このため全体としては，データの特徴が概ね一定になるということである。これは，本書で証明できているわけではない。むしろ，このような仮定に従わない特異事象も存在すると考えられている。また産業界の組織である INPO も，事業者における訓練や組織面の改善を支援する役割を果たすことにより，特異事象を少なくし，データを平滑化することに寄与していると考えられる。

　ここで参照するデータは，NRC のウェブサイト https://www.nrc.gov から入手したものである。そのサイトの ROP のページに入り，最新のデータセットにアクセスした。ROP のデータベースにより，米国の原子力発電所のデータ

に誰でもアクセスできるようになっている。これを見ると，大半の発電所は極めて安定に運転されているが，一部の原子力発電所は良好な運転成績を収めておらず，問題が発生していることがわかる。多くの問題は十分に軽微といえるものだが，より重要なものもある。しかし，もっとも重要な課題でも事故ではなく事象と呼ぶべきものである。データを見ると，いくつかのプラントの運営は，他の多くのプラントの運営ほど適切ではないことがわかる。

　表 9.1 の"問題のあるプラント"のリストには，19 プラントが示されている。米国のその他のプラント（84 基）は，容認可能な実績を示しているので，厳格な規制下におかれるのではなく，比較的低い頻度で検査を受けるグループに分類されている。この背景となる仮定は，良好に運転されていると見ることのできるプラントは，マネジメントが相当に効果的に機能しており，検査を追加する理由がないという考え方である。このことは，約 5 分の 1 のプラントは多かれ少なかれ，あるリスクを持っているので，NRC は何らかの形で監視を強化しているということである。NU 社の経験は，プラントの運転が良くない状態にあっても事故を起こさずに経過することがありうることを示している。大事故は，プラントを正しく運転していない状態と，予期せぬ起因事象が組み合わされたときに初めて発生する。安全でない条件で運転している状態は，事業者が，大事故につながるかもしれない起因事象の発生を待っている状態であり，静穏運転状態と呼ぶこともできよう。このような良くない運転状態において事故を発生させる事象とは，ハリケーンサンディ[*1] のような冬期の暴風であるとか，溢水をもたらすプラント内の配管破損といった事象である。そのような状

表 9.1　NRC の ROP 対応マトリックスまとめ表

事業者対応	規制機関対応	コーナーストーン劣化	複数分野／繰り返しコーナーストーン劣化	許容不可能なパフォーマンス
84 基	15 基	3 基	1 基	0 基

[*1] Haricane Sandy（2012 年発生）

態にあった NU 社のミルストーン原子力発電所には，過酷事故を誘発しうるような，沿岸を北上する大暴風が通過してしまう可能性もあった。

　つまり NU 社の経験が示しているように，経営活動に起因するプラントの性能の劣化は，設備の失敗確率の上昇をもたらし，結果として大事故発生のリスクを増加させる可能性がある。東京電力の経験は，経営者が，外的起因事象のリスクを理解し，その影響を最小限に抑えるための行動をとることに失敗すれば，企業の消滅や国家への長期にわたる問題を残す結果に至る可能性があることを示している。

　この ROP データは，約 5 分の 1 のプラントが問題を抱えており，その問題は軽微なものから，より重大なものまであることを示している。NRC のサイト検査官報告書を分析することにより様々な問題が明らかになる。検査官報告書は，次の分野に分類されている。

1. 起因事象
2. 緩和設備
3. 閉じ込め障壁の健全性
4. 緊急時対応
5. 公衆の放射線安全
6. 従事者の放射線安全
7. 核物質防護（セキュリティ）

　最初の 4 分野は原子炉の安全に関するものである。次の 2 分野は放射線安全，最後は防護措置にかかわるものである。NRC の検査官は，事象をレビューする際に，各事象をこれらのひとつに振り分ける。これらは全て内的事象にかかわるものであり，地震のような外的事象にかかわる項目は含んでいない。言い換えれば，これらはプラントの組織の従事者が行った行為または行為を実施しなかったことに起因するものである。

　組織の観点から見ると（第 3 章の VSM に関する図 3.3 参照），これらの行為は，システム 1 から 5 に関連することがわかる。NRC のウェブサイトに行け

ば，各プラントに関する報告書を見ることができる。各報告書には，各事象が（物理的または機能的に）どの分野に関係すると判定されたか，そして事象の原因は何だと NRC が考えたかが指摘されている。これらの報告書では，事象の原因となった人を明示することはない。また，「セキュリティ」分野に分類された事項は，そのサイトの防護措置の弱点を知る鍵になる情報を与えてしまう可能性があるという当然の理由から，ウェブサイトのデータには含まれない。

　ここでは，ロビンソン原子力発電所 2 号炉という特定のプラントの 2012 年の 4 四半期分を紹介する。図 9.1 には，当該 4 四半期の重要な検査指摘事項が示されている。

　この図から，2012 年にこのプラントで発生した事象には，いくつかの G（グリーン）領域の事項が含まれており，それらは，原子炉安全のうち起因事象，緩和設備，閉じ込め障壁の健全性にかかわっていることがわかる。

　これらの報告書のイメージをつかむために記載例を示す。

重要度　　　：G（グリーン）
日付　　　　：2012 年 6 月 30 日
発見者　　　：自明事象
項目タイプ：FIN（発見事項）：給水制御スイッチに対する予防保全の欠落
　　　　　　　　　　　　　により自動原子炉トリップ発生

　許認可取得者が給水制御系機器の予防保全を適切に行っておらず，自明な G（グリーン）領域の事項が発見された。具体的には，給水ループ切替スイッチを "run-to-failure"（事後保全対象機器）に分類したことが不適切だったために，スイッチが予防保全なしに継続して使用され，2012 年 3 月 28 日に故障に至り，給水系のトラブルと原子炉トリップを発生させた。再発防止策としては，故障したスイッチの取り替えおよび同様の故障の可能性がある 7 個のスイッチを今後取り替えることが挙げられた。この問題は，原子力状況報告書（Nuclear Condition Report：NCR）#527203 として是正措置プログラム（Corrective Action Program：CAP）に加えられた。

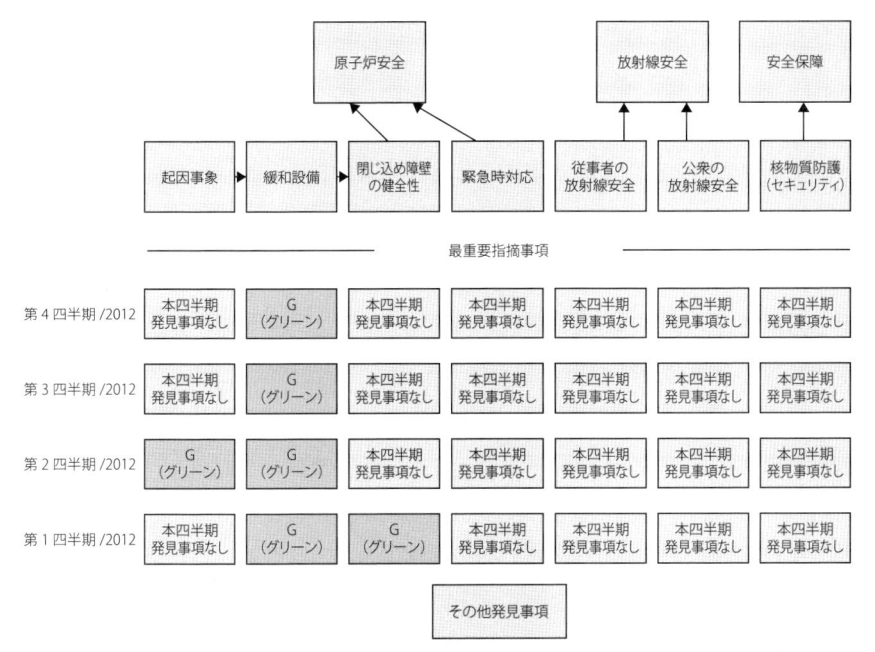

図 9.1　ロビンソン 2 号炉の実績概要，2012 年度（https://www.nrc.gov より）

「設備信頼性管理プロセスガイドライン」ADM-NGGC-0107 Rev.1 に従って許認可取得者が不適切な分類を行い，給水切替スイッチ 1/FM-488B が予防保全計画に含められずに継続使用された。このこと自体は，性能上の不備であった。この発見事項は，NRC の要求に違反するものではないと判定された。この発見事項は，機器の性能によって生じる起因事象の要因と関連があるうえ，運転時だけではなく停止時にもプラントの安定状態を乱して重要な安全機能の作動が必要となるような事象の発生可能性を抑えるための機器にも影響を及ぼすため，「軽微」とするレベルよりは重要である。具体的には，この不備により，2012 年 3 月 28 日に 55 ％ 出力運転状態からの自動原子炉トリップが発生した。この発見事項は，原子炉トリップの頻度の増加または緩和設備のアンアベイラビリティの増加をもたらさないため，安全上の重要度は極めて低い（G：グリーン）と判定された。ただし，この性能上の不備は，許認可取得者が 2008

年および 2010 年に発生した事象を十分に分析していれば，その際の解決策に
本事例の防止に必要な対策を含めることができていたはずであるにもかかわら
ず，それができていなかったという意味で，「問題の同定と解決」分野に関す
る指摘事項処理・評価要領に定められた「横断的特性」を含むものであった。

9.3.1 報告書に関するコメント

　この報告書に関して指摘しておくべきことがいくつかある。この事象は，給
水切替スイッチの故障で発生した給水系の異常過渡事象に起因する原子炉ト
リップであり，したがって，原子炉の安全にかかわる事象に結びつく可能性の
ある起因事象である。保全担当者が，このスイッチの分類を誤り，保全により
故障を防止すべき機器ではなく，事後保全対象機器に分類した。この保全担当
者が今回適切に行えなかったのと同様の作業を行う機会は，これ以外にも明ら
かに存在した。

　NRC は，この状況についてさらなる分析を行っていないし，その分析を行
う責任が誰にあるかも明示していない。生存可能システムモデルにおける組織
の視点からこの問題を見るならば，制御室の運転員には明らかに責任はない。
彼らは，その事象に適切に対応しただけである。保守要員も直接の原因ではな
い。彼らは，指示に従って保守を行うだけだからである。最終的な責任は，プ
ラントの機器および従事者の行為がプラントに及ぼす影響を見ている確率論的
リスク評価グループの支援を受けていた，発電所の原子力部門の責任者（Chief
Nuclear Officer：CNO）とそのスタッフにある。プラントの技術部長の下にい
る技術スタッフは，他のスタッフがプラントの運転をよく理解するよう支援す
るべきである。このケースには，好ましい面もある。事象がプラントのスタッ
フによって指摘されたことである。

　図 3.3 と報告書の両方を見ることにより，システム 1（保全管理者），システ
ム 3（プラント管理者），およびシステム 4（CNO）の役割が理解できる。保全
の重要度分類は当初は設計者が行うべきことであるが，これは遠い過去のこと

である。制御／防護（Control and Protection：C/P）系の設計論理が設定され
たのは 1967 年である（個人的情報：Spurgin は，この C/P 系の設計者であっ
た）。数年ごとに要求事項のレビューが行われており，その責任者はシステム 5
（CEO）である。また，プラント故障のリスクが高くないことを確認するため
に安全設備の状況をレビューすることは CNO とそのスタッフの責任である。

　プラントが安全であることと，プラントの経済性を害する不当なリスクに曝
されないことを保証する主たる責任は事業者にある。しかし NRC（またはそ
の他の規制者）は，一見些細に見える事象を分析することによって有益な役割
を果たせる。この分析によって，より大きな事故が発生するリスクを低減でき
るのである。さらに，様々な問題を持つ類似プラントの経験は，事業者が有す
るプラントの運転において同じ種類の問題が存在しないかレビューすることに
役立つのである。

9.4　コメント

　本書の目的は，高リスク産業の経営者がより効果的な意思決定を行えるよう
支援することである。では，規制制度や規制者はどのように役立っているのだ
ろうか。次のように答えられる。組織にとっては，自ら規制する方が良い。し
かし，残念なことに，組織の目的は社会の目的と異なることがある。そこで，
社会の利益を誰かが守る必要がある。それを効果的に行う仕組みが NRC や同
様の機関である。

　図 4.2 は，プラントを運営する組織と外部からプラントの性能に影響を与え
る要因を示している。図を見れば明らかなことであるが，外部からの要因に
は，事故の誘因事象となる環境上の外乱—たとえば津波—と，組織に対して事故
に至る可能性を押さえ込むのに役立つ助言や経験を知らせることによって安定
させる役割を果たすものがある。NRC と INPO は，事業者の経営者と連携し
てこの役割を果たすことができる。

　NRC のこの役割が受け入れられ，NRC とうまく協力する方法を見いだせれ

ば，多くのことがより円滑に進むはずである。NRC やその他の規制機関が完璧だと言っているのではない。運営を維持する最良の方法は規制者の役割を尊重し，彼らと協力することだという意味である。もし NRC が間違っていると思うならば，自分の論理について彼らと議論し，課題の解決を目指すべきである。

　経営者の役割は，プラントができる限り効率的かつ安全に運転されることを確実にするよう努力することである。通常，NRC のような規制機関は研究の能力を有しており，研究を利用して，他者の失敗を繰り返さぬよう，そこから学ぶことができるはずである。さらに NRC は検査官をプラントに常駐させており，彼らは事業者以外の目となり，問いかける態度を持ち，監視すべき課題を見いだす能力があり，注意を喚起することができる。

　経営者の態度はプラントがどのように運転されるかに影響し，場合によっては NRC にとって問題とされることがある。NU 社に関する経験（7.9.4 項参照）は，あきらかに，経営者が NRC と INPO のアドバイスを相当期間にわたり無視した事例である。評議員会への働き掛けさえ，役に立たなかった。NRC がプラントの運転差し止めを命ずる直前の最後の段階で会長（女性）は NRC が本気であることに気づき，事態を救おうとしたが，「時すでに遅し」であった。振り返ってみれば，NRC は行動を起こすのが非常にゆっくりであり，NU 社の経営者および理事会が状況を是正するために行動する多数の機会を与えていた。この状況は，NRC および INPO は事業および公衆に良い方向に進むように，その役割を果たしていたという見方を裏付けている。

　この経験は我々に，経営者の選定が重要という基本的なことを改めて認識させる。組織は，経営者が意思決定に必須のスキルを持つかどうかに焦点を当てる必要がある。そのスキルには，経験から学ぶ能力や他者の助言を受け入れる能力が含まれる。NU 社の事例では，助言は NRC や INPO などの外部機関から寄せられていた。一方，NASA（チャレンジャー号シャトル）の事例では，内部の技術者から助言があった（7.8.1 項参照）。いずれの事例でも助言が取り入れられず，NU 社では NRC による許認可の取り消し，チャレンジャー号では爆発に至った。

第 10 章 意思決定にかかわるツールの統合

10.1　はじめに

　本章の目的は，経営上の意思決定を向上させる全体的な流れにおいて，どのようにこれまで扱ってきた様々なツールとその価値を組み合わせるか，説明することにある。管理者は，事故やその他の困難な状況に対処するときの能力から考えられるように，意思決定プロセスに関する支援を必要としていることは明らかである（第7章参照）。管理部門は，扱おうとする重要な状況の周りにある物理的な条件，安全上の条件，経済性に関する条件を理解するための支援が必要であるように見える。多くの事故／事象について検討することで，管理が実際にそぐわないものになってしまうと，事故／事象に対する準備や対応をする際に，プラントの運転効率へ悪い影響が及んでしまうことが示されてきた。

　運転自体は，CEO や CFO の関与がなくとも可能である。しかし組織自体は，正しい方向へと進んでいることを確かめる経営者の関与を必要とする。もちろん，組織が経営者を必要とすることはみんなが理解するし，実際に組織に関するビーアのモデルを検討すると，それは組織を導くことのできるような認知プロセスの必要性を示す。同様に，組織は必要に応じてグループを構成して行動する人員を必要とする。結局，根底にある理想と哲学が良いものであるなら，その組織は繁栄する。しかし，もし CEO や CFO がその組織に対して良い哲学を持たないと，その組織の管理は失敗するだろう。このことはノースイーストユーティリティズ社の運営に見られる（第7章参照）。

　組織の経営者には，良い哲学に加えてさらに必要とされているものがあり，

それは組織をどう導くか，それに対する知識，経験，理解である。リーダーシップとは，適切な訓練を受けて，自身の判断について自信を持つことによってもたらされるものである。リッコーヴァー提督が編み出した海軍の原子力艦に対するやり方は訓練と知識に基づくものであるが，ビジネスにおける訓練もまた意思決定に対するものである。彼のやり方は（付録参照），潜水艦の乗組員を次々に困難な問題にさらすことで必要とされる意思決定能力を育てる，というものであった。この訓練は，陸地に設置された原子炉を用いて，「訓練生」が感じるプレッシャーを増すように現実味を持たせた訓練プロセスにおいて，部分的に編み出されたものである。

　高ストレス条件下で正しいことを実施することは，まれに自然発生するだけの天からの授かりものではない。それは一部の人が他の人よりうまく学べる能力ではあるが，必要とされる能力を適切に得るには，多くの状況にさらさねばならない。若者から大人まで試験されることで，彼らの意思決定の能力は次第に作りあげられていく。このような能力は，設備の操作から潜水艦全体の操縦まで多岐に広がる。このような能力を育むことで，事故を収束させ，回復プロセスを充実させるのに役立つ。

　これまで扱ってきたツールを組み合わせて，さらにそれらの使い方を教えることで，良い経営上の意思決定のための視点をつちかうことができ，良くない判断とそれによる結果が生じる確率を減少させることができる。このプロセスは，リッコーヴァー提督のそれと似たやり方である。しかし，組織の力学，個人の振る舞いの特性，様々な分野におけるシステムの根本的な特性を理解させるための管理者の訓練について，理解する管理者の能力を向上させられるような，リッコーヴァー提督の当時は用いることができなかった数多くのツールがある。有効に使われてきたひとつのツールは，プラントのシミュレーションである。しかし，シミュレーション技術は様々な利用ができ，それは運転員を訓練するためのプラント設備のシミュレーションのみに限られないことを理解すべきである。たとえば，チェスは戦術や戦略を訓練するツールと考えることもできるが，昔の軍事行動のシミュレーションでもある。

　管理者による拙い判断が事故を招き，組織の立場を事故からの復旧にまで追いやるようなことはよくある（福島の津波による事故を参照）。

　原子力産業界で発生した多くのツールは，公衆の健康と安全について検討するために使われてきた。これは良いことだが不十分であり，全ての人をどう訓練するか一貫した政策が必要であると著者らは考える。運転員に対しては多大な配慮が払われてきており，残念ながら会社を導く人々は行うべき仕事についてとても運転員ほどは訓練されていないように見える。逆にこのことこそなすべきことと思える。

　制御室で働く運転員が，安全上の表示の設計や，人員配置のスケジュール，プラント設備の設計の改善などの判断に絡むであろうか？　運転員は意見を述べることはできるが，特に金銭が絡むとなると，意思決定をすることはない。プロジェクトの失敗の可能性が関係すると，1986 年のチャレンジャー号の爆発のように，管理部門が重要な判断をしたり判断を強制したりする（第 7 章参照）。

　原子力の安全面は過大視されてきたし，多くの非原子力産業の活動の安全性は過小評価されてきたことは，歴史が明らかにしてきた。しかし，安全上の課題に熱心に取り組み多くの時間をかけてきたのは，原子力産業であることは述べておくべきであろう。公衆を保護するために重要な機器は，格納容器である。原子力発電所に格納容器を備えておくことを求めたのは，米国の原子力開発の初期であった。

　発電所の設計における格納容器の使用は，安全性の問題から経済性の問題へと移行している。新しい原子力発電所の設計では，主に格納容器構造物のために死者数は減ると評価されていることに気づく。もし原子力発電所が適切に運転されれば，公衆を危険にさらすことはないはずである（第 7 章参照）。ただし，もし事故が発生する一方で放射性物質の放出が制御されるとしても，炉心溶融に至るような炉心損傷は発生する。短期や長期の費用は，プラントを運転している組織を破産させるようなものになるだろう。管理部門の役割は，事故を防ぐために，特に炉心溶融を防止するために，原子力発電所の特性を十分よ

く理解することである。

　原子力以外の多くの産業では，原子力の事故よりはるかに厳しい事故を経験してきた。そのような原子力以外の事故の多くは，かなり容易に避けられた可能性がある。たとえば，インドのボパール化学プラントで1984年12月に発生した事故では，約20万人が死亡したといわれている。もし現場の管理者と遠隔地の米国の管理者がプラントの動特性を理解し，そのプロセスの制御方法の基本を知っていたなら，事故は避けられたはずである。とにかく管理者には，リスクをよりよく理解し事前準備をさせておく必要がある。この視点を裏付ける例は他にもある。原子力産業界の発展は，事故の確率を減少させるよう過去45年の間，徐々に進んだ。石油，ガス，炭鉱，鉄道，化学産業などの原子力以外の産業でも同じことは生じるはずである，と考えられる。

　安全性を追求する必要性により，原子力産業における検討からいくつかの手法が生まれた。一見してわかる安全性は少しずつ改善されてきたが，事故の経済的影響に関しては懸念が増してきた。このことは，スリーマイル島2号機（TMI-2）と福島の事故を検討すれば理解できるだろう。TMI-2事故では，顕著な放射性物質の放出はなく，短期の死者もいない。しかし，炉心は溶融しプラントは永遠に停止してしまった。このことは，プラントの喪失，代替電力の必要性，廃炉，生物圏からの機器と燃料の廃棄，といったコストを招いた。

　ここで端的に，管理部門の意思決定に役立てるためにどのように組み合わせるかを扱いたいツールとして，以下を列挙する。

1. ビーアのサイバネティック組織モデル（第3章）
2. アシュビーの必要多様性の法則（第4章）
3. 確率論的リスク評価手法（第5章）
4. ラスムッセンのスキル・規則・知識ベースの人間行動モデル（第6章）
5. 様々な産業における事故のケーススタディ（第7章）
6. 訓練手法と助言者の役割（第12章）
7. プロセスのシミュレーションとその価値（第11章）

10.2　個々のツールの役割と組み合わせ

すでに述べたように，扱った全てのツールには，管理部門の意思決定能力の向上のためのアプローチにおいて，役割がある。ここでは，それぞれのツールの主な目的・役割と，他のツールとの関係について扱う。

10.2.1　ビーアのサイバネティックモデル

ビーアのサイバネティックモデルは，組織による運営に対する理解に基づいて構築されるものであり，重要なツールである。それは，トップの経営者，中間管理職，スタッフ，運転員といった様々な組織の構成要素の役割上の関係を描いたものである。ビーアのモデルは，運転・行動に関する指示，指針，状況情報がフローとして様々な要素と関連づけられているという観点で，動的なものである。ただし，ビーアの組織モデルはどちらかというと制御する役割を持つシステムとして捉える必要があり，したがって組織の行動を理解力のある制御系として見ることができる。ビーアのモデルについては，第3章で詳しく議論されている。

図 10.1 には，ビーアのモデルの形で，原子力発電所を制御する組織が描かれている。プラントの機器は，安全となるはずの設計の制限の範囲内に発電所の運転パラメーターを維持するように設計された，一連の制御系や保護系により自動的に制御・保護している。これらの自動システムは，プラントの管理部門への報告を怠らない制御室や他の運転員によりバックアップされている。プラントは，国の送電網に電力を供給するよう運転される。配電網からの要求は，制御室の運転員が発電所を制限の範囲内で運転しながら達成される。他の人員は，プラントの設備が良い運転状態を維持するよう，作業に従事する。

図からわかるように，原子力の規制当局などの他の組織は，許認可に見合う範囲内で管理部門が運転を行っているか確認する意図で，そのプラントを監視する。また図のなかには，外的な擾乱と内的な擾乱も示されている。外的な擾乱には地震や嵐による洪水などがあり，内的な擾乱には配管破断などによる内

182

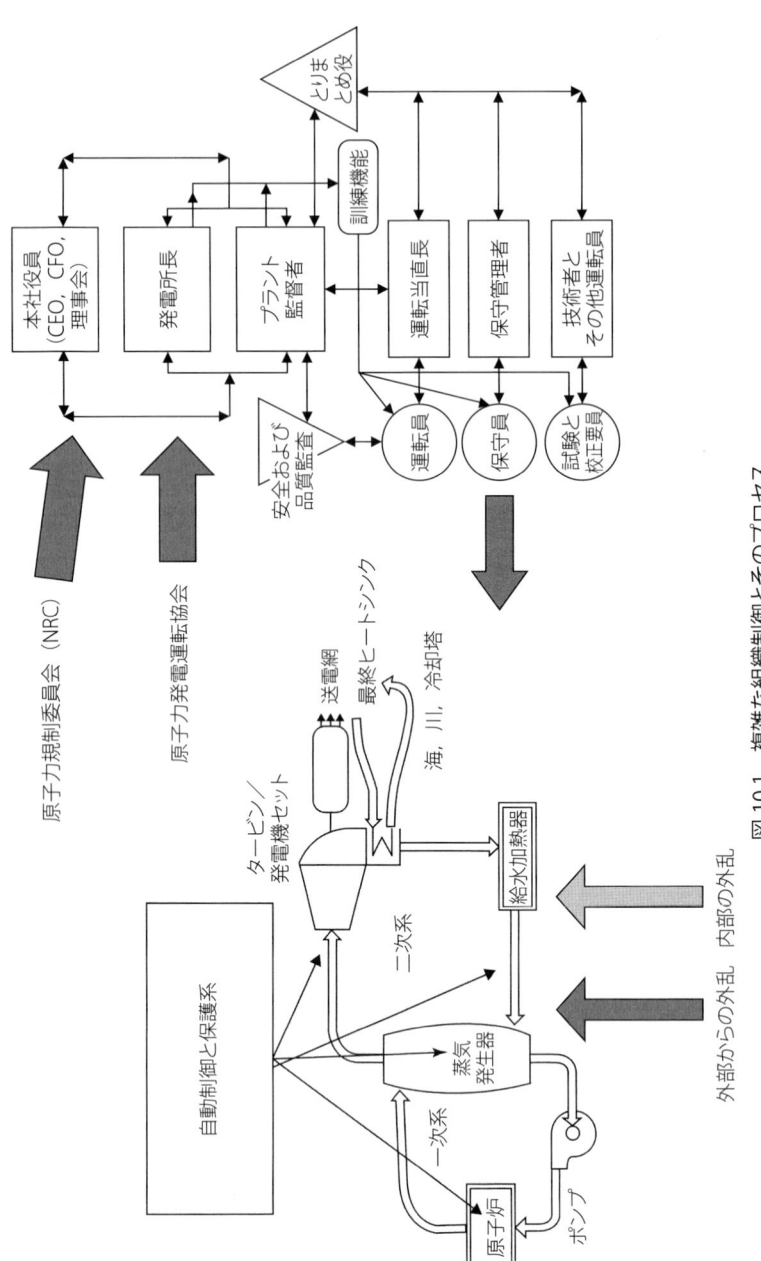

図 10.1 複雑な組織制御とそのプロセス

部溢水のようなものがある。

　組織に制御されている運転システムとしては，原子力プラントや製油所，その他の事業がある。我々がシステムについて語るとき，管理部門のチームが必要とするのは，詳細なシステムの動的な振る舞いに対する理解である。もしある人がシステムを制御する方法を理解する必要がある場合，アシュビーの必要多様性の法則を使用することになる。また，人は外的事象（洪水や地震など）と内的事象（内部溢水や火災など）の両方がシステムの振る舞いをどう変化させるかを知る必要がある。また組織は，政府が制定した法律や規則の影響も受ける。これらの法律や規則は，組織がとる意思決定や行動を修正させることもできる。

10.2.2　アシュビーの必要多様性の法則

　この場合のアシュビーの法則のエッセンスは，プロセスを効率的に制御できるようにそのプロセスの特性と環境条件を理解することが，トップの管理者（制御者）の重要な役割であることを認識することである。意思決定者がそのプロセスを理解することに失敗することは，事故前，事故時，事故後の全てのプロセスを適切に制御することに失敗することになりうる。

10.2.3　確率論的リスク評価手法

　確率論的リスク評価（PRA）は，管理部門の判断に対するリスクの評価や，運転上の理由で短期的に設備を変更するリスク，すなわち保守のために安全系を供用から外すときのリスクを検討することに使うことができる。後者の場合，全体的なプラントリスクのプロファイルを考えることになり，事故の起因事象の同時発生による影響を効果的に低減するために，プラントの監視を強化する判断をすることもできる。

　PRAを構成する要素とは，事故の様々な起因事象，重要となる設備の故障確率，それと組み合わせられる重要な人間行動の確率である。事故の起因事象，

機器故障，人的過誤などの様々な確率を予測する解析者の能力があれば，PRA
は運転しているプラントの完全なリスクプロファイルを描き出す。これらの確
率の予測には非常に経験を積んだ解析者が必要であり，確率の評価値には不確
実さが含まれ，したがってリスクプロファイルも不確実さを含む。あきらか
に，PRA は管理者がどういった行動をとるべきか判断するためのツールとな
るが，意思決定者は解析者により評価される確率を信頼しなければならない。
ここにもまたアシュビーの法則の価値を見ることができる。管理者は，PRA
システムの作用に関する深い知識を持たねばならず，意思決定する際に不確実
さを考慮に入れることになる。これまで要員と管理者の訓練について議論して
きたが，PRA の使い方や不確実さを理解することは管理部門が訓練されねば
ならないことのなかのひとつの要素である。PRA はよく知られているように
限界を持つツールであるが，管理者が行動をとる道を判断する際に考慮すべき
ものになりうる。

10.2.4　ラスムッセンの人間行動モデル

　ラスムッセンは，デンマークのリソ国立研究所（Riso National Laboratory）
で人的因子や心理学を含む数多くの分野について取り組んでいた。彼が貢献し
たことのひとつに，人間の行動を 3 つのカテゴリー，つまりスキルベース，規
則ベース，知識ベースの 3 つに分類できるという概念を示したことがある。も
ちろん，この 3 つのカテゴリーは不連続なものではないが，分けた方が便利で
ある。

　スキルベースの行動は，繰り返しの作業に従事した人が非常に熟練し，もは
や他の人や資料の助けを必要としないものである。この単純な例としては，大
工が鑿を使うときのスキルが該当するだろう。

　規則ベースの行動は，あるタスクを実施することにある程度習熟し，手順に
沿って一歩一歩進めるものである。この例としては，原子力プラントの事故時
に対処するときに，緊急時の手順に沿って運転員が行動することが挙げられ

る。あきらかに手順書の設計は，運転員が適切な一連の行動を達成するのを支援するようでなければならない。運転員は手順書とその事故への適用性について理解するよう訓練されているはずである。一連の手順書の一部は，ある特定の事故を収束させるのに使うべき的確な手順へと導いてくれるようになっている。

　知識ベースの行動としては，未知の事故に取り組むために，システムやプロセスに対する人間の知識を使う場合が該当する。手順によってではなく人間の理解によってのみ，そのタスクを実行する。その技術に対する能力のある人間には，事故の影響を収束あるいは緩和させる正しい行動をとる能力があるが，その状態に達するのにどのくらいの時間がかかるかが問題である。教育・研究的な状況では時間は問題とはならないだろうが，事故時の状況では時間が重要であり，早く行動をとれないと結果はどんどん悪化し，より複雑な状況にすら追い込まれてしまうだろう。

10.2.5　様々な産業における事故のケーススタディ

　事故分析は，様々な面でとても有用である。分析は，通常時においてよく運営されている組織においても事故は起こることを教えてくれ，そして事故シーケンスは，事故が多面的で相互作用があることを組織が理解する必要があることを教えてくれる。事故に対処するためには，事故がとりうる様々なシナリオを考慮する必要がある。過酷事故の進展に対処するための手順書の設計においては，相互作用による影響，たとえば事故が進んだ後の津波や地震の相互作用による影響を考慮しないことはよくあるだろうが，本当は組織が考慮すべきことである。この種の難しさを表す例が福島事故である。この事故では，発電所の人員の回復行動が地震により波及した影響を受けて，困難な条件下で運転員がとるべき手順にも影響を及ぼした。運転員は補助電源の供給や炉心を冷却するための水の注入ラインも準備していたが，地震で飛散した小さなデブリにより，緊急施設が損傷を受け事故対応の遅れを招いた。

10.2.6　訓練手法と助言者の役割

　訓練が果たす役割とは何だろうか？　意思決定者は様々な理由でその仕事に任命されることだろう。実際に，その分野における深い背景もない人が選ばれるのを見てきた。したがって，訓練の役割は，その仕事に対してその人に準備させることである。軍隊で見られるように，一兵卒が将軍に昇進することはない。軍隊においては，兵士がどう行軍するか見るために演習するのと並行して，戦術や戦略に対する理解を深める段階的なプロセスにより初心者を訓練する必要がある。初心者に対してストレスのかかった条件下で意思決定させるために選ばれた条件は，指揮官のようなもっと階級の高い人に対して要求される条件より困難なものではない。軍隊では任務に伴う課題を認識させ学習させるために，わざと失敗するような条件を設定しようとする。残念ながら一般的な産業では訓練はそれほど厳しいものではなく，背景知識が限定的で，困難なストレス条件下で能力をテストされていない人がリーダーシップをとる立場に選ばれることがある。原子力産業では，トップの管理者よりも運転員に訓練の努力が求められることから，一部の組織では運転員としての訓練を管理者に受けさせる。しかし，そこには運転員に対して求められる訓練のような継続性はない。運転員は月に1度，1週間のシミュレーター訓練を受け，座学研修も受ける。

10.2.6.1　助言者の利用

　管理者が判断をするのに用いる一連のツールには，管理者自身の訓練と経験，事故の分析が挙げられ，そして管理者の判断には PRA という体系を利用して得られる助言も利用される。さらに，管理者は自身のチームの助言を信頼することもできる。ある事柄におけるチームの経験と知識は，管理者のそれより優れていることもありうる。

　事業者の組織を見直すことで，原子力の運転について深い知識を持つ人々が原子力に関する事柄について CEO に助言する立場につくようになることを示

してきた。これらの人々は，原子力部門の責任者（CNO）として立場を認められ，原子力関連の事項に知識を持ち，かつ経験を積んだ人々であると考えられる。このことは，大きな必要性を満たす進歩的な方法であると思われる。

10.2.7　プロセスのシミュレーションとその価値

　シミュレーションとは，一連の数式による動的なシステムの表現である。たとえば，原子炉，蒸気発生器，発電機，蒸気タービンや，その他の付属的な機器に対する一連の数式によって原子力プラントの挙動を表現できる。実プラントの計装制御系を複製したインターフェイスと組み合わせてシミュレーターとすれば，運転員を訓練するのに利用できる。他には，様々な事故のプラント挙動を検討するために使える。事故時に対しては，運転員を訓練するために用いていた数学的な表現とは異なることもある。

　このため，シミュレーションモデルの使い方も異なる。普通，フルスコープシミュレーターは運転員の訓練に用いられ，解析者が事故の進展を理解するために使われることもある。いわゆる事故モデルは，事故時の手順書の設計者や解析者にとって役立つものである。このような手順書は，複雑で多様な事故に対して運転員が対処することを可能にするものである。このことは，ラスムッセンとその行動モデルを我々に再び想起させる。

10.2.8　まとめ

　これまで述べてきたように，本章は様々なツールとそれらの関係，そして特に事故時における管理部門による意思決定を向上させるためにそれらを組み合わせてどのように使うことができるか，を扱うものであった。ここに示すのは，管理上それらのツールを使うことと，他のツールとの関係について記した覚え書きである。

10.2.8.1　組織の動的モデル（ビーアのサイバネティックモデル）

　ビーアの組織構造は，ある組織についての動的なモデルを提供するものであり，組織はどのように運営を実施すべきかを，そして CEO や CFO から下位の管理者，運転員，保守員に至るまでを含めた全ての要員の相互依存性を，管理者が理解するときに役に立ちうるものである。この構造は，組織のどこが正しく機能していなさそうかではなく，その組織内部のコミュニケーションを描くものである。

　その組織について知ることだけでは不十分であり，通常時から事故時までのあらゆる運転状態におけるシステムの動特性について知ることが必要である。特に事故が，システムの動特性と反応に及ぼす影響について知ることが必要である。それこそがアシュビーの法則を理解することで得られるものであり，それこそが管理部門の訓練内容に含めるべき理由である。リッコーヴァー提督の原則に従うと，若い人から始めてもよい。管理部門とは人を通して目的を達成するように働くものであるため，管理部門は人間の行動の価値と限界を知るとよい。働く現場での人間行動に対する知見は，ラスムッセンの行動モデルを理解することで得られる。そうすると管理部門は，実行しなければならないタスクに適した訓練と手順書によって人員を支援できることがわかる。タスクの求めることがある人を知識ベースの状況へと追いやるなら，問題を解決するのに十分な時間をそのスタッフに与える必要性があることを，管理部門は認識すべきである。

10.2.8.2　アシュビーの必要多様性の法則

　アシュビーの法則を理解することは，複雑なシステムを効率的に制御できるよう，そのシステムの多様性を認識するのに必要である。ある条件におけるシステムの多様性を理解しないと，そのシステムを制御して組織の目標を達成することができなくなるだろう。

　同様に，同じ目的のために，どのように事故がシステムの特性に影響を及ぼしうるのか理解する必要がある。管理者は，システムの挙動に対する自身の視

点が，システムの有効な制御を行う自身の行動に対して，影響を及ぼしうることを知っておく必要がある。

10.2.8.3　確率論的リスク評価手法

　管理者のツールのひとつは，プラント全体のリスク評価である。この手法では，原子力，製油所，航空・宇宙などを含むあらゆる種類のプラントを扱うことができる。PRA がなすこととは，外的・内的な擾乱や，保守と運転に関する人間行動，管理部門の判断とその結果，といったことの関係を示すことである。

　管理部門は，プラント固有の弱点を補強する判断をし，そうして事故時の失敗確率を低減させるために，このような情報を使うことができる。ただし，起因事象はいくつかの異なるグループに分類される。あるものは機器の運転とその寿命に関係するものであり，またあるものはその頻度が予測できない自然現象に関係するものである。設備の故障により生じる起因事象は，リスクとその結果を抑えるための検査体制を判断することで低減できる。たとえば，蒸気発生器から主タービンまでの主蒸気配管は，亀裂や腐食による配管減肉を探す超音波探査が行われているはずであり，ランダムに生じる配管故障確率は大幅に低減しており，配管破断はかなり起こりにくく事故の発生も起こりにくい。

　与えられた影響について推定される確率は，注意深く扱うべきである。確率が低いからといって，その事象がすぐに起こらないことを意味してはいない。福島の津波事故からのメッセージは，たとえ 1000 年に 1 度の事象であっても，明日起こるか来週起こるかわからないということである。東京電力の場合は大きな津波は起こらないだろうと「希望」することにし，女川原子力発電所の管理者は高台に防潮堤を作ることを判断し，津波の影響は女川では最小であったのに対し，福島での損害は甚大となった。

10.2.8.4　ラスムッセンの人間行動モデル

　ラスムッセンの人間行動モデルは，与えられた役割を発揮するうえでの人々の限界と，運転を有効に実施するための追加的な支援の必要性を我々に教えて

くれる。ある事故に対応する運転員の場合，彼らに必要なのは，素早く的確に対応するように支援してくれる，彼らが学んできた手順書である。ラスムッセンのモデルは，事故時の対応で良い結果を収めるためには，運転員が手順書に沿って訓練を受けていることを確認する必要があり，その手順書は求められていることを運転員ができるよう設計され技術的に検証されている必要があることを，管理者に教えてくれる。

手順書の設計の過程は，知識ベースの行動の範囲に分類されるものである。管理者は，手順書の基本的な前提を知っておき，それに同意しておく必要がある。安全性と経済性に関する限り，それが彼らの責任の中核となるのであるから。

10.2.8.5 事故のケーススタディ

事故のケーススタディが果たす役割は，プラント挙動に対する理解不足がどのようにして事故を招きうるか，管理部門の理解を促進することである。ある事故の確率を考慮し損なうと，会社の損失，人命と一般公衆の家屋の損失，汚染による農業上の損失に至る。

管理部門が責任を持つ範囲は，組織の力学だけではなく，現場の環境が影響することによるプラント脆弱性も理解することにまで及び，それを自分たちの判断に落とし込む必要がある。たとえリスクが小さくとも，管理部門はその事象の影響を考慮しておくとよい。

他の産業分野の事故を分析することで，よく準備した組織でさえも完全に準備できていなかった罠に陥って事故へと至る判断を下す可能性があるという事実を，管理部門は経験することができる。事故はときとして良くない判断により，またあるときには判断をしないことにより発生する。第7章の事例を分析すると，数多くの様々な種類の意思決定があることがわかる。これらの事例を知ることで，様々な原因に対して今後行う判断をチェックし，正しい判断を追究することができる。

10.2.8.6　訓練手法

　原子力発電所の運転員に継続的な訓練をすることは，必須であると思える。また，他の高リスク産業（high risk organization：HRO）や経営レベルの意思決定をする人々は，このようなやり方を適宜改善して利用すべきである。そのような継続的な訓練を行うという案は基本的に，技術的な観点と模擬した事故にさらすという観点の両面で，（ラスムッセンによる）人間行動の特性とその人間の能力をある一定のレベルに維持する必要性の両方を理解して考え出されたものである。その訓練方法は，経営者と運転員が必要とすることに見合ったものとすべきである。あるひとつの訓練方法は TMI-2 の事故による産物として生まれた。

　一般に運転員が正確に早く対応することはどこでも必要とされることから，この訓練方法は，他の高リスク産業にも同様に適用できるだろう。包括的な訓練方法を持たないと，多くの人命の損失，プラントの損傷，近隣の汚染，といった企業が懸念する事態にさらされる結果となる。もちろん，死者が多かったり少なかったりと，影響が広がる大きさは変わる可能性がある。したがって初期のリスクに対応する運転員の訓練が重要となる。

　しかし，残りのスタッフや管理者に対する訓練の必要性は認識されていないように思われる。一部の管理者は運転員を経験しているため，実は訓練を受けていることになる。しかし，上級の職員や役員会のメンバーは，適切な技術に対する理解が無いという状態に近いことが多い。そのような人々になりうるのは弁護士や財務を担当する人々だが，彼らには投資者としての興味があり，それにはおそらくプラントが経済的に運転されるだけでなく安全に運転されることの必要性が含まれるはずである。ノースイーストユーティリティズ社の場合は，その義務を果たす理事会が失敗したと理解すべきである。それだからこそ，役員会のメンバーは投資者としての役割を確実に果たすよう，プラントの特徴について訓練される必要があるのだ。

　CEO や他のメンバーたちは，プラントの技術的な特徴をよく認識している必要があり，そうすればプラントの運転に伴うリスクを評価できるようにな

る。これは壊れたら直すという昔の方法とは異なる。彼らの訓練にはアシュビーの必要多様性の法則の観点をとり入れるべきであり，それによって彼らは様々な要素の故障が発生し内的事象や外的事象に至る可能性について検討するようスタッフに要求するような考え方を持てるようになる。

プラントを正常に運転するために管理者は，運転員が十分に訓練を受けていることを確認したうえで，自分自身も同様に技術的訓練を受けることにより，安全性に関する設備を含むプラントの設備に対する運転員と保守要員の役割について理解すべきである。トップの経営者が常に事故とその影響を考え続けることはできないため，一部の支援スタッフに事故とその進展について十分に訓練を受けさせるようにすべきである。それらの人は管理部門に良い助言を与えられるようになるはずである。米国の原子力事業者の場合は，その必要性に対する認識があり，CNO という役割を設けた。特に CEO が違う観念を持つ場合には，その CEO が助言を受け入れられるかどうかは疑問なこともある。ノースイーストユーティリティズ社の場合には，ある観念がその会社の考え方に強く影響しうることが示され，ひとつの経済的主体としてのその事業者を活動停止に追いやることになった。

10.2.8.7　プロセスのシミュレーションとその価値

プロセスのシミュレーションの価値は，多くの方法で有用であると示すことができる。プラントのシミュレーションは訓練目的で利用される。この場合のシミュレーションは，プラント全体の動特性の数学的な表現である。ディスプレイや制御装置を現実的に表現する形で，制御室の複製が設置される。インターフェイスを介して入出力される信号がプラントのシミュレーションを動かす。訓練の課程においては，模擬されるプラントの挙動に影響を与える外乱を訓練のインストラクターが選び，制御室の運転チームの対応が記録され，訓練プロセスの一環として後で分析と議論を行う。

事故の解析者も同様にプラントのシミュレーションを用いる。ただし，外乱に対する原子炉や蒸気発生器などの物理的な反応や流体力学について検討する

ためであり，表現のレベルが異なる。このようなシミュレーションは非常に詳細で複雑であり，一方の訓練シミュレーターでは原子炉，蒸気発生器，ポンプなどがいわばまとめられた形のシミュレーションを利用する。訓練シミュレーターは，与えられた外乱に対して実プラントがどのように振る舞うかを運転員に理解させる程度の範囲で，外乱に対するプラントの過渡の挙動を適宜表現する。

　プラントの運転チームの訓練は，目的に対して適正な程度以上のものであると思われる。しかし，技術的な視点からリスクの状況を理解するトップの経営者の訓練は，多くの場合，リスクの高い運転に対して適正ではない。リッコーヴァー提督配下の海軍の原子力部隊では，現実の地表設置の原子炉において全ての潜水艦乗りを訓練することで，この課題に対処するのに成功を収めている。

　海軍の人員には様々なレベルがあり，訓練環境では保守要員から副艦長や技術士官に至るまでの自身の立場に就いている。潜水艦のエンジン室から中央制御まで，シミュレーションではなく実際の設備が使われる。数学に基づくシミュレーションを使うという考え方をリッコーヴァー提督はまったくお好みではなかったが，彼が行ったことをするのは電力事業者では無理であった。訓練された潜水艦の人材は，陸から海にかなり自然に移行することができた。そのため，艦長や技術士官の役割については，実際の潜水艦に相当する地表設置のもので訓練を受け，海軍で認定されれば意思決定者になることができた。潜水艦の戦術や戦略に関する訓練については，また別の課題である。

　プラントや大規模設備の運転は潜水艦とは規模のレベルが異なり，プラントが複雑であるがゆえに，管理部門の人間は運転のリスクだけではなく，プラントを安全でかつ経済的に運転するために経済上必要になることは何かも知っておく必要がある。トップの経営者は経営や経済についての能力を養成するために経営学に関する大学院の授業を受けることがよくあるが，プラント運転の安全性についても，事故の検討とその影響の防止についても，そのような養成課程のなかで重視されることはない。一部の管理者は職位が上がって，原子炉の

運転員として訓練されたことが役に立つことがある。しかし，運転員として訓練を受けることは，原子力プラントの特性を知ることにはなるが，高いストレス条件下における意思決定の能力を必ずしも高めることにはならない。思い出してほしい，運転員は事故に効果的に対処すべく手順に従うように訓練されている。管理者の役割とは，未知の外乱に対して反応する原子炉やプラントの動特性の複雑さをよりよく理解することであり，つまり，もっと知識ベースの運転を行うことである。

　安全性とは規制当局の指針や規則に従うことである，という態度が見受けられるように思える。全ての組織は，自身の活動に対し全面的な責任がある。規制者は助けとなりうるが，もし何か悪いことが起こっても規制者が責任をとるわけではなく，彼らは自身にとっての道を行き続けるのであり，それに対して損害を受けた会社は結局，存続を放棄するのが落ちである。もちろん，運良く支援を得て負債をカバーしてもらうこともあるかもしれない。しかし，いつも代償を払うことになる。メキシコ湾の深海掘削のような一部の産業では，マコンド油田のディープウォーター・ホライズン掘削施設の操業当時，有効な規制監視当局が無かった（第7章を参照）。BP社は石油の遮断弁（ブローアウト防止パネル（BOP）ともいう）の設計に配慮すべきであった。冗長性，多様性，隔離性，運転性を確保するための定期試験などを取り込んだ防護システムの設計について，理解が不足していたと著者らは思う。これらのことは原子力産業では標準的なものであり，理解され何度も試されているものである。この事故から浮かび上がってきたのは，米国政府の役割である。事故に責任があったのはBP社であったという事実にかかわらず，米国政府の責任は石油の流出のような危険から国民を守ることであった。もし米国政府が迅速に対応して他国の支援を受け入れていたら，原油流出の影響は大幅に減っていただろう。このような状況において，社会というものは一丸となって支援する責任がある。

第11章 様々な運転に対するシミュレーションの利用

11.1 はじめに

　シミュレーションやシミュレーターは，産業界の意思決定プロセスにとって不可欠なものである。システムが単純で理解しやすく扱いやすかった日々は過ぎ去り，近年は産業界におけるシステムの複雑さが増している。この状況を，複雑さの増加が激しくなるという事実がさらに加速させている。かつてはバラバラだったシステムはいまやピッタリと統合されて，さまざまな外乱に対してどう反応するのか理解するのが難しくなっている。この進化に対してシステムの動特性を判断するにはシミュレーションを利用することが唯一の解決策であり，その結果としてそれらのシステムをどのように運転できるのか我々は理解し学べると思う。シミュレーションは，システムから機器を分離することなくその部分について我々が調べることを可能にしてくれる。そして，我々はシステム全体の挙動を理解するために，心のなかでそれらの反応を統合することができる。

　シミュレーターとシミュレーションは似ているが，まったく同じものではない。多くの場合，シミュレーターとは特定の目的のため開発されたデジタルシミュレーションがパッケージ化されたものであり，人間がシミュレーションと情報をやりとりするインターフェイスに包まれている。シミュレーターは，プラントの運転員，航空機のパイロット，大砲の砲側員，船舶の乗組員などの訓

練といった多くの目的に利用できる。これらのシミュレーターは，複雑な状況に対処するときの人員の判断を向上させる訓練をより効果的にするために利用されている。

シミュレーションとは，数学的な式による表現でプラントやその他の動的なシステムを模擬することが可能な動的なコンピュータープログラムである。人間は，システムやプロセスにおける過渡変化を予測するために，これらのシミュレーションを使うことができる。シミュレーションは，制御系を設計したり，事故の進展，炎の伝播の変遷，星の動きなどを学んだりするのに用いることができる。

11.2　シミュレーター

シミュレーターとシミュレーションの分野は全体として，ここ 80 年かそれ以上の開発の歴史がある。シミュレーターの背景にある考えとは，人間を訓練することである。したがって，シミュレーターとは何か現実のシステムの代わりになるものではあるが，システムが本来持つ多くの不便さが無いのに，同様に反応する。シミュレーターは，訓練者を実施時のリスクにさらすことなく，危険な設備の運転を訓練するのに利用することができる。

パイロットを訓練するためにシミュレーターを最初に利用したうちのひとつは，いわゆる「リンクトレーナー（Link, 1942）」であった。第二次世界大戦中には，初期の訓練経験の一部として「ブルーボックス*1」を用いて多くのパイロットが訓練された。リンクトレーナーの機能は限られていたが，訓練を受けると訓練を受けた者が死傷する可能性が減った。必要とされる技量のうち，いくつか（情報伝達，回転・旋回・降下の感覚にさらされることなど）をパイロットが習うのを支援するときの方向性について，第一歩が示されていた。第二次世界大戦中の多くのパイロットが必要とされた当時に，パイロットを早く

---

*1 リンクトレーナーの別名，筐体が青く塗装されていたことに由来。

訓練するのに役立ち，政府の時間と予算を省いてくれた。

　のちに，フライトシミュレーターはリンクトレーナーよりはるかに進歩したが，基本的な仕組みはまだ同じであった。改善されたのは，パイロットが飛ぶときに必要だという何か，すなわち座って飛行する感覚，をパイロットに与えることであった。このためには，油圧リフトの上にコックピット／キャビンを設置すればいい。パイロットが操縦した補助翼，昇降舵，方向舵の動きは，コンピューター上の数学的な式を通して，実際の航空機の反応をよりよく表現したようなコックピットの動きへと至る。数学的なシミュレーターからの機体のピッチ，クライム，ロールといったデータは，コックピットの計装機器に表示される。コックピットの風防の代わりとなる動画スクリーン上に，航空機の周りの状況が人工的に表示される。その航空機がどこを「飛行している」かによって景色も変わる。そうして，雲，都市，山，空港，滑走路を見ることができる。これらの全てがパイロットに現実の感覚をもたらす。このやり方を使えば，実際の航空機で飛行することなく，全ての要求事項に従うパイロットの能力を調べることができる。燃料と実機の利用を省いても，良い訓練環境が結果として得られた。

　原子力産業では，事故に対処するために手順書と組み合わせて運転員を訓練するためにシミュレーターが利用されている。一部の事故としては，プラントの損傷と近隣住民への放射性物質の降下を伴う潜在的な危険に至りうる事故も考慮されている。

　原子力発電の開発の初期にも少数のシミュレーターはあったが，スリーマイル島原子力発電所 2 号機（TMI-2）事故のあとには，事故を制御しその影響を緩和するための訓練を制御室の運転員に受けさせるために，事業者にシミュレーターを設置せよとの要求を米国原子力規制委員会（USNRC）は規制に盛り込んだ。原子力発電所のシミュレーターは，実際の制御室の制御盤の表示と操作を非常に厳密に再現したものである。実際の制御室における運転員の状況認識についてあらゆる面を確実に再現するように，シミュレーター訓練センターの設計とレイアウトがなされる。したがって運転員に関する限り，あらゆ

る表示と操作は実際のプラントを複製したものとなる。インターフェイスのなかには，原子炉とそれ以外のプラントの部分が一連の数式で表現されている。当初は原子炉の挙動を正確にモデル化しようと注力された一方で，プラントの残りの部分はそれほど重視されなかった。しかし時が経つにつれ，プラントの残りの部分こそ，その動特性を正しく表現するようモデル化すべきであると理解されるようになった。いまやシミュレーターは完全なプラント全体の合理的なモデルであり，訓練の必要性に見合うような形で運転員を支援する訓練環境を提供している。

　シミュレーター訓練は制御訓練目的のためだけではなく，事故に対して運転員がどのように対応し，どのような種類の過誤を生じさせ，現実の事故時に生じるそれらの過誤は典型的なものかどうか，調査・研究するためにも用いられた（Spurgin, 1994）。これらの研究成果は，確率論的リスク評価（PRA）に用いられている。

　海軍の潜水艦の乗組員に対するリッコーヴァー提督の訓練上の要求は，それとは異なるものであった。必要な訓練の役割を果たすには原子炉とプラントのシミュレーターでは十分ではないと彼は考え，自身のやり方においては実際の原子炉を使用した。のちに彼は，潜水艦の原子炉を地上に作ることは可能ではあるが，その目的で民間用の炉を作るのは現実的ではないと理解した。米国の原子力産業はアナログ機器を無くしてデジタル機器へと切り替えようとするさなかにあったため，制御室のインターフェイスはこの産業規模の変化に合わせて変更された。制御室はストリップ記録計やダイヤル，その他の計器指示のようなものから，コンピューターベースの表示へと切り替わった。初期の制御室は情報を（連続してではなく）並列して表示するレイアウトを持っていたため，ある面では運転員にとって便利な設計であった。いまのレイアウトは，連続する情報を表示する一連のコンピュータースクリーンで構成されており，そのため運転員はいつも表示されるものを見ているのではなく，プラントの状態を調査せねばならず，必要な情報を探さねばならなくなった。

11.3　シミュレーション

　上に示した議論は，シミュレーションの分野全体の紹介ともなる。シミュレーション技術は数多くのさまざまな分野において幅広く用いられてきた。実際に，著者らはその多くに携わってきた。システムのシミュレーションがあれば，何かを建設することなくシステムがどのように振る舞うか検討することができるようになる。そして，安定性，実現可能性，必要とされる設計変更といったものごとを判断できるようになる。

　ここで言っておくべきは，アシュビーの必要多様性の法則と，それとシミュレーションとの関係である。著者らのうちのひとりは，原子力発電所の制御系と保護系の設計に従事していた（Spurgin and Carstairs, 1967）。「どんなプラントであっても，そのプラントに対する制御を設計できるようになるには，システムに必要な多様性を理解し，システム間でどう相互に作用するかを理解する必要がある」。それがまさにアシュビーが見つけた課題である。実際に何かを（それがもし経済であっても）制御するには，人はそのことを理解する必要がある。もちろん，経済のシミュレーションをするのは大仕事である。ジェイ・フォレスターはそれを試みた（Saeed, 2015）。しかし問題は，あるシステムの多様性をどのように見つけるかである。単純なシステムであればそれをするのは頭のなかでも可能だろうが，システムの複雑さが増すにつれ，それは難しくなる。システムのシミュレーションを用いて，そのシステムの挙動とその多様性について知見を得るのが唯一の方法に思える。

　原子力発電所と化石燃料発電所の両方に用いられた昔の制御系は，その場しのぎの設計だった。商用原子力発電所の設計の初期に，プラントを安全とすべく，どのように全ての部分が相まって機能するか整理するために，プラント全体について検討することが決まった。あらゆる運転状態に対してプラントが安定するように，制御系が設計された。実際に，プラントの安定性について検討するために，アレクサンドル・リャプノフによって開発された手法が用いられた。のちに，シミュレーションを用いるやり方が有効だとわかり，同様の努力

が求められた。シミュレーションを用いたやり方が有効なのは，安定性を確認するだけではなく，様々な外乱に対するプラントの応答の特性を決めるのにも使えるためであった。本質的に必要な多様性を理解する必要があった。これは，アシュビーの法則をその時点で認識していなければならなかったと主張しているのではなく，原子炉，蒸気発生器，ポンプ，弁といった完全なプラントのシミュレーションを構築することで暗黙のうちにアシュビーの法則に従って問題を解決していたといえるのではないかといっている。

　シミュレーションとは，派生的なモデルではなく質量保存則やエネルギー保存則などの第一原理的なモデルに基づくものである。したがってプラントモデルは制御されるシステムを稼動させるのに必要な多様性を持っている。シミュレーションモデルを持たずに，使用負荷が25％から100％の範囲に対してその制御系が制御する能力があるかを確かめることは難しいだろう。負荷が低い条件では，プラントと設備の振る舞いは変わる，つまり「多様性」が変わる。そのため正常に運転するためにはそのような変化に合わせて制御系を設計しなければならない。

　他にシミュレーションが行われたのは，原子力発電所の事故の分野を扱うためである。繰り返しになるが，それらのモデルは様々な事故条件下に存在しうる多様性を決めるためにある。目的はほとんど同じ，様々な外乱（起因事象）に影響を受けたときにシステムがどう振る舞うかを理解できるようになり，事故の進展を制御する最善の方法を判断できるようになることである。このような場合，いったん事故が生じると，その事故の影響を収束もしくは緩和する手段はあるのだろうか？　そんなとき，人は全ての様々な事故の起因事象を問題として扱わねばならなくなる。それに対する解決方法は，全ての事故を防ぐ方法を見つけること，たとえば福島の津波による事故の場合，高い防潮堤があったなら，となる。

　さらに事故を理解するには，完全なプラントを構成する機器のグループの振る舞いについて検討する必要がある。そして，原子炉の炉心，蒸気発生器，タービンなどの振る舞いについて検討したうえで，特定の目的のためにそれら

を統合しなければならない。個別の調査の目的は，たとえば冷却機能を失った条件下での原子炉の燃料要素の振る舞いや，定格流量条件下における蒸気発生器で細管が振動するかどうかなど，不利な条件下での各機器の動特性について検討することである。そのようなシミュレーターモデルでは，数学的な要素を組み合わせて構築することに細やかな配慮が払われており，他のシミュレーションでたとえば熱交換を達成するのに機器全体を数式でまとめてしまうような場合と好対照である。

　このように，様々な事故シーケンスをモデル化したり，対象とする機器にかかる様々な力の詳細な影響を判断したりするなどの様々な目的によって，シミュレーションモデルには幅がある。

11.4　意思決定に対する将来的な利用

　ここまでの節では，シミュレーターやシミュレーションとそれらの利用についていくつか扱った。それらの手法や技術が，訓練したり，制御系や保護系を設計したり，どう事故が進展するか，過渡が様々な機器に及ぼす影響は何かといった知識を高めるのに非常に役に立ってきた。

　発展させる必要がある分野とは，事故とそれによる悪い結果—死と破壊—をもたらす残念な判断が行われてしまう確率を減らすために，どのように管理者に意思決定を教えるかである。我々は本書のいくつかの章で，管理者による判断が良くなかった事例をいくつか見てきた。事故を見直すことで，そのときの考えやそのときの状況について検討し，そして事故を防げたかもしれない他者からの助言があったことがわかった。実際に，多くの事故を避けることができるような教訓を読者が学べるように，事故について議論する，というのが著者らの考えであった。

　昔，戦術や戦略を学ぶべき人々がその一般論を学ぶツールとしてチェスを使う，という考え方が広まった。その背後にあるすばらしいアイデアとは，戦略や戦術の達人が初心者と戦う，ということである。チェスをプレーすると，初

心者に教えるために達人は自分の経験と知識を使うことになる。達人は自分の
やり方を繰り返し向上させることができる。初心者は自分の腕を磨くプロセス
のなかで挑戦を続けることができる。昔は，その腕前を実際の戦争で見せるこ
とができた。

　多くの軍隊では訓練者の技量を向上させるために，教練において同様のやり
方が採用されている。新兵たちは，初期訓練が施されたあとには，次第にもっ
と困難な地形において障害物，攻撃的な敵，待ち伏せ，実弾などがまわりにあ
る任務に就くようになる。

　リッコーヴァー提督のやり方は，ひとつの「グレーデッドアプローチ*2」で
あり，自分の部下つまり若い技術者から上級士官に至るまでそれぞれに割り当
てられた様々な役割に備えるよう圧力をかけた状態で，彼らをより困難な判断
をする状況にさらすものである。彼は，一部の部下が能力不足で失敗するだろ
うとも考えていた。ストレスのある状況下で全ての人が良い意思決定者になる
訳ではないが，成功させられる人を選ぶ必要はある。他の基準で人を任命する
ことは，その分野での失敗に至る，たとえば事故によってプラントを失うに至
る可能性がある（リッコーヴァー提督の管理原則に関する情報については，本
書の付録を参照されたい）。

　意思決定者の能力を向上させるのに必要な学習法としては，これは進歩的で
厳しい種類の方法である。原子力プラントやそれに相当するものを運転する管
理者を選ぶのに，海軍の戦闘訓練のように厳しい方法で行うのが合理的な方法
だとは思えない。

　役に立つ可能性があるのはなにかチェスのようなものだが，もちろん今日の
科学に合わせる必要がある。訓練者が学ぶプロセスを達人が手引きするという
アイデアは，よくある徒弟制度よりは進歩したものであり，使えるように思え
る。訓練システムの範囲は，会社や組織のなかにおける訓練者の立場に合わせ

---

*2 「等級別扱い」とも呼ばれ，重要性やリスクの大きさの分類や評価ごとに対応を決めるも
　の。

て変えることができる。そうすれば，訓練者の進歩も組織内におけるその人の意思決定の役割に見合ったものになるだろう。その組織のなかの高い立場の人々にそれぞれ求められることに合わせて年々難しくはなるだろうが，その組織は訓練プロセスを長年にわたって維持することができるはずだ。

11.5　まとめ

　本章では，シミュレーションやシミュレーターの概念と，組織の職員や制御系を設計するメーカーがそれらをどう使うかについて示してきた。シミュレーターは，管理者が自分の仕事の分野に関する意思決定をする心の備えをするために使える。またシミュレーターは，航空機のパイロットから，産業プラントの制御室の運転員，そして保守要員に至るまで，彼らを訓練するプロセスに役立てることができる。

　組織を訓練し，組織を設計する際にシミュレーターを利用することは，プラントや航空機を滞りなく経済的かつ安全に稼動させるのに役立つ。シミュレーターは組織にとって価値ある構成要素と考えるべきである。

第 12 章　管理部門に対する訓練方法

12.1　はじめに

　昔から，教育とは文明発展の中心に据えられているものである。かつて教育は社会のエリート層が独占し，技術の発展は遅く，社会の他の生命は卑しい存在とされていた。農業こそが人々の雇用を生み出していた。産業革命が起きて初めて，新たな富が生じてそれが下層階級へと広がり，それに伴って多くのお金と時間が利用可能になったことで，人々は教えたり習ったりといった知的な活動に携われるようになった。このプロセス全体が産業を育むとともに，新たな仕事のカテゴリーを埋めるよう訓練された人員の必要性も増すことになった。この発展が続いて，人の手によるタスクが生じて，もっと知識を使う仕事が増え，それに伴い大学が設立されて技術は急激に発展した。

　急激な技術発展は，技術の河のほとりへと一部の人々を打ち上げてしまうことが多かった。昨日のツールは単に昨日のものである。計算尺とは何か，そしてそれをどう用いるのか，その助けによってどんなタスクをこなすことができるのか，今日誰が知るであろうか？　その技術は過去のものであり，いまとなっては博物館に所蔵されている。だがその技術で訓練を受けた人々の集団はどうであろうか？　彼らは再び訓練されたのか，すたれた技術の世界へと陥ってしまったのか？

　技術変化の時間スケールは，ある会社においてタスクが始まってからトップの経営者へと伝わる時間に比べて非常に短い。どのようにその変化についていけばいいのか？　トップの経営者の仕事は，経済の変化について実際に未来を

見通すという十分にやりがいのあるものであるが，その経営者もしくは組織の残りの人々が準備していないような予期されていない事故が起こりうるという可能性もまた存在する。

12.2　教育

教育とは，一度きりの経験ではなく生涯の経験である，と言われてきた。技術についていくためには，知識を改め続ける必要がある。単に多くの学位を得ることではなく，本人の専門分野で導入される最新の技術について教育を受ける必要がある。

長い間繰り返される訓練とは，その立場に求められることに見合ったものであるべきなだけではなく，その人の経歴を育むプロセスにおいて次のステップに対する準備となるものであるべきである。たとえば，原子力発電所の制御室の運転員の訓練は，進歩的であり，かつ規制当局の要求に合ったもののように思える。しかし，スリーマイル島 2 号機（TMI-2）事故前の訓練の深さは，今日のそれとはまったく違う。TMI-2 事故の後の表面的な観察に基づく調査では運転員の準備不足が全ての問題を生じさせたとされたのに対して，その後に行われた状況のより深い把握に基づく分析では，真の問題は原子力発電業界の管理部門と規制当局にあることが認識された。運転員の準備不足を生じさせたのは，管理部門と規制当局の準備不足であった。運転員は事故対応の矢面に立たされた。しかし，運転員はシステムを設計する人間ではなく，運転員を支援したり経済面を制御したりする手順書を見る人間である。運転員はするように言われていることをするものである。トップの経営者は会社の生き残りと利益に対して責任がある。多くの経営者はいくらか技術的な訓練を受け，事業運営についての講義を受ける。経営学修士は役に立つだろうが，その会社の倒産を起こしうるような事故を避けるように会社を運営しなかったことが原因で会社が崩壊しないよう，確実な運営をする必要性をそれは満たしてはくれない。

会社としては，必要に応じて将来有望なスタッフがトップの経営者の仕事に

立ち入るような訓練プロセスを始めるのが良いと考えられる。どこにお金が使われているか知られてしまうが，ある行動を実施するのにどれだけの時間がかかるのか，従事するスタッフが必要とするスキルは何か，こそが重要である。この種類の仕事は，事故で損害を受けた後になってから会社を存続させることに比べれば容易なはずである。

　リッコーヴァー提督から何かを学ぶなら「準備されていない条件下へ潜水艦を送り出すことは無謀である」を選ぶのも良い。問題の原因としては，設備の故障や，艦長以下の人員の失敗，放射性物質の制御できない漏洩，がありうる。リッコーヴァー提督は自身の責任を心に刻み，それらの発生を防止すべく行動をとった（Olver, 2014 を参照）。

　トップの経営者やそれに取って代わる人々には，自身の組織におけるプロセスと設備に関する技術的知識と，必要に応じて行動をとる責任の 2 つが必要である。リッコーヴァー提督は自身の訓練手法においてこれらの 2 つを両方とも扱おうとした。ここでは，その技術的な面に対するやり方を提案できる。人員の選抜についての彼のやり方は，インタビューによって人員を選抜するというものであり，一部の人にとっては少し荒いと考えられるだろう。もし候補者がリッコーヴァー提督の要求にかなわなかったら，その人は海軍の潜水艦業界から去っていたことだろう。

　海上での潜水艦の喪失や，戦略防衛地図に存在する穴や，戦時に生じる損失に比べて，海軍の潜水艦業界以外で誤った選択をするリスクはそれほど高いものではないが，その産業によってある程度のリスクの増加となって現れる。

　第 7 章で述べた一連の事故の検証は，管理者の選択に関する拙い判断によって結果として生じる損失が顕著なものとなりうることを示している。運転について詳しくきちんと注意を払わない管理者は，人員と物資の両方の顕著な損失を招きうる。

12.3　管理者に対する技術的なツール

　本節では，管理者が必要とする技術的なツールを扱うために必要なプログラムの種類について挙げる。技術的な詳細を理解するだけでは，良いリーダーや管理者になるには至らない。管理者を選ぶ人は，人員の選抜についての海軍潜水艦隊の記録やリッコーヴァー提督のやり方について示された書籍をよく注意して見るべき，と提案しておく。さらに，第7章に示された事故と，その事故の進展や原因において管理上層部が果たした役割について，よく注意を払うことを勧める。

　与えられた技術的なツールを以下に挙げる。

1. ビーアの生存可能システムモデル：このツールは，組織の動的な機能に対する知見を与えてくれる。
2. ラスムッセンのスキル・規則・知識ベースの行動モデル：様々なタスクに対して人間がどう対応するか，そしてタスクを作る際に行動を考慮すべきということについて，知見を与えてくれる。
3. アシュビーの法則：システムと制御に求められることとの関係について視点を与えてくれる。
4. 事故のレビュー：意思決定が事故の発生と進展にどう影響するか，そして管理者として選ばれる人間の是非について知見を与えてくれる。
5. PRA 手法の検討：事故がどのように進展しどのような結果に至るかという知識により指針が得られる。

12.4　結論

　管理とはもちろん技術に関することばかりではないが，管理者は技術的な能力を備えて問題をすばやく理解する必要がある。人物を評価することに非常に熟達していたように思われるリッコーヴァー提督はそこを重視したうえで，さらに責任を持てることと細部にまで気を配ることも重視した。高リスク産業

（high risk organization：HRO）に対する訓練プロセスは，一般公衆や人員の安全性について配慮し，会社の損失に至るような措置をとらないような人を管理部門として選ぶよう配慮したものでなければならない。

　事故やトラブルを見直すことでわかるように，一部の管理上層部は細やかな配慮を行うようには見えず，その結果が設備の喪失やときには人員の喪失となることも多い。あきらかに，そのような管理者たちは置かれた立場に対して不適当であった。したがって，会社の訓練プログラムに求められることのひとつは，人間の質を評価し（詳細まで気を配れることを確かめ）て，その組織の失敗を避け成功に導ける人を正しく選ぶことである。

第13章 安全への投資

13.1　はじめに

　いかなる企業においても経営の目的は，製品価格を競争力の高いものとするために運営コストを最小化し，適切な利益率を確保することである。株主は，経営者が，利益レベルの最大化による株主価値（stockholder value）の向上に努力を集中することを期待する。州が所有する企業の場合は，州政府は，州の金庫を潤すために投資への見返りを求めるか，少なくとも公の金庫から補助金を出すようなことにならないよう財務が均衡することを期待する。経済が下降するときや製品が"在庫寿命"に近づいたときには利益率は低下し，経営者は必然的にコスト低減に頼ることになる。すでに紹介したパイパーアルファの事故を起こしたオクシデンタル石油の事例や，インドのボパール事故の事例において明らかなように，経営者はコストカットを実行するときには安全設備を守ろうとせず，結果として悲劇を招いている。彼らは，言い訳として，安全にどれだけ投資すべきか算定する方法は存在せず，「ベルトもズボン吊りも」というアプローチは，法外な投資を強いることも多く，製品価格を不当に押し上げ市場でのシェアを失わせると主張する。さらに，付け加えて，セーフティーケース[1] はしばしばビジネス上の要求から切り離されたところで，理想主義に基づいてつくられていると主張する。

　本章では，株主価値の考え方を厳密に適用することが，どのようにして悲劇

---

[1] セーフティケース（safety case）は，英国において産業施設の安全審査の際に事業者側から規制機関に提出される説明資料である。対象施設が安全であることが，その根拠とともに説明されている。

または悲劇寸前のことをもたらすのかを理解するために，株主価値について検討する。さらに，株主価値の考え方がどのようにして"利害関係者にとっての価値（stakeholder value）"に拡張されてきたかを見ていく。ここで利害関係者には，公衆，環境，従事者が含まれている。13.4 節では，英国原子力公社のために最近開発された手法を紹介する。この手法は，与えられたセーフティーケースを満足するために要求される安全への投資のレベルを，人の生命の価値と発生しうる環境への被害に基づいて評価する手法である。

13.2　株主価値のための経営

　1981 年 8 月 12 日，新たにゼネラル・エレクトリックの CEO に選出されたジャック・ウェルチは，ニューヨークのピエールホテルで講演し"低成長経済のなかでの高成長"という重要なビジネス概念を提案した。この講演は，ビジネスの世界では"株主価値"という脅迫観念の「幕開け」として知られている。しかし株主価値を追求する経営（managing for shareholder value : MSV）という概念は，大企業において持ち株のポートフォリオ管理を担当する企業投資家たちにとっては 30 年以上前からお馴染みの言葉である。簡単に言えば，MSVは収益，配当，株価を高める能力の結果として株主が獲得する資産であり，フリーキャッシュフローの量をある期間に効率的に増加させる企業の能力にかかわる全ての戦略的決定の総和とも言える。賢明な投資を行うことと，投下した資本の収益率を向上させることは，MSV の重要な 2 本の柱である。しかし，責任を持って株主価値を向上させることと，利益を生み出すために必要なことは何でもやるということの間には微妙な差がある。安全や環境を犠牲にしてがむしゃらに利益を追求することは，MSV という概念を不名誉なものにする危険がある。しかし，あらゆる悪い結果を MSV 概念のせいとする批判は正しくない。MSV の理論やその適用方法は，決して，企業に対して，オーナーに報いるために安全性を台無しにすることや，顧客，従業員，その他の利害関係者を疎外するという犠牲を払ってまで利益の最大化を目指すことを強いるもので

はないからである。

　ここでは，株主価値の働きを概観したうえで，株主価値の過度の追求がこれ
までに紹介した事故の原因のひとつとなっている可能性について触れる。

13.3　MSV の原則の概要

　経営者は MSV という尺度を用いることで，戦略，行動，および資源のどこ
がどのように資産の増加や減損に影響するかを細かく分析することができる。
経営者は，キャッシュフロー，投資収益率（Return on Investment：ROI），経済
利益，総株主利益率などのよく知られた指標により，異なるビジネスや製品ラ
イン間のパフォーマンスを比較し，無駄または競争力のない運営方法をあぶり
出したり，成長の機会や取引の価値を評価したり，将来の成績見込みを期待さ
れるレベルや同業者のレベルと比較して評価することができる。企業の役員会
は，このような尺度の採用により，資本を配分し，潜在的な投資先が，資本家
に現金をそのまま返還することに比較してどれだけ優れているかを注意深く評
価する能力を確実に獲得することができる。図 13.1 は，MSV の考え方がどう
使われるかを簡単に表現したものである。

　企業における事業の効率性は，横軸に使用資本，縦軸に市場価値評価額を示
すグラフで表現できる。2 つの軸の意味は，通常のビジネスでの意味である。
使用資本は，通常，総資産から流動負債を引いたものを意味し，市場価値評価
額とは，将来の買い手が支払う可能性のある価格，すなわち，市場におけるそ
の企業の価値である。図 13.1 では，ある企業の 6 つの製品または利益獲得部
門（business profit center）を示している。各製品（利益獲得部門）ごとに，ど
れだけの資本が使われ，会社の市場価値評価額にどれだけ貢献するかが示され
ている。製品は，図に示したように価値創造型，価値希釈型，価値毀損型の 3
種に分類される。製品 5 は価値毀損型であり，他の 3 製品は，価値希釈型であ
り，2 製品だけが価値創造型と言える。

　経営者は，自らの責任を果たすために MSV の考え方を各製品に適用し，使

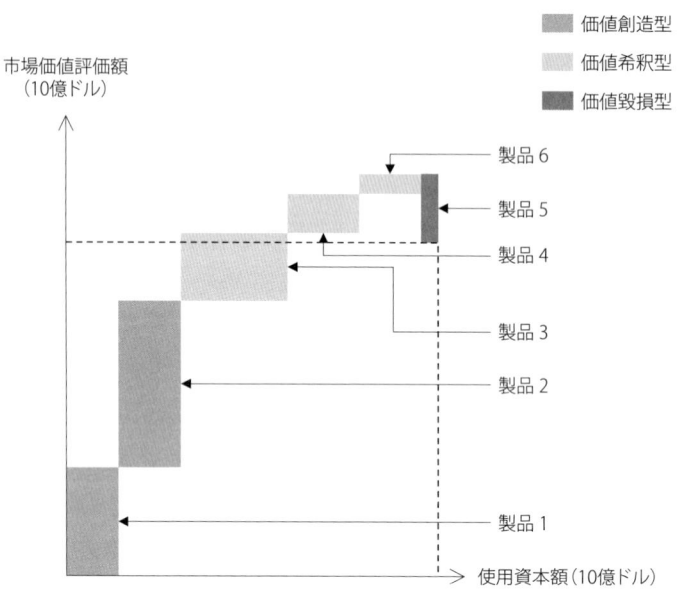

図 13.1　調整前の企業の MSV の状況図（PA Consulting Group の好意により引用）

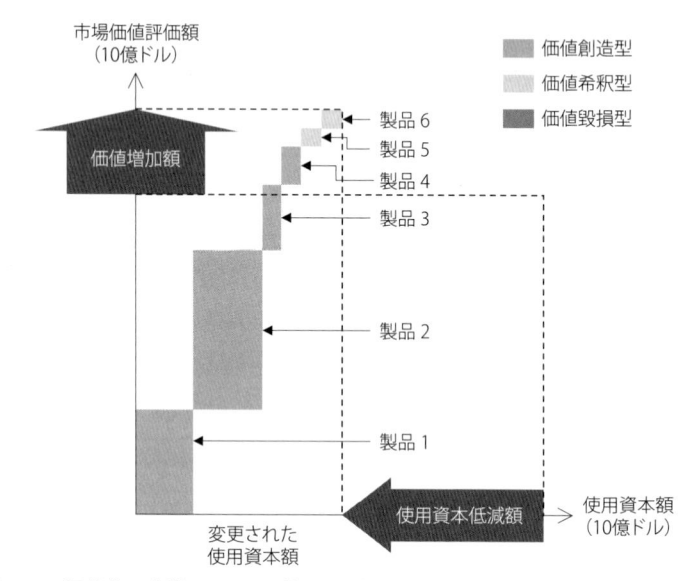

図 13.2　調整後の企業の MSV の状況図（PA Consulting Group の好意により引用）

用資本の低減と利益の増加をうまく調和させながら達成することにより市場価値を高めるように努力する。経営がうまくいけば，図 13.2 に示すように，全ての製品を向上させることが可能であり，特に，価値希釈型および価値毀損型の製品を許容可能な程度に価値創造型の製品に変えることが可能となる。

使用資本を削減するための好ましい方法は，設備，プラント，建物などの固定資産への投資を抑え，総資産を削減することである。利益を増やす最も直接的な方法は，売上原価を削減することである。このコスト削減は，競争力を高めるという利点もあり，したがって，その製品の市場価値評価額も増加する。

MSV は，倫理的に適用されれば，製品や利益獲得部門を効果的に管理する方法である。ある製品について MSV に基づく方策がうまくいかない場合には，経営者は製品の生産を打ち切るか，製品改良のために投資をするか，何らかのビジネス上の理由で希釈型または毀損型のまま存続させるといった決定をすることになる。しかし，ジャック・ウェルチが指摘しているように，MSV は戦略的な管理のためのツールであり，短期的な管理には効果的でない可能性がある。

MSV が，経営者の非倫理的な意図の下で，短期的な利益のために適用された事例がいくつかある。安全性が重要なビジネス分野では，使用資本と売上原価の両方のかなりの割合が，セーフティーケースの要求を満足することと，それを維持することに費やされている場合がある。セーフティーケースへの対応にかかわる費用合計は極めて大きくなりうるので，それに要する人的資源と固定資産を削減することにより，希釈型または毀損型の製品／部門を短期間で創造型に変化させられる場合がある。この行為は，非倫理的であるだけでなく，自然環境と人命の両方にとって危険であり，インドのボパール，北海のパイパーアルファ，英国のフリックスボローがその例である。本書やその他の書物で扱われている産業災害の多くにおいて，最悪の場合，非倫理的な方法で MSV を適用したことが根本原因となっており，それほどでない場合でも極めて幼稚な方法で適用していることが根本原因となっている。場合によっては，経営陣への報酬や賞与が，企業の市場価値評価額の向上に結びつけられていたかもしれない。また，ストックオプション制度は，株価の上昇に依存することに注意す

る必要がある。これは，企業の市場価値評価額の向上に直接結びついている。

　認可されたセーフティーケースを遵守するために安全対策に費やす費用はどれほどであるべきか。「必要なだけ」や「危険を排除できる範囲の最小限」などの極端な答えはもっともらしい答えではあるが，おそらく両極端のいずれも，ビジネスにとって満足できる結果をもたらさない。前者の答えでは安全のために過剰な出費をすることとなり，後者は事故や災害の原因となる可能性がある。最近まで，安全性のための賢明な投資水準を定める満足のいく定量的方法は存在しなかった。次節では，英国の原子力発電事業のために開発された定量的手法を紹介する。

13.4　安全のために必要な投資のレベルを推計する手法としての J 値の適用

　J 値は，不慮の原子力事故による人間の傷害および死亡を減らすために原子力発電所で行うべき安全への投資に関連して生みだされた概念である。経済的資源が必然的に限られていることを考えると，傷害の減少や余命の延長として定量化される総合的な利得を最大とするには，各規制機関は，政府（HM Treasury, 2005）の推奨に従って，産業界のあらゆる部門にわたって安全への支出に関して一貫した基準を課す必要がある。異なる産業分野における安全への投資について比較研究を行うためには，共通の尺度があれば極めて有用であることは明らかであった。ロンドン大学シティ校の研究者（Thomas, Stupples, and Alghaffar, 2006a, b）は，パンディ（Pandey）およびナスワニ（Nathwani）（2003）が提案した寿命–生活質指数（life-quality index）Q を基にして，専門家等による判断に基づいて定める絶対的な尺度（J 値と呼ぶ）を考案し，これを使用して，特定の健康および安全のための支出が合理的であるかどうかを評価した。このような絶対的な尺度が比較研究に役立つのは明らかである。さらに，この方法は，MSV を安全性が重要な産業に短期的な観点で適用する際に現れる MSV の弱点についても考慮している。

　J 値の使用に関するのちの研究では，チェルノブイリ原子力発電所事故による被害から安全性が重要となる産業にとって重要であることがわかった環境被害の検討にその適用範囲を拡大している。本節では，J 値の開発について，適用事例を含めて紹介する。

13.4.1　J 値の定式化

　平均的な人が，年収の一部 ΔG（ドル/年）を安全性を向上させる計画に費やすことを選択したとしよう。結果として，彼または彼女の割引後[*2] の余命期待値が ΔX_d だけ増加し，寿命−生活質指数は，次式によって与えられる新しい値 $Q' = Q + \Delta Q$ に変化する。

$$Q' = (X_d + \Delta X_d)(G + \Delta G)^q \tag{1}$$

これは，年ごとの効用 $(G + \Delta G)^q$ が残された寿命の間続くとして総和をとったのと同等である。この式は，次のように展開することができる。

$$
\begin{aligned}
Q + \Delta Q &= G^q \left(1 + \frac{\Delta G}{G}\right)^q (X_d + \Delta X_d) \\
&= G^q \left(1 + q\frac{\Delta G}{G} + \cdots\right)(X_d + \Delta X_d) \\
&= G^q X_d + qG^{q-1} X_d \Delta G + G^q \Delta X_d + \cdots
\end{aligned} \tag{2}
$$

ΔG および ΔX_d は小さいものとすれば，この式は，次のように単純化できる。

$$\frac{\Delta Q}{Q} = q\frac{\Delta G}{G} + \frac{\Delta X_d}{X_d} \tag{3}$$

これが許容可能であるためには，正味で不利益にならないことが必要なので，上の計算式がゼロ以上でなければならない。これは，プロジェクトの資金

[*2] 「割引後の余命期待値（discounted life expectancy）」における割引とは，生命の価値を金銭価値に換算する際に，生命の価値は現在と将来では異なるとの考え方に基づいて，将来の生存年数を利子率等を基に決める換算係数（割引率）を用いて現在価値に換算したうえで余命期待値の計算に用いることをいう。

調達に必要な所得の変化に関する以下の条件と同等である。

$$-\Delta G \leq \frac{G\Delta X_d}{qX_d} \tag{4}$$

　ここでマイナス記号は収入の減少を意味する。つまり，人生を延長するために収入の一部を使うことができるということである。この方程式は，年間効用の変化が，期待される人生の残りの期間にわたって感じられることを意味し，したがって，年間所得の変化は，同じ期間，つまり次式で表される期間を通じて感じることになる。

$$X_d + \Delta X_d \approx X_d \tag{5}$$

　したがって，安全対策の総コストは $X_d\Delta G$ になる。平均的な個人が受け入れることのできる年間所得の減額の最大値は，上の条件式の限界の等号の条件での値になる。ここで，リスク削減の便益を受ける人の数を N とする。この場合，その人々が毎年支払う意思を持つであろう総額を a_{pop} （ドル/年）とすれば，それは次式で計算される。

$$a_{pop} = -N\Delta G = \frac{NG\Delta X_d}{qX_d} \tag{6}$$

　安全対策に費やされた実際の額を $\hat{a}_{pop}$ （ドル/年）と仮定する。a_{pop} は理論上の最大値を表すので，比 J は次の条件を満足しなければならない。

$$J = \frac{\hat{a}_{pop}}{a_{pop}} \leq 1 \tag{7}$$

　この方程式は，次のような年間安全支出の基準に再編成することができる。

$$J = \frac{qX_d\hat{a}_{pop}}{NG\Delta X_d} \leq 1 \tag{8}$$

　ここで，J は，寿命−生活質指数 Q から導き出される判定指標として登場している。条件 $J = 1$ は，最もリスク忌避の程度が高く，そのために合理的と言える最大限度の費用が費やされている状態を表す。J 値は実際の支出と合理的と言える最大限度の支出の比率であり，1 より大きい J 値を持つ安全対策は正

味の不利益をもたらすことを意味する。したがって，安全対策が 3.0 の J 値を持つと計算された場合，それは妥当な支出の 3 倍のコストがかかるということであり，したがって，同様の安全向上を達成しつつ，より安価で，MSV を適用しても許容される別の方法を見つけることに集中すべきだということである。一方，1 より低い J 値を有する安全対策は許容される。たとえば，J 値が 0.2 の場合，安全対策は過大な資源を使うことなく良い安全性向上効果を持つと言える。実際，この安全対策の方式は 5 倍の費用まで拡張しても正味の不利益にはならない（ただし，より多くの費用をつぎ込むことが必要という意味ではない）。

　産業施設における重大な事故は，人間への害に加えて，一般的な物理的および環境の破壊，さらには土壌の汚染，住民の避難および事業の中断に関連する損害を引き起こす可能性がある。このような環境コスト[*3] は，直接的な健康影響の費用と同等かそれ以上となる可能性があり，そのことは J 値を用いたアプローチにより客観的に示されている。事故の発生可能性が低いならば，金銭的損失の期待値は小さいと考えることもできる。しかし，環境コストと人間の害の両方に対する防護のためのシステムにどれだけ費やすべきかを決定するための効用評価手法を展開している論文がある（Thomas and Jones，「大規模事故の環境コストを含む安全評価のための J 値フレームワークの拡大」，2010）。

　以下に示すようにアトキンソンの効用関数（Atkinson, 1970）を用いることにより，環境被害を発生させる可能性に直面した企業の経営者が公正な意思決定を行うためにどのように行動するかをモデル化して検討することができる。この関数は，組織の資産に対する限界効用の弾力性に基づくものであり，相対的リスクアバージョン係数，略して"リスクアバージョン"（risk aversion，リスク忌避），とも呼ばれている。

$$\delta Z_0 \cong C(\lambda_1 - \lambda_2)T \tag{9}$$

これは，低頻度の事故による環境コストの削減期待値を表す単純なモデルで

[*3] ここで「環境コスト」は，人間への害以外の害の総体を表す用語として用いられている。

ある。δZ_0 は 1 回の事故のコストを C とし，運用期間 T において，頻度を低い頻度 λ_1 からさらに低い頻度 λ_2 まで下げたとし，企業規模の成長率 $r_{org} = 0$ と仮定したときの環境リスクの削減幅である。リスク忌避の考慮を加えた場合の環境コストに対する防護のための最大の妥当な支出 δZ_R は，以下のように計算される。

$$\delta Z_R = M_{R(\varepsilon_{max})}\delta Z_0 \tag{10}$$

ここで第 2 の判定指標 J_2 を導入する。J_2 は，防護システム導入の費用から人間への直接的な害を防ぐために認可された額を差し引いた後の費用 $\delta\hat{Z}$ を用いて次式で計算される。

$$J_2 = \frac{\delta\hat{Z}}{\delta Z_R} \tag{11}$$

ここでは，環境コストを回避するために合理的に費やすことができる最大額は，リスク忌避の程度を最大として計算した値 δZ_R であるとして計算し，その値で環境コストの低減のために要する正味のコスト $\delta\hat{Z}$ を除して計算する。この比率の分母は，最初に，リスク忌避度ゼロでの最大の合理的な支出 δZ_0 を計算し，次にこの数値にリスク乗数 $M_{R(\varepsilon_{max})}$ を掛けて，環境コストを回避するために妥当な最大限の額を得ることによって計算する。リスク乗数には，組織の安全性の決定が恣意的なものにならないように，可能な限り大きなリスク忌避が仮定される。

リスク忌避には，安全システムに投資することへの意思決定者の抵抗感も反映される。トーマスらによれば[*4] この抵抗感は，安全システムの導入の前と後でプラントの資産価値にどれほどの差があると思うかに依存しており，リスク忌避の度合いがある特定の値で最小となり，その点を「許可ポイント（permission point）」と呼び，安全システムの採用を認める決定はこの点でなされる（次項で再度説明する。）。安全システムの導入のコストが増加するにつれ，この資産価値の差は低減する。「無差別意思決定ポイント（point of

---

[*4] この段落の議論はトーマスらの論文（Thomas, Jones, and Boyle, "The limits to risk aversion," 2010）に基づいている。

indiscriminate decision)」と呼ばれるある値において，意思決定者は，それ以上防護システムを追加することの利益を明確に識別することができない点に達する。

　提案された安全システムに費やすことが合理的と認めうる最大コストを定めるために，この条件を用いる。意思決定者が資産価値の変化を識別できなくなるような資産価値の点を，識別限界（discrimination limit）と呼ぶ。事故の発生確率，防護システムのコスト，可能性のある財産損害の大きさについて想定しうる範囲を全て考慮しつつ，このモデルを用いることにより，平均的なリスク忌避の度合いを計算することができる（Thomas, 2013）。

　さらに全体を考慮する総合判定値（total judgement value：JT value）が提案されている。これは，次式により防護システムによって達成できる人的な被害と環境コストの両方の低減を考慮する。

$$J_T = \frac{\delta \hat{W}}{\delta Z_R + \delta V_N} \tag{12}$$

　ここで $\delta \hat{W}$ は防護システムのコストであり，δZ_R は，環境コストについて，識別可能な範囲でのリスク忌避の最大値を考慮して正当化できるリスク低減への投資可能額である。これは，多少のズレ（disproportion or gross disproportion）が生じることを見込んだ額であり $M_{R(\varepsilon_{max})}\delta Z_0$ で表せる。δV_N は標準的な N 人の人を守るために費やすことが妥当と考えられる費用である。環境の価値低減の期待値は $\delta Z_0 \cong C(\lambda_1 - \lambda_2)T$ で与えることができる。ここで C は 1 回の事故で発生するコストであり，T は検討対象とする期間である[*5]。J_T の式を展開することにより，次式を得る。

$$J_T = \frac{\delta \hat{W}}{M_{R(\varepsilon_{max})}C(\lambda_1 - \lambda_2)T + \delta V_N} \tag{13}$$

　ここで δV_N は $J = 1$ の条件で N 人の人を守るために費やす妥当な金額であ

[*5] λ_1 と λ_2 は防護システム導入の前と後の事故の発生頻度である。

り，次式で求められる。

$$\delta V_N = N \frac{G}{q} \frac{1 - e^{-r_d X_d}}{r_d X_d} \delta X_d \quad (r_d > 0 \text{ のとき})$$

$$= N \frac{G}{q} \delta X_d \quad (r_d = 0 \text{ のとき}) \tag{14}$$

ここで $q = 1 - \varepsilon$，G は一人あたりの国内総生産（Gross Domestic Product：GDP）で，r_d は時間選好度（time preference）または割引率（discount rate）である。

13.4.2　限界リスク乗数

リスク乗数とは，リスク忌避の程度が ε であるときの，その組織が環境を防護するシステムのために準備すべき最大合計額を，$\varepsilon = 0$ のときに準備すべき最大合計額で除した値を表す。$B_D(0)$ は，均衡点コストであり，防護システムを導入したときに節約できる金額の期待値[*6] である。仮に防護システムが100 % 効果的に働くとするならば，導入後のシステムの信頼性は $p_2 = 1$ となり，したがって $B_D(0) = (1 - p_1)C = \pi_1 C$ が完璧な防護システムによりもたらされる被害低減額の期待値となり，その値は防護システムがないときの経済的損失の期待値に等しい。典型的な条件では $B_D(0)/A = (\pi_1 - \pi_2)c$ が成立する。ここで c はその組織が有する資産 A に対する事故の被害額 C の割合を表し，$c = C/A$ である。また $\pi_1 = 1 - p_1$ は防護システムがないときの事故の発生確率であり，$\pi_2 = 1 - p_2$ は防護システム導入後の発生確率である。

J 値分析と J_T 値分析はともに，次式で表されるような一般化されたアトキンソン型の凹型効用関数（concave utility function）を用いている。

$$U_\varepsilon(x) = \frac{x^{1-\varepsilon} - a}{1 - a\varepsilon} \quad \left(\begin{array}{l} 0 \leq \varepsilon < 1 \text{ かつ } a = 0 \text{ のときおよび} \\ 0 \leq \varepsilon \text{ かつ } \varepsilon \neq 1 \text{ かつ } a = 1 \text{ のとき} \end{array} \right)$$

$$= \log x \quad (\varepsilon = 1 \text{ かつ } a = 1 \text{ のとき}) \tag{15}$$

[*6] 低減できる被害の期待値。

　ここで a は 2 値変数であり，$a = 0$ のときは指数型の効用関数（power utility function）となり，$a = 1$ のときはアトキンソン型の効用関数（Atkinson, 1970）となる（H. M. Treasury, 2009）。この関数は英国財務省において公共の安全対策支出の評価に使用されている。上式で x は資産（ドル）または収入（ドル/年）で表される金額である。ε は資産または収入に対する限界効用の弾力性（modulus of the elasticity of marginal utility of wealth or income）である。$U_\varepsilon(\cdot)$ は，与えられた ε に対する効用を表すオペレータである。log は自然対数とする。

　この定義によれば，限界効用の弾力性は，簡単に言えばリスク忌避の度合い（リスク忌避度）である。リスク忌避度は，ある人が不確かな見返りしか見込めない選択肢と，小さくてもより確実な見返りが期待できる選択肢があるときに，不確かなほうを嫌う度合いである。たとえば，リスク忌避度の高い投資家は，利子率は低いが確実な銀行預金に投資し，利益の期待値はより高いかもしれないが資産を失う可能性もある株式投資を避けるであろう。販売会社のような大きい組織であれば，考慮すべき唯一のものはお金であるという考えに基づいて意思決定を行うであろう。これはリスク中立的（risk neutrality）であるということである。しかし，安全文化の面からの批判および規制上の要求に敏感な大企業の場合には，環境コストに対して比較的高いリスク忌避度を示す場合もある。

　これは，特に公共の責任が重い原子力発電事業者や信用の喪失が取り返しのつかない影響をもたらす可能性のある金融機関にあてはまる。防護システムが存在せず，どのような事故も想定されていない場合には，その組織の効用関数は $u_0(\varepsilon) = U_\varepsilon[A]$ になる。

　環境コスト C をもたらす事故が想定され，かつ環境を防護するシステムが何もない場合には，次式となる。

$$
\begin{aligned}
E(u_1) &= p_1 U_\varepsilon[A] + (1 - p_1)U_\varepsilon[A - C] \\
&= U_\varepsilon[A - C] + p_1(U_\varepsilon[A] - U_\varepsilon[A - C])
\end{aligned}
\tag{16}
$$

ここで，u_1（環境防護システムがない場合の効用）は $U_\varepsilon[A]$ または $U_\varepsilon[A-C]$ の値をとる確率変数であって，$E(\cdot)$ は期待値を表すオペレータである。環境防護システムがコスト B を支払って導入されたとすれば，新たな効用 u_2 は $U_\varepsilon[A-B]$ または $U_\varepsilon[A-B-C]$ の値をとる確率変数となり，その期待値は次式になる。

$$E(u_2) = p_2 U_\varepsilon[A-B] + (1-p_2)U_\varepsilon[A-B-C]$$
$$= U_\varepsilon[A-B-C] + p_2(U_\varepsilon[A-B] - U_\varepsilon[A-B-C]) \qquad (17)$$

あるリスク忌避度を持つ条件での効用の差 $E(u_1) - E(u_2)$ は，$\varepsilon \geq 0$ かつ $\varepsilon \neq 1$ の場合は，次式で与えられる。

$$D(u_1, u_2 \,|\, \varepsilon) = \frac{A^q}{q_a}\{[1-c]^q - [1-b-c]^q + p_1(1-[1-c]^q)$$
$$- p_2([1-b]^q - [1-b-c]^q)\} \qquad (18)$$

ここで，$b = B/A$，$c = C/A$，$q = 1-\varepsilon$，$q_a = 1-a\varepsilon$ である。与えられたリスク忌避度の下での初期資産の効用の差の期待値を初期資産と比較することにより，次の関係が得られる。

$$R_{120}(\varepsilon) = \frac{D(u_1, u_2 \,|\, \varepsilon)}{u_0(\varepsilon)} \qquad (19)$$

ここで効用の比 $R_{120}(\varepsilon)$ の値は，資産がゼロより大きいと仮定すれば，初期資産の効用は常に正の値と考えられるので，効用の差に依存する。$R_{120}(\varepsilon)$ が正のとき，その大きさは，組織にとっての効用が防護システムへの投資によってどれほど低下するかを規格化した期待値として表現している。したがって $R_{120}(\varepsilon)$ は，意思決定者が防護システムに投資することへの忌避度を表す便利な無次元の指標といえる。このため $R_{120}(\varepsilon)$ は「投資忌避度（reluctance to invest）」とも呼ばれる。投資忌避度 100％ とは，必ず投資を拒否することと等価であるが，これは，防護システムがあまりにも高価であるために，そのリスク忌避度 $R_{120}(\varepsilon)$ において，その組織の資産の効用をゼロに低下させる場合に相当する。

$R_{120}(\varepsilon)$ にマイナスを付けた値 $(-R_{120}(\varepsilon))$ は，「投資選好度（desire to invest）」と呼ばれる。(15) 式で $a = 1$ の場合にはアトキンソンの効用関数の形になる。この場合の投資忌避度 R_{120A} は次式で表せる。

$$
\begin{aligned}
R_{120A}(\varepsilon, A) &= \frac{D(u_1, u_2 \mid \varepsilon)}{u_0(\varepsilon)} \\
&= \frac{A^q}{A^q - 1}\{[1 - c]^q - [1 - b - c]^q \\
&\quad + p_1(1 - [1 - c]^q) - p_2([1 - b]^q - [1 - b - c]^q)\}
\end{aligned} \tag{20}
$$

トーマスらの論文（Thomas, Jones, and Boyle, "The limits to risk aversion," 2010）では，その第 2 章で R_{120} が最小，すなわち最も大きなマイナス値になるような ε の値があるはずであることを述べている。この忌避度 R_{120} が最大のマイナス値となる点は，防護システムへの投資選好度が最大になる点に対応している。

その際のリスク忌避度 $\varepsilon = \varepsilon_{pp}$ の値は，その環境防護システムを導入することのメリット（desirability）を最も明確に示すものとなり，意思決定者はその導入に許可を与えることができる。このため，ε_{pp} は許可ポイント（permission point）と呼ぶこともできる。アトキンソンの効用関数によれば，許可ポイントは，資産 A，損失が生じない確率の事前推定値 $p1$，損失が生じない確率の事後推定値 $p2$，仮に損失が発生した場合の損失の規格化されたコスト c，損失に対する完全な防護の規格化されたコスト b に依存することがわかる。

図 13.3 は，投資忌避度のリスク忌避度への依存性を示している（Risk Aversion Calculations, 2014）。実際，規格化された防護のコスト b の代わりとして，リスク乗数 $M_R = b/B_D(0)$ を使うのが便利であることがわかる。したがって，リスク忌避度の認識可能な最大値を知ることができれば，リスク乗数を計算できる。新たに導入された J_T 値は，$J_T < 1$ ならばコストの観点で妥当であることを示し，$J_T > 1$ ならば過剰防護になっているので，妥当性についてさらなる説明が必要という意味で，元の J 値と同様の傾向を示す。この分析では，環境防護のコストについて説明してきたが，数学的な取り扱いは十分に一

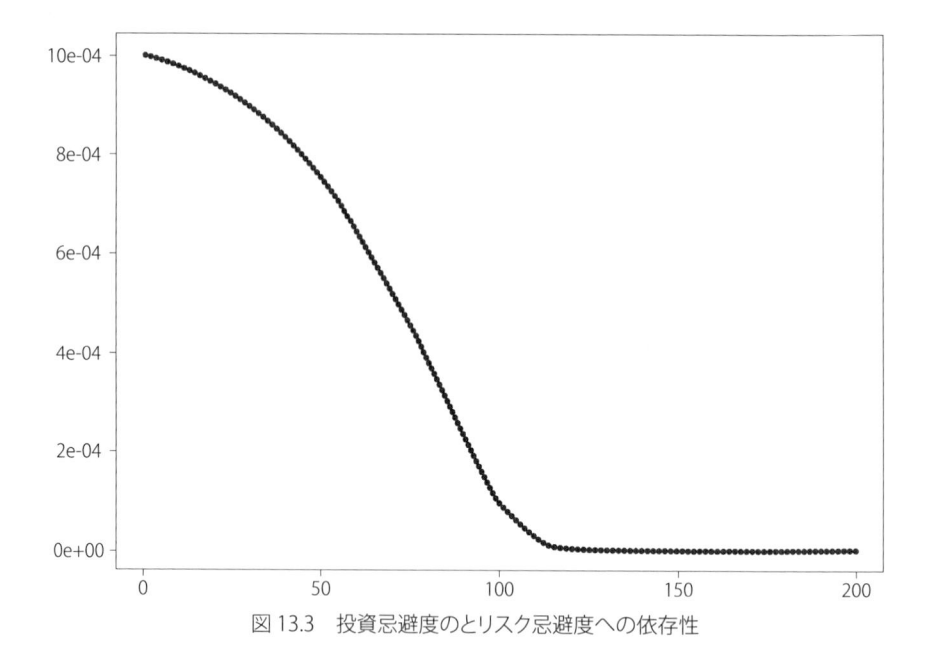

図 13.3　投資忌避度のとリスク忌避度への依存性

般性があり，施設内での損害や組織の生産能力の喪失などを含めることも可能
である。J_T 値は，産業施設における防護システムの導入価値を評価するため
の包括的かつ客観的な手法を提供している。

13.4.3　J 値の応用

　トーマスら（Thomas, Jones, and Boyle, 2010）は，J 値の実際の応用例を
示している。資産 A = 10 億ポンド（約 1400 億円）*7 を持つ会社が，残存寿
命 50 年の原子力発電所を所有し運転している。この会社が，新たな安全設備
を追加することを検討しており，その導入により，重大な事故の発生頻度は
$\lambda_1 = 2 \times 10^{-5}$年/年 から $\lambda_2 = 5 \times 10^{-8}$/年 に低下する。この新設備は，このプ

---

*7 原著ではドルであったが，その引用文献（Thomas, Jones, and Boyle, 2010）に従ってポンド
　　とした。また換算率は 140 円/ポンド とした。

ラントの余寿命の間機能し，コストは，財務および保守に関する全ての経費を含めて $\delta \hat{W}$ = 450 万ポンド（約 630 億円）である。会社は，MSV を意識し，このコストに上限を設けようと考える。

　この会社によるリスク分析によれば，仮に重大な事故が発生した場合には，従事者のうち 5 名が急性死亡に至る可能性があり，40 名が 1 回で 300 mSv の被曝を受ける。さらにプラント近郊の小さい町の住民 500 名が 1 回で 200 mSv の被曝を受け，同じ町の住民 5000 名が 1 回で 150 mSv の被曝を受ける。これに加えて，避難，移住，事業崩壊，土壌汚染の除去，施設の除染，その他を含む環境コスト C = 50 億ポンド（約 7000 億円）が生じる。割引率 r_d（脚注 2 参照）はゼロとするが，この会社の成長率 r_{org} は 2 %/年 であるとする。プラントの所有者は，人的な被害に関する自らの見積もり額に対して不均衡係数 J^* = 3 を掛けることを受け入れる意思がある。この条件下で，防護システムを導入すべきであるかを以下に考察する。

13.4.3.1　J 値分析

　影響を受ける人の集団 5545 名の平均余命の低下を，CLEARE（change of life expectancy from averting a radiation exposure，放射線被曝を避けることによる期待寿命の変化）研究計画の結果に基づいて計算すると，平均 0.4 年となる。この結果を表 13.1 にまとめて示す（英国の 2007 年現在の保険統計データに基づく）。

表 13.1　事故の発生を仮定した場合の平均余命の損失

グループ	グループ人数	被曝線量（Sv）	1 人あたりの平均余命の損失（年）
公衆	5000	0.15	0.354
公衆	500	0.20	0.472
プラント運転従事者	5	急性死亡	38.795
プラント運転従事者	40	0.3	0.401

全グループを通じて平均した事故 1 回あたり，1 人あたりの平均余命損失＝0.400（年）

228

防護システムの導入により期待される改善は，割引率による調整後の平均余命の変化を用いて表すと次式になる。

$$\delta X_d = (\lambda_1 - \lambda_2) M \varepsilon_{d1} \tag{21}$$

ここで ε_{d1} は，1 回事故が発生したときの割引後の平均余命の変化であり，λ_1 は防護システムがないときの事故発生頻度（ここでは 2×10^{-5}/年），λ_2 はそれがあるときの事故発生頻度（5×10^{-8}），M（$= 50$ 年）は防護システムの働く期間である。割引率がゼロならば，平均余命と割り引かれた平均余命は同じであり，$\delta X_d = 3.99 \times 10^{-4}$ 年となる。$J = 1$ という条件で N 人を防護するための合理的な費用の最大値 δV_N は，次式で与えられる。

$$\delta V_N = N \frac{G}{q} \frac{1 - e^{-r_d X_d}}{r_d X_d} \delta X_d \quad (r_d > 0 \text{ のとき})$$
$$= N \frac{G}{q} \delta X_d \quad (r_d = 0 \text{ のとき}) \tag{22}$$

ここで G は一人あたりの GDP であり，2007 年の数値は 2 万 2997 ポンド（約 320 万円）[*8] である。q は，$1 - \varepsilon$ で定義され，トーマスらによれば安全に関する妥協点として適切な値は $\varepsilon = 0.82$ である。割引率はゼロとしているので上式の下の行を使うこととし，$N = 5{,}545$ を代入すれば，次のようになる。

$$\delta V_N = \pounds 282{,}386 \tag{23}$$

この式から J 値は 4,500,000/282,386 = 15.9 となる。$J > 1$ であるので，人への害だけを理由にしてこの防護システムを導入することは正当とは言えない（事故の影響は甚大だが，すでに低い頻度に抑えられているためである）。不均衡係数を 3 とすれば，妥当な費用の最高値は

$$\delta V_N \mid_{J^* = 3} = \pounds 846{,}919 \tag{24}$$

[*8] 統計値は英国の統計値である。

まで押し上げられる。しかし，それでも，防護システム導入コストの 5 分の 1
程度を正当化するだけである。しかし，防護システムにより，極めて大きい環
境コストを回避することもできる。これを考慮すれば，次式となる。

$$\delta Z_0 = \frac{1 - e^{-r_{org}T}}{r_{org}T}[K_c(\lambda_2)e^{-\lambda_2 T} - K_c(\lambda_1)e^{-\lambda_1 T} - (K_c(\lambda_2) - K_c(\lambda_1))] \tag{25}$$

この式によれば，環境損害の発生頻度を低減するために正当化しうる費用
は，次のようなリスク中立的なレベル（リスク忌避度ゼロのレベル）に上がる。

$$\delta Z_0 = £\,3,165,746 \tag{26}$$

$m_r(\varepsilon_{max}) \approx M_R(\varepsilon_{max})$ となるようなリスクに関する係数を求めるためには，
50 年の間の事故発生の可能性は $\pi_1 = 1 - p_1 \approx \lambda_1 M = 2 \times 10^{-5} \times 50 = 10^{-3}$
であることに注目する必要がある。リスク係数を保守的に決めるために，こ
の防護システムの導入により事故の発生可能性がゼロになるものと仮定し，
$\pi_2 = 1 - p_2 = 0$ とする。これにより，この問題は Thomas, Jones, and Boyle
（2010）の論文の例題 1 と同じになる。この論文によれば，$m_r(\varepsilon_{max}) = 1.34$ と
なる。したがって，

$$\delta Z_R = M_R(\varepsilon_{max})\delta Z_0 \tag{27}$$

となり，さらに

$$\delta Z_R = £\,4,242,100 \tag{28}$$

となる。

δZ_R と $\delta \hat{W}$ との比は，

$$J_{20} = \frac{\delta \hat{W}}{\delta Z_R} = \frac{4,500,000}{4,242,100} = 1.06 \tag{29}$$

となるので，この防護システムは，（意思決定者が実務的な人であれば，十分
近いとして，受け入れるであろうが）環境コストだけでは十分には正当化され
ないことは明らかである。しかし，不均衡係数[9]（この場合には $J^* = 3$）を含

---

[9]　「不均衡係数（disproportion multiplier）」は，トーマスらの論文（Thomas, P. and Jones, R.
　　2010）によれば，あらかじめ合意された 1 以上の係数とされている。慎重な判断を下すた
　　めの安全係数のようなものと解釈できる。

めた人への害を考慮する J_2 値を用いれば，次のようになる。

$$J_2 = \frac{\delta\hat{W} - J^*\delta V_N}{\delta Z_R} = \frac{4,500,000 - 846,919}{4,242,100} = 0.86 \tag{30}$$

一方 J_T 値は，

$$J_T = \frac{\delta\hat{W}}{\delta Z_R + \delta V_N} = \frac{4,500,000}{4,242,100 + 282,306} = 0.99 \tag{31}$$

となり，$J_T \leq 1$ であるので，防護システムは導入すべきである。

13.5 まとめ

　企業経営者は時として，MSV の誤った適用により，株主価値を最大化しようとして短期的な利益のために資本を運用することがある。その目的は，株式オプション保有者に利益をもたらすために株価を最適化したり，売却または買収に対する準備のために会社の市場価値を向上させることであったりする。安全性が重要となるビジネスにおいて，このような MSV の誤用は，セーフティーケースにかかわる業務において，許されない費用削減を行うことにつながる可能性がある。より有能な管理者は，安全性を会社内の重要な活動とみなし，そのビジネスが有するリスクに応じた安全対策への投資レベルを見定めようとする。最近まで，セーフティーケースを満たすために必要な資産投資のレベルを評価する効果的な方法はなく，過剰投資と過少投資の両方を生んでいた。しかし，さらに重要なことは，安全性がコスト削減の犠牲となり，悲惨な結果をもたらしたことである。J 値は，慎重に適用することにより，経営者が安全性に関する投資の適切な水準を設定することや，規制当局において，企業の投資が確保されており，MSV を操作するために不当に調整されてはいないことを確認するために役立つものである。

第14章 結論とコメント

14.1 はじめに

　著者らは本書で，ストレス下にある高リスク産業（high risk organization：HRO）に対する管理部門の意思決定の改善を助ける多くの概念を紹介してきた。一連の概念を一緒に扱っている目的は，管理プロセスを改善することにある。紹介してきた概念としては，認知プロセス，手動動作，自動動作（制御），フィードバックメカニズム，過去の経験からの習得，センサーから得られる入力情報などからなる，人体の機能に基づいたサイバネティック組織モデルがある。また，ビーアのモデルや産業組織の特性を模擬するための生存可能システムモデルも紹介した。そうした組織モデルを，事業者／プラントモデル，内外の擾乱，規制当局とリンクさせ，事故の起因事象を与えれば，どのようにこれらの全てが互いに機能するのか，どんな擾乱が組織やプラントの反応や事故を生じさせるのか，理解することができる。

　また，海軍の原子力艦隊の運営に関するリッコーヴァー提督の概念についても，彼の時代ののちの技術や考えに基づいて見直したうえで，概念のひとつに加えた。本書では，これらの手法や技術についてこれまでの章で説明した。リッコーヴァー提督の手法はその上に何かを構築できる枠組みもしくは基礎であり，彼の7つの原則は付録のなかに見ることができる。

　ひとつのプラントを効率的（経済的）かつ安全に稼動するために，その組織は連帯して取り組む必要がある。サイバネティックモデルによる組織の機能は，CEOがブレインであり，下位の管理者や運転員は例えるならブレインの指

示に従って行動する手である。そう考えると，自分の役割を果たすためには，組織の全員に訓練が必要であることを認識できる。

　教育と訓練に注力することで管理統制面を向上させようとすることについて，技術的な側面についても扱ってきたが，我々は経済に対して無頓着なわけではない。組織を存続させるため，管理者は費用管理にも注意を払わなければならないことは理解している。第 13 章ではそのような検討について扱っており，技術面と技術的な改善を実施する費用をバランスさせることも重要である。このバランスは組織の存続にとって重要である。我々はノースイーストユーティリティズ社の運営をレビューし，人件費を単にカットすることはできず，結局は効率的かつ安全を意識した組織にならざるを得ないことがわかった。組織において費用を低減しながら効率的な組織を維持するための改善は可能であるが，管理部門はそれを可能にするための技術を利用することに細心の注意を払うことが求められる。

14.2　分析の個別要素

　管理部門の意思決定を改善するのに使える要素を以下に挙げる。管理部門とスタッフはこれらについて理解すべきである。

1. 組織の力学：我々は人体に基づくビーアのモデルを選んだ。どのように組織が運営を行うのか，そしてその役割と個々の部署の制約とは何かを理解せずに，事故のような状況を制御するよう指示することは管理部門にはできない。
2. アシュビーの必要多様性の法則：その情報を得るためにどんな情報源を扱う必要があるのか，事故の間に必要多様性はどのように変わりうるのか，それを理解するための方法。それを制御できるようになるためにはシステムにどんな多様性があるかを知る必要がある。
3. 運転のリスク：これは，確率論的リスク評価（PRA）を実施することで

得られる。リスクとは確率論的な関係であり，すなわち何が起こりそうかである。リスクとは，その頻度はどの程度でその影響による結果はどうかを教えてくれる。福島の津波で示されたように，1000 年に 1 回の事象でも翌日，生じる可能性があるのだ。

4. 人間行動の特性：人員は，あるタスクに対処するために適切な訓練を受ける必要がある。それにより多様なタスクに対処するために必要なこと，つまり手順的な支援，問題解決に必要な時間，知識と背景について認識するだろう。

5. 事故や状況に対処するのに必要なこと：これは，携わる様々なシステムについて深い知識と，関連する情報を自身が持っていない場合に埋め合わせをする知識に長けた人々の助言を管理者が必要とするということを意味する。

6. 原子力や他の産業における事故の分析：これは，自分以外の組織の判断や，その間違いをどう避けるかについて知見を得ることである。

7. 規制当局の取り組みとプラントでの事象発生の分析：組織による運営を改善するためにその分析を役立てるにはどうしたらよいか。

8. シミュレーション技術の能力：訓練，事故の分析，事故に伴って生じうる多様性や変化を理解するために用いる。

　上に挙げたそれぞれの項目については，第 3 章から第 11 章を通して深く議論してきた。意思決定において管理部門がその役割として準備することが求められていることを満足するために必要な，多くのことについて扱おうとしてきた。これらのツールを利用することなく意思決定をすることは，ランダムなプロセスとなってしまう。第 7 章に示された多くの事故の分析は，どのように事故が生じて，それに関する判断間違いが事故の伝播を促しうるのか，理解しようとする管理者にとって利用できるものである。

14.3 結論

　リッコーヴァー提督により導入された手法は，米国海軍の潜水艦艦隊に革新を成し遂げ，特に米国とロシアの潜水艦艦隊とを比べると，原子力潜水艦の運航リスクの低減を可能にした（Oliver, 2014, p.3 を参照）。本書の付録には，リッコーヴァー提督の 7 つの原則を挙げている。彼の原則は，訓練や責任，技術的自己充足の概念に重点を置いたものである。

　著者らは彼の原則に，これまであらましを示した我々の推奨事項を付け加えた。潜水艦乗組員のような厳格な組織では，人々の役割を認識するのは容易である。大規模な組織において人々の役割を認識することの困難さを補うために，ビーアの動的かつ仮想的なシステムモデルを導入し，それにより組織全体の機能と各人の役割が明確になった。

　ここで，アシュビーの法則を理解し，かつシミュレーション手法とシステムに対する深い知識により得られる力を理解することによって，リッコーヴァー提督が重視した技術的な自己充足性を得るのに役立つ。

　当時ロシアでは潜水艦事故があったことがわかっていたのに，リッコーヴァー提督が扱おうとしなかったように思われるひとつのことは，事故の確率とそれがなぜ生じうるのか，そしてその結果はどんなものか，その分析である。潜水艦の喪失と人員の喪失による直接の影響，そして放射性物質の放出による環境影響については知っていたと考えられる。

　特に HRO について言えば，組織の安全性と社会影響という課題の全体がよく見えるようになった。組織が事故の対処に失敗することは，単に何人かのその場の人員だけではなく，いまや国々に影響を及ぼす。これは現場の人々が重要ではないと言っているのではなく，むしろ一部の事故は生じた場所から離れた国々にまで影響を及ぼしうると言っている。チェルノブイリ事故はスウェーデンの人々に観測され，その放射線影響は遥かかなたのウェールズにまで及び，汚染された牧草を食べた羊や子羊を屠殺するにまで至った。単に事故が生じるというだけではなく，環境的・経済的費用の観点から，そのような事故が人々

と組織に及ぼす影響を理解すべきである，というのが著者らの信念である。第13章では，組織が考慮せねばならない費用管理について検討した。つまり，改善の費用とは何か，それは実施すべき経済的なものか，それによって管理部門が提示して規制当局が確認した安全上の目標は達成されるか，である。

　本書の中核は，様々な分野（原子力，化学，宇宙，石油・ガス，鉄道）における事故の分析に割いた紙面である。その動機は，事故の始まりから進展，その進展の阻止の失敗に至るまで，事故時に行われたこと全体における意思決定者の役割を示すことである。ビーアのモデルが示したように，組織のブレインは認知プロセスの中心にあり，それゆえ判断プロセスの中心にある。ひとりの運転員が介入して何か勇敢で有効なことをするかもしれないが，正しい蒸気発生器を選ぶことはその運転員の仕事ではない（7.9.3 項を参照）。ブローアウト防止装置（BOP）の原油遮断弁が動作しなければならないと主張することはその運転員の仕事ではない（7.6.1 項を参照）。チャレンジャー号を打ち上げることはその運転員の仕事ではない（7.8.1 項を参照）。

　著者らが数多くの異なる分野の事故を扱う目的は，事故が特定の産業や組織の種類に限定されるものではないが，通常はあまり詳しく検討されない CEO やそのスタッフと投資家たちである役員会といった別の共通の側面とつながりが多いことを示すことであった。リッコーヴァー提督の 6 番目の原則，「全責任を負うという考えに固執するよう求めよ」を思い出されたい。リッコーヴァー提督はコロンビア大学でのプレゼンテーションで「担当者とは，自分自身に細かく気を配らねばならないものである」というコメントを残している。責任とは単に与えられるようなものではない。

　本書で一連の事故について説明したもうひとつの目的は，読者が高リスク産業の管理者の立場で準備できることは何か検討し，もし軽率に判断を行ったときに最後に何が起こるか思い出せるように，事故のライブラリを提供することであった。ハンガリーにおける事故は，そのような軽率な判断の一例であった（7.9.2 項を参照）。パクシュ原子力発電所は前向きな考え方をする組織でリスク評価（PRA）の分野に多大な注意を払っており，その事故はそういった組織

らしくないものであった。

1. 現場から得られる妥当性の基準を求めよ
2. 技術的に自己充足せよ
3. 事実に向き合え
4. 少量の放射線でも配慮せよ
5. 容赦なく訓練を求めよ
6. 全責任を負うという考えに固執するよう求めよ
7. 経験から学ぶ度量を育め

リッコーヴァー提督が，信頼性が高く安全な原子力発電設備を使って，あらゆる国の海軍より進んだ先進的な潜水艦戦力を形成するという明確な目的を持っていたというのは，著者らだけではなく多くの人の意見である。彼は自身の目的を成し遂げた。彼がどうやってそれを行ったか文句を言う人もいるかもしれないが，保守的な組織の方向性を変えようとすることは至難の業である。

改良された水上船ではない本当の潜水艦となった原子力潜水艦という概念は画期的であったし，潜水艦発射弾道ミサイルと結びついたときに戦争というものを完全に変えてしまった。原子力発電設備で稼働する攻撃型潜水艦もまた画期的であった。

原子力発電は別として，この話の別の側面としては，潜水艦や乗組員の安全性に対してリッコーヴァー提督が払った配慮が挙げられる。あらゆる設備の信頼性を高くし，乗組員の放射線被曝を防護すべきとの考えをリッコーヴァー提督は強く主張した。潜水艦が何ヶ月も航行して乗組員が潜水艦のなかに缶詰になることを考えれば，この必要性は理解できるだろう。あきらかに，海上にある設備の一部の状態が変わることは止められないし，海上にいる間の放射性物質の漏洩をずっと気にし続けることもやめられない。もし乗組員の健康が脅かされるなら，長期にわたる彼らの任務遂行能力は低下するだろうし，それはリッコーヴァー提督も海軍も望んだことではない。

付録　リッコーヴァー提督の管理の原則

A.1　はじめに

　この付録は，ハイマン・G・リッコーヴァー提督がなしとげた仕事を参照するものである。なぜリッコーヴァー提督がなしとげた仕事について議論するのか。その理由は，彼（もしくは彼の組織）が訓練した人々が原子力事業に参加しているために彼が米国原子力産業界に大きい影響力を持っていたことと，以前は海軍の原子力艦隊において提督たちであった米国原子力発電運転協会（INPO）の指導者たちに対して，彼の哲学が強く影響していることによる。

　海軍の原子力艦隊を設立する計画に彼が寄与したことはよく知られているが，彼は原子力発電所の運転における安全面を重視した計画の必要性を考慮し，非常に具体的な管理プロセスを生み出してもいる。彼の場合，原子力発電は潜水艦を稼働させるのに必要であった。原子力発電が発明される前，潜水艦は時々潜航するだけの水上船舶であった。原子力発電が利用されるようになってから，潜水艦は時々水面へと浮上する本当の潜水艦となった。補給を行うときと彼らが必要とするとき以外は，海中にいられるようになった。

　ただし，このように潜水艦を運用できるようになる前に，原子力発電の安全性を確かなものにしたうえで，放射性物質による影響から乗組員を保護しなければならなかった。リッコーヴァー提督は，これらの両方の課題について非常に気を配った。信頼性の高い設備を手に入れたうえで，海軍の人員の選抜と訓練を行うことで，彼は両方の課題に取り組んだ。彼が行った多くのことは彼を嫌われ者にしたが，彼の成功は自身のやり方を進めさせる結果となり，たとえ

ば彼は米国上院の支援を取りつけ，上院は海軍が退役を望むまで彼を留めておこうと主張した。

　本当に重要な課題のうちのひとつは，原子炉の安全な運転である。彼の最初の主張は，運転が安全であると考えられるようになるまで任務に送ってはならない，というものであった。このことがしばしば彼と海軍の作戦部との間に衝突を生んだ。海軍の作戦部の念頭には，任務を帯びた海域と，戦略型ミサイル潜水艦「boomer」を配置する箇所と，攻撃型潜水艦に対する哨戒区域があった。この衝突は原子力発電所の運転の場合における経済性と安全性の間のせめぎ合いとよく似ている。

　リッコーヴァー提督の管理手法は，海軍の潜水艦を安全に運航させてきており，民間の原子力発電所に対する計画を描くのに土台とできるかどうか考えてみる価値がある。ある意味では，海軍の人員に対するリッコーヴァー提督の訓練は商用の原子力発電事業とつながりがあるうえ，INPO には数多くの提督たちも含め，リッコーヴァー提督の訓練を受けた人々が配置されている。

A.2　リッコーヴァー提督の原則

　リッコーヴァー提督による「General Public Utilities Nuclear（GPUN）社の組織と管理上層部と，（1979 年 3 月のスリーマイル島 2 号機（TMI-2）事故後における）TMI-1 号機を運転するその能力（Rickover, 1983 参照）」のなかで，彼は管理目的という形で自身の運営の原則について述べている。

1. 現場から得られる妥当性の基準を求めよ
2. 技術的に自己充足せよ
3. 事実に向き合え
4. 少量の放射線でも配慮せよ
5. 容赦なく訓練を求めよ
6. 全責任を負うという考えに固執するよう求めよ

　7. 経験から学ぶ度量を育め

　彼の言葉に，「これらの原則は心構えと信念を表す。彼らは複雑な技術を認識して，安全な原子力の運用には骨身を惜しまぬ配慮が求められることを理解する」とある。また彼は，管理上層部が技術的な知識を持たねばならず，運用されている発電炉の状況について個人的に精通していなければならない，とも指摘している。

　もちろん他の人々は，彼の目的のそれぞれに対して異なる考えや優先順位を持つこともあるだろう。「容赦ない訓練，全責任，経験からの学習」といったことは，非常に明瞭である。原子力発電炉の運用に携わる全員に対して，放射線管理や放射線被曝の影響を理解することを訓練に含めるべきである。INPOはリッコーヴァー提督の哲学の多くを採用してきたが，そのトップの人員の多くが海軍の原子力艦隊の出身であることから，それはそれほど驚くにはあたらない。

A.3　リッコーヴァー提督の原則の検討

　リッコーヴァー提督が寄与したことの価値は，みんなが理解するに違いない。ひとつの組織においてその組織の生存能力に及ぼす影響という観点で，全ての人員が等しくないことは明らかである。ある組織におけるリーダーは，その組織に対して方針と判断を提供する。リーダーは全体の方向性を示すが，他の人間に対して方針を示したり，組織の運営が全体としてどう機能しているかリーダーに情報を提供したりする別の人々もいる。リーダーが全てのことをすることはできず，組織内のあらゆるレベルで支援を必要とする。

　リッコーヴァー提督が果たした重要な役割としては，士官を選抜することや，乗組員が受けるべき訓練の範囲を確認することもあった。彼は高品質の製品を要求することで，造船所や受注者にプレッシャーをかけ続けることもした。責任を課した進歩的な訓練によって得られるものがあると，リッコー

ヴァー提督は信じた。その結果，適切な判断をする能力を持ちつつ，その判断に責任を負う技術的に有能な人員を育てることになった。リッコーヴァー提督が事業者のリーダーたちより有利だったのは，海軍の組織が持つ強固さであった。人員は志願者として入隊し，海軍，特に海軍の原子力艦隊でのキャリアを望んでいた。これは事業者の人員が献身的ではないといっているのではなく，海軍よりは組織がかなり開放的であり，どこか他の事業者や組織に転職する機会があるといっている。だから海軍の原子力艦隊の文化は，民間組織のそれとは違うものであったし，いまもそうである。

訓練についていえば，リッコーヴァー提督は訓練目的で用いる数多くの原子炉を陸上に持っていた。そのようにして，リッコーヴァー提督は潜水艦に内蔵されているものとまったく同じ発電炉を持っていた。これ以上本物に近いものを得ることができようか？ 当時，彼は数値シミュレーターに賛成しておらず，それを使っても物事がうまくいかなかったときに生じるストレスに対して乗組員に心構えをさせることができないと信じていた。しかし彼は TMI-1 号機をレビューしていたときに，訓練目的で原子力プラントの複製を持つことは非常に困難であり，原子力プラントシミュレーターの質も人員の訓練のために許容できるほど向上した，と悟ったに違いない。今日では，原子力の初期のころに比べてシミュレーターは本物に近いものになっている。

A.4　結論

原子力事業者の運営について考えるときに，リッコーヴァー提督の原則をどう解釈すべきだろうか？ 思い浮かぶ最初のことは，使用する設備の安全性と品質をリッコーヴァー提督が重視していたことである。あきらかに，それらのことは潜水艦でも原子力プラントの運転でも同じはずである。人員または設備のどちらかの失敗は，使命を「果たせない」結果となりうるものであり，事業者自身の巨額の経済的損失の可能性とともに，一般公衆への電力供給に失敗し環境へ影響を及ぼすことになる。潜水艦のなかで原子力発電設備を安全とはい

えない形で運転することは，乗組員の損失に至りうるものであり，事故がどこで起こるかによっては環境的な災害になり，戦闘が絡む場合には戦争による損失が生じる可能性もある。

　安全とはいえない原子力プラントの運転は，事業者や政府のその後の行動にもよるが，従業員の死亡，発電容量の喪失，事業者にとっての巨額の経済的費用，そして生じうる放射性物質の放出に伴う政府／事業者による重大な除染の問題が生じうる。放射性物質の拡散を防止するために使えるのは，格納容器とそのサポート系である。

　原子力発電事業者の場合，彼らの運転は NRC と INPO によって監視されている。これら 2 つの組織ではプロセスや行動がかなり異なり，その点については本書の第 4 章や第 7 章で議論している。NRC の行動は規制であり，反応的なものである。INPO の行動は率先したものであり，事業者の管理部門の対応に依存した限られたものになる。安全な運転に対する責任は原則としてその事業者にある。

　海軍の原子力艦隊の場合は，潜水艦の艦長がその潜水艦の安全な運航に対する責任を常に負う士官である。もし何かが起こったら，艦長に行動する権限が与えられ，もし艦長がそれに失敗すると軍務を去らねばならなくなることだろう。事業者の場合の原子力部門の責任者（CNO）の責任はそれよりはある程度軽減されており，そのため海軍の原子力艦隊で期待されているような責任は事業者の場合には必ずしもあてはまらない。それが犯罪的な発想によるものでない限り，事故における事業者の落ち度があったかどうか，CEO や社長，CNO がそれぞれ無責任であったかどうか，NRC はわかるだろう。

　ケーススタディを行えば，CEO や社長，CNO による判断によって事故が発生しうるような環境が与えられてしまうことがよくあることがわかる。重要なのは，単純なものから複雑なものまで，タスクを実施する人員の教育と訓練である。金銭を節約するために訓練と教育を減らすという判断は，事故もしくは事故に近い状況を招きうる。事業をするには費用がかかる。海軍の艦長のように，CEO や CNO には訓練プログラムの品質を確保する責任がある。このこと

は，機材や保守作業の品質についても同様である。また，事業者は過酷なタスクを実施するために高い品質と訓練された人員を必要とすることから，人員の選抜も重要である。事実このことは，潜水艦のような閉鎖された空間よりも，原子力プラントのような広がりのある環境において重要だろう。

　ここ数年，話題にのぼってきたように思えることは，組織の安全文化である。訓練プログラムや人員が軍隊への志願者であるという事実から，海軍の原子力艦隊は一様な安全文化を持っていると思われる。Schein は INPO に対する自身の講義（Schein, 2003）で，その人の仕事と，どのように報われるのか，そして何を期待されているのかによって重要となるサブカルチャーについて触れている。海軍の原子力艦隊では，海軍執行部（艦長以上），士官，そして下士官や水兵の間の文化的な問題がいくつかありうることには考えが及ぶだろう。興味深いことに，リッコーヴァー提督はこのトピックについてコメントをしておらず，TMI-1 について General Public Utilities Nuclear（GPUN）社の管理部門に対する自身のレビューにおいても課題として挙げていない。

　リッコーヴァー提督は，安全性と放射線管理に注目しながら米国の海軍の原子力艦隊とその管理組織を育て上げたという観点で多大な貢献をしたが，彼に対する批判が無かったわけではない。変化のなかで彼のきつい統制下にあったことが，米国設計のものより速く深く潜れるロシアのアルファ型潜水艦のような潜水艦の開発を阻害する結果となった。また彼は，Polmar と Allen が書いた「リッコーヴァー：海軍の原子力艦隊の父」という書籍に対する批評「栄光からの転落：米国海軍を沈めた男たち（Simon and Schuster, 1982）」において，競争相手を排除したということで非難されてもいる（Schratz, 1983 を参照されたい）。リッコーヴァー提督は 63 年の間，現役として勤務し，特に彼が維持した重要な立場を考えると，多くの人の目にとってそれは長すぎると映った。

　管理に関して最初に挙がる課題のひとつとして，組織の健全性や競争力を向上させないトップの経営者をどう解任するか，ということがある。最終的にリッコーヴァー提督は解任され現役から退いたが，それを成し遂げるのは困難であった。安全性や経済性という立場から企業の健全性を考慮して社長や

CEO が正しく役割を果たしているか，それを確認する役員会に事業者の組織は頼っている。そしてときとして役員会は，経営者による至らない判断から株主，従業員，一般公衆を守るという要求に応えるのに失敗することがあるのである（MacAvoy and Rosenthal, 2005 を参照）。

参考文献

Aberfan Disaster Tribunal. 1966. Available at: Nuffield.ox.ac.uk/politics/Aberfan/tri.htm. Tribunal started 10/1966.

Aceh Tsunami and Indian Ocean Earthquake. 2004. Available at: Wikipedia.org/wiki/2004-Indian_Ocean_Earthquake_tsunami.

Al-Ghamdi, S. H. 2010. *Human Performance in Air Traffic Control Systems and Its Impact on Safety.* PhD dissertation, City University, London, UK.

Ashby, W. R. 1956. *An Introduction to Cybernetics.* London, UK: Chapman and Hall, Ltd. (First published and reprinted as a paperback, a number of times.)

Atkinson, A. B. 1970. On the measurement of inequality. *Journal of Economic Theory*, 2(3), 244–263.

Beer, S. 1979. *Heart of the Enterprise.* Chichester, UK: John Wiley and Sons.

Beer, S. 1981. *Brain of the Firm.* Chichester, UK: John Wiley and Sons.

Beer, S. 1985. *Diagnosing the System for Organizations.* 6th edition. Chichester, UK: John Wiley and Sons.

BOP. 2015. Energy Photos. Available at: http://www.energyindustryphotos.com.

BP. 2010. *Deepwater Horizon, Accident Investigation*, Report. London: BP.

Braun, M. 2011. "The Fukushima Daiichi Incident," Fukushima Engineering Presentation, AREVA NP, GmbH available at http://hps.org/documents/areva_japan_accident_20110324.pdf.

Broadribb, M. P. 2006. BP Amoco Texas City incident. *American Institute of Chemical Engineers, Loss Prevention Symposium/Annual/CCPS Conference,* Orlando, FL.

Carnino, A., Nicolet, J.–L., and Wanner, J.–C. 1990. *Man and Risks Technology and Human Risk Prevention.* New York, NY and Basel, Switzerland: Marcel Dekker.

CNN. 2011. "Expert: Japan Nuclear Plant Owner Warned of Tsunami Threat," CNN Wire Staff, March 28, 2011.

Commander of the Marine Corps. 2011 *United States Marine Training Manual.* Unit Training Management Program, order 1553 3B, Washington, DC: Department of the Navy.

Cullen, W. D. 1990. *The Public Inquiry into the Piper Alpha Disaster.* Vols. 1 and 2. London, UK: HMSO. (Presented to the Secretary of State for Energy 19-10-1990 and reprinted in 1991 for general distribution.)

CSB. 2014. *Explosion and Fire at Macondo Well.* U.S. Chemical Safety and Hazard Investigation Board. Report 2010-10-1-05, Vols. 1 and 2. *New York Times*, 2015.

Danilova, N. 2014. Integration of Search Theories and Evidential Analysis to Web-wide Discovery of Information for Decision Support. PhD thesis, City University, London, UK.

Dudorov, D., Stupples, D., and Newby, M. 2013. Probability analysis of cyber attack paths against business and commercial enterprise systems. *2013 European Intelligence and Security Informatics Conference,* Uppsala, Sweden.

Espejo, R, and Harden, R. (eds). 1989. *The Viable System Model: Interpretations and Applications of Stafford Beer's VSM*, Chichester, UK: Wiley.

Espejo, R. 1993. Strategy, structure, and information management. *Journal of Information Systems,* 3(1), 17–31.

Eyeions, D. A., Seyfferth, L., and Spurgin, A. J. 1961. Analogue computer studies of heat exchangers. *Analog Society Conference,* Opatija, Slovenia.

Flixborough. 1974. Flixborough Disaster. Available at: wikipedia.org/wiki/Flixborough_ disaster.

Frank, M. V. 2008. *Choosing Safety: A Guide to Using Probabilistic Risk Assessment and Decision Analysis in Complex, High Consequence Systems.* Washington, DC: RFP Press.

Govan, F. 2013. Dozens killed as train derails in Northern Spain. *The Telegraph.* London, UK.

HAEA. 2003. *Report to the chairman of the Hungarian Atomic Energy Commission on the authority's investigation of the incident at Paks nuclear power plant on 10 April 2003.* HAEA Budapest, Hungary.

Halifax Explosion. 1917. Available at: www.cbc/halifaxexplosion and Wikipedia/Halifax Explosion.

Hannaman, G. W. and Spurgin, A. J. 1984. *Systematic Human Action Reliability Procedure (SHARP).* EPRI NP-3583. Palo Alto, CA: Electric Power Research Institute.

Herring, C. and Kaplan, S. 2001. *The Viable System Model for Software.* Report. Brisbane, Australia: Department of Computer Science and Electrical Engineering, University of Queensland.

HM Treasury. 2005. *Managing Risks to the Public: Appraisal Guidance.* London: HM Treasury.

HM Treasury. 2009. *Managing Risks to the Public: Appraisal Guidance.* London: HM Treasury.

INPO. 2011. *Special Report on the Nuclear Accident at the Fukushima Daiichi Nuclear Station,* INPO 11-005, Rev 0. Atlanta, GA: Institute of Nuclear Operations.

Japan Fire Department. 2011. *FDMA Situation Report, no 135.* Available at http://www.earthquake-report.com.

Joksimovich, V. and Spurgin, A. J. 2014. Issues associated with the closure of San Onofre NPP. San Diego Institute of Electric and Electronic Engineers meeting, February 26, 2014, San Diego, CA.

Kemeny, J. G. 1979. *The Report to the President on the Three Mile Accident.* Originally published October 30, 1979.

Leveson, N. 2004. A new accident model for engineering safer systems. *Safety Systems,* 42(4), 237–270.

Leveson, N. 2011a. *Engineering a Safer World, Systems Thinking Applied to Safety.* Cambridge, MA and London, UK: The MIT Press.

Leveson, N. 2011b. The use of safety cases in certification and regulation. *Journal of System Safety,* 47(60), 13–23.

Link. 1942. The 1942 model C-3 Link Trainer. Western Museum of Flight. Available at: www.wmof.com.

Lydell, B. O. Y., Spurgin, A. J., and Moieni, P. 1986. *Human Reliability Aanalysis of Backflush Operations at Barsebeck, NPP.* NUS Report 4911. For the Swedish Regulator (SRK).

MacAvoy, P. W. and Rosenthal, J. 2005. *Corporate Profit and Nuclear Safety: Strategy in 1990s.* Princeton, NJ: Princeton University Press.

Maeda, R. 2011. Japanese nuclear plant survived tsunami, offers clues on safety. *Reuters,* Oct 21, 2011.

McCurry, J. 2015. Fukushima operator 'knew of need to protect against tsunami but did not act'. *The Guardian.* 18th June, 2009.

NRC. 2016. *Backgrounder: Probability Risk Assessment.* Washington, DC: NRC Office of Public Affairs Operation.

NRDC. 2011. *The BP Oil Disaster at One: A Straightforward Assessment of What We Know, What We Don't Know and What Questions Need to Be Addressed,* National Resources Defense Council, NRDC Report. Available at http://www.nrdc.org/energy/bpoildisarsteroneyear.asp.

Oliver, D. 2014. *Against the Tide, Rickover's Leadership Principles and the Rise of the Nuclear Navy.* Annapolis, MA: Navy Institute Press.

Pandey, M. D. and Nathwani, J. S. 2003. A conceptual approach to the estimation of societal willingness-to-pay for nuclear safety programs. *International Journal of Nuclear Engineering and Design,* 224, 65–77.

Perrin, C. 2005. *Shouldering Risks: The Culture of Control in the Nuclear Power Industry.* Princeton, NJ: Princeton University Press.

Perrow, C. 1999. *Normal Accidents: Living with High Risk Technology.* Princeton, NJ: Princeton University Press.

Rasch, G. 1980. *Probabilistic Models for Some Intelligence and Attainment Test.* Chicago, IL: University of Chicago Press.

Rasmussen, J. 1979. *On the Structure of Knowledge—A Morphology of Mental Models in a Man-Machine Context.* Roskilde, Denmark: RISOM-2192, RISO National Laboratory.

Rasmussen, J. 1997. Risk management in a dynamic society: A modelling problem. *Safety Science,* 27(2/3), 183–213.

Read, R. 2012. How Tenacity, a Wall Saved a Japanese Nuclear Plant from Meltdown after Tsunami. Available at: http://www.oregonlive.com/opinion/index.ssf/2012/08/how_tenacity_a_wall_saved_a_ja.html.

Reckard, E. S. 2011. Fukushima nuclear plant owner is slammed for lacking of candor. *Los Angeles Times,* March 21, 2011.

Rees, J. V. 1994. *Hostages of Each Other.* Chicago, IL and London, UK: University of Chicago Press.

Rickover, H. 1983. Review of the General Public Utilities Nuclear Corporation organization and senior management competence after TMI #2 accident to operate TMI Unit #1. Report by Admiral H. G. Rickover, USN, November 19, 1983 for GPUN.

Rogovin, G. T. 1980. *Three Mile Island, Volume II, Parts 1, 2, and 3.* A Report to the Commissioners and the Public. Washington, DC: Nuclear Regulatory Commission.

Saeed, K. 2015. Jay Forrester's operational approach to economics. *Systems Dynamics Review,* 30(4), 233–261.

Sandy. 2012. "Hurricane Sandy" at the Northeast Coast October 29th, 2012. Available at: www.weather.gov.

Spurgin, A. J. 1994. Developments in the use of simulators for human reliability and human factors purposes. *IAEA Technical Meeting on Reliability Analysis and Probabilistic Safety Assessment,* Budapest, Hungary.

Spurgin, A. J. 2009. *Human Reliability Assessment: Theory and Practice.* Boca Raton, FL, London, UK, and New York, NY: CRC Press, Taylor & Francis Group.

Spurgin, A. J. 2013a. *Human Reliability Assessment: Theory and Practice* (In Japanese; Tomoaki Uchiyama, trans.). Japan: SIB Access, Co. Ltd.

Spurgin, A. J. 2013b. Application of Cybernetic Models in the Study of Safety and Economics of Nuclear Power Systems and Other High Risk Organizations. PhD thesis, City University, London, UK.

Spurgin, A. J. and Carstairs, R. L. 1967. Overall station control at Hunterstone A. *Proceedings of the Electrical Engineers,* 114(5), 671–678.

Stolberg, S. G. et al. 2015. Amtrak train derailed going 160 MPH on sharp curve; at least 7 killed. *New York Times,* May 13, 2015.

Straeter, O. 2000. *Evaluation of Human Reliability on the Basis of Operational Experience.* Kohl, Germany: GRS-170, GRS.

Sursock, J. P. and Lewis, S. 2015. *An approach to risk aggregation for risk-informed decision-making.* Report # 3002003116, April. Palo Alto, CA: Electric Power Research Institute.

Swain, A. D. and Guttman, H. E. 1983. *Handbook of human reliability analysis with emphasis on nuclear power plant applications.* NUREG/CR-1273. Washington, DC: US Nuclear Regulatory Commission.

Thames Barrier. 1982. Available at: Wikipedia.org/wiki/Thames_Barrier.

Thomas, P. 2013. Methods for measuring risk-aversion: Problems and solutions, Joint IMEKO TC1-TC7-TC13 Symposium, J. Phys.: Conf. Ser., 459, 012019.

Thomas, P. 2014. The J-value framework for determining best use of resources to protect humans and the environment. Invited lecture at the *First International Conference on Structural Integrity (ICONS-2014)*, February 4–7, 2014, Kalpakkam, India.

Thomas, P. and Jones, R. 2010. Extending the J-value framework for safety analysis to include the environmental costs of a large accident. *Process Safety and Environmental Protection,* 88, 297–317.

Thomas, P., Jones, R., and Boyle, W. 2010. The limits to risk aversion: Part 2. *Process Safety and Environmental Protection,* 88, 396–406.

Thomas, P. and Stupples, D. 2006. J-value: A universal scale for health and safety spending. Special feature on systems and risk. *Measurement + Control,* 39/9, 273–276.

Thomas, P. J., Kearns, J. O., and Jones, R. D. 2010. The trade-offs embodied in J-value safety analysis. *Process Safety and Environmental Protection,* 88(3), 147–167.

Thomas, P. J., Stupples, D. W., and Alghaffar, M. A. 2006a. The extent of regulatory consensus on health and safety expenditure. Part 1: Development of the J-value technique and evaluation of the regulators' recommendations. *Process Safety and Environmental Protection*, 84(5), 329–336.

Thomas, P. J., Stupples, D. W., and Alghaffar, M. A. 2006b. The extent of regulatory consensus on health and safety expenditure. Part 2: Applying the J-value technique to case studies across industries. *Process Safety and Environmental Protection*, 84(5), 337–343.

Thomas, P. J., Stupples, D. W., and Alghaffar, M. A. 2006c. The life extension achieved by eliminating a prolonged radiation exposure. *Process Safety and Environmental Protection*, 84(5), 344–354.

Trucco, P., Leva, M., and Straeter, O. 2006. *Human Prediction in ATM via Cognitive Simulation: Preliminary Study*. New Orleans, LA: PSAM 8.

Walker, J. 1991. *The Viable Systems Model: A Guide for Cooperatives and Federations. Manual*. Part of a Training Package for Strategic Management for Social Economy (SMSE) carried out by ICOM, CRI, CAG and Jon Walker.

WASH 1400. 1975. Reactor safety study: An assessment of accident risks in US commercial nuclear power plants. NUREG-74/014. Washington, DC: US Regulatory Commission.

略語一覧

ACC：Area Control Center（空域管制センター）

ATC：Air Traffic Control（航空管制）

ATM：Air Traffic Management（航空交通マネジメント）

BOEMRE：Bureau of Ocean Energy Management. Review, and Enforcement（海洋エネルギー管理・調査・執行局）

BOP：Blow Out Preventers（ブローアウト防止装置）

BP：British Petroleum（ブリティッシュ石油（BP）社）

BWR：Boiling Water Reactor（沸騰水型原子炉）

CAHR：Connectionism Assessment of Human Reliability（人間信頼性に関する連関性分析）

CAP：Corrective Action Program（是正措置プログラム）

CP1：Chicago Pile #1（シカゴ・パイル1号）

CSB：Chemical Safety Board（化学物質安全調査委員会）

DOE：Department of Energy（エネルギー省）

EPRI：Electric Power Research Institute（電力研究所）

ERC：Emergency Response Center（緊急時対応センター）

ESD：Event Sequence Diagram（イベントシーケンスダイアグラム）

FEPC：Federation of Electric Power Companies（電気事業連合会）

FSAR：Final Safety Analysis Report（最終安全解析報告書）

GPUN：General Public Utilities Nuclear（GPUN社）

HAEA：Hungarian Atomic Energy Authority（ハンガリー原子力機構）

HEP：Human Error Probability（人的過誤確率）

HRA：Human Reliability Analysis（人間信頼性解析）

HRO：High Risk Organization（高リスク産業）

HSE：Health and Safety Executive（安全衛生庁）

IAEA：International Atomic Energy Agency（国際原子力機関）

IE：Initiating Event（起因事象）

INPO：Institute of Nuclear Power Operations（原子力発電運転協会）

IRSN：Institut de radioprotection et de sret nuclaire（放射線防護・原子力安全研究所）

LOCA：Loss of Coolant Accident（冷却材喪失事故）

MIC：Methylisocyanate（メチルイソシアネート，イソシアン酸メチル）

MMS：Mineral Management Service（鉱物資源管理局）

MSV：Managing for Shareholder Value（株主価値を追求する経営）

NASA：National Aeronautics and Space Administration（アメリカ航空宇宙局）

NCR：Nuclear Condition Report（原子力状況報告書）

NPP：Nuclear Power Plant（原子力発電所）

NRC：Nuclear Regulatory Commission（原子力規制委員会）

NRDC：Natural Resources Defense Council（自然資源保護協議会）

NU：Northeast Utilities（ノースイーストユーティリティズ（NU）社）

PORV：Power Operated Relief Valve（加圧器逃し弁）

PRA：Probablistic Risk Assessment（確率論的リスク評価）

PSF：Performance Shaping Factor（行動形成因子）

PUC：Public Utility Commission（公共事業委員会）

RBMK：Reactor Bolshoy Moshchnosti Kanalnyy（高出力圧力管型原子炉）

ROI：Return On Investment（投資収益率）

ROP：Reactor Oversight Process（原子炉監視プロセス）

SCE：Southern California Edison（サザンカリフォルニアエジソン（SCE）社）

SFB：Solid Fuel Booster（固体燃料補助ロケット）

SG：Steam Generator（蒸気発生器）

SHARP：Systematic Human Action Reliability Procedure（系統的人間行動信頼性評価手順）

SI：Safety Injection（安全注入）

SPDS：Safety Parameter Display System（安全性パラメーター表示システム）

STAMP：Systems Theoretic Accident Model and Processes（システム理論的事故モデル）

TEPCO：Tokyo Electric Power Company（東京電力株式会社）

TMI：Three Mile Island（スリーマイル島）

USAEC：United States Atomic Energy Commission（米国原子力委員会）

VSM：Viable Systems Model（生存可能システムモデル）

WANO：World Association for Nuclear Operations（世界原子力発電事業者協会）

索　引

[あ]

アシュビーの必要多様性の法則　*41–57,*
　87, 183, 188–189, 208, 232
アトキンソンの効用関数　*219, 225*
安全衛生庁（HSE）　*166*

[い]

イソシアン酸メチル（MIC）　*40, 77–78,*
　108–113
イベントシーケンスダイアグラム（ESD）
　74

[え]

エネルギー省（DOE）　*166*
沿岸警備隊　*118–120, 122–123*

[か]

加圧器逃し弁（PORV）　*81–82, 84–85*
海洋エネルギー管理・調査・執行局
　（BOEMRE）　*120*
化学物質安全調査委員会（CSB）の報告
　書　*124*
格納容器サンプの閉塞　*141–143, 161*
確率論的リスク評価（PRA）　*30, 59–66,*
　183–184, 186, 189, 198, 208, 232, 235
株主価値を追求する経営（MSV）
　212–216, 219, 227, 230
管理者に対する訓練　*205–209*

[き]

起因事象（IE）　*45, 59–62, 84, 170–174,*
　183, 189, 200, 231
緊急時対応センター（ERC）　*106–107*
キングス・クロス駅の地下鉄火災　*80,*
　126–128, 159

[く]

訓練手法と助言者の役割　*186–187*

[け]

限界リスク乗数　*222–226*
原子力規制委員会（NRC）　*4, 22, 45,*
　59–60, 62–63, 65, 79, 82–89, 91,
　145–146, 148–151, 162, 165–176, 197,
　241
原子力状況報告書（NCR）　*172*
原子力発電運転協会（INPO）　*45, 85,*
　88, 90, 96, 99, 103, 106, 112, 149, 151,
　162, 167, 169, 175–176, 237–239,
　241–242
原子炉監視プロセス（ROP）　*169, 171*

[こ]

公共事業委員会（PUC）　*145*
行動形成因子（PSF）　*32, 36–37, 39*
鉱物資源管理局（MMS）　*119, 121,*
　123, 165
高リスク産業（HRO）　*1, 28, 61, 134,*
　168, 175, 191, 208–209

国際原子力機関（IAEA）　*162, 166*

［さ］

最終安全解析報告書（FSAR）　*63,
148–150*

サウジアラビア空域の航空管制（ATC）
28–40

サン・オノフレ原子力発電所　*54,
144–147, 162*

［し］

GPUN 社　*86, 94, 238, 242*

J 値　*216–230*

ジェットエンジンの開発　*11–13*

シカゴ・パイル 1 号　*49–52*

事故のケーススタディ　*73–152, 185,
190*

自然資源保護協議会（NRDC）　*115*

シミュレーション　*7–8, 13, 52, 71, 87,
178, 180, 187, 192–193, 195–196,
199–203, 233–234*

シミュレーター　*6–7, 13, 67–68, 70–71,
87, 89, 154–155, 186–187, 193,
195–198, 201, 203, 240*

蒸気発生器（SG）　*80–81, 85, 144–147,
153, 162*

人的過誤確率（HEP）　*32, 36, 38*

［す］

スリーマイル島（TMI）原子力発電所 2
号機事故　*80–90, 155*

［せ］

制御系　*41–43*

世界原子力発電事業者協会（WANO）
45, 97, 106, 162, 167

是正措置プログラム（CAP）　*172*

潜水艦　*10–11, 90, 178, 193, 198,
207–208, 234, 236, 237–238, 240–242*

［ち］

チェルノブイリ事故　*90–95, 155–156*

［て］

テネリフェ事故　*40, 135–140, 160–161*

電気事業連合会（FEPC）　*106*

電力研究所（EPRI）　*54–55, 61, 146*

［と］

東京電力株式会社（TEPCO）　*3, 6, 18,
52–53, 57, 64–65, 72, 75, 95–99,
102–103, 105–106, 156, 171, 189*

投資収益率（ROI）　*213*

［な］

NASA チャレンジャー号事故　*66,
128–134, 159–160*

［に］

人間信頼性に関する連関性分析（CAHR）
手法　*28–30, 36–38*

人間信頼性解析（HRA）　*28–30, 32,
36–39, 147*

［ね］

燃料洗浄事故　*143–144, 161*

［の］

ノースイーストユーティリティズ（NU）
社 *63, 147–151, 167, 169–171, 176*

［は］

ハンガリー原子力機構（HAEA）
143–144

［ひ］

ビーアのサイバネティックモデル
*17–40, 86–90, 105–108, 181–183, 188,
208*
ビーアの生存可能システムモデル 同上

［ふ］

福島第一原子力発電所事故 *95–108,
156*
沸騰水型原子炉（BWR） *97–98*
ブルーボックス *196–197*
ブローアウト防止装置（BOP） *116,
158*

［へ］

米国原子力委員会（USAEC） *166*

［ほ］

放射線防護・原子力安全研究所（IRSN）
165–166
ボパール事故 *108–113, 157*

［め］

メキシコ湾原油流出事故 *114–125, 158*

［ゆ］

ユニオンカーバイド社サビン（殺虫剤）
プラント事故 *108–113, 157*

［ら］

ラスムッセンの人間行動モデル *2, 8,
67–72, 180, 184, 187–191, 208*

［り］

リスク忌避 *218–226, 229*
リッコーヴァー提督の訓練手法 *208,
231–243*
リンクトレーナー *196–197*

【訳者】

内山智曜（株式会社シー・エス・エー・ジャパン　代表取締役）

氏田博士（アドバンスソフト株式会社　リスク研究開発センター長）

村松　健（東京都市大学　客員教授）

富永研司（富永技術士事務所　所長）

安藤　弘（株式会社原子力安全システム研究所　准主任研究員）

ISBN978-4-303-72989-9

高リスク産業における意思決定

2019年11月15日　初版発行 　　　ⒸT. UCHIYAMA / H. UJITA /
　　　　　　　　　　　　　　　　　K. MURAMATSU / K. TOMINAGA /
　　　　　　　　　　　　　　　　　H. ANDO　2019

訳　者　内山智曜・氏田博士・村松健・富永研司・安藤弘　　　　検印省略
発行者　岡田雄希
発行所　海文堂出版株式会社

　　　本　社　東京都文京区水道2-5-4（〒112-0005）
　　　　　　　電話 03（3815）3291（代）　FAX 03（3815）3953
　　　　　　　http://www.kaibundo.jp/
　　　支　社　神戸市中央区元町通3-5-10（〒650-0022）

日本書籍出版協会会員・工学書協会会員・自然科学書協会会員

PRINTED IN JAPAN　　　　　　　　　印刷　東光整版印刷／製本　誠製本